计 算 矿 物 学

边 亮　宋绵新　董发勤　李海龙　著

科学出版社

北 京

内 容 简 介

计算矿物学属于一门交叉学科，其建立和发展依赖于物理学和计算机学的进步。不同于实验矿物学从测试结论反推理论模型，计算矿物学可根据已知矿物模型计算理论模型的最优理论值，或预研推测未知模型及其相应参数。目前，国内外计算矿物学的相关论文很多，但其发展仍滞后于实验矿物学。考虑到矿物学、地质学和地球物理化学等相关从业人员的物理学和计算机知识背景，本书对计算矿物学中三类模拟尺度（纳观−微观、微观−介观和介观−宏观）的主流模拟技术进行评述，弱化物理学理论叙述、公式推导和程序编写等内容，重点归纳多尺度理论模拟方法的基本思想、原理和数据分析方法，并列举部分实例进行说明。

本书适用于两类读者：①从事计算矿物学研究和教学的研究员、教师、工程师、软件设计人员等；②从事计算矿物学学习的研究生和本科生。

图书在版编目(CIP)数据

计算矿物学 / 边亮等著. — 北京：科学出版社，2021.8
ISBN 978-7-03-069251-1

Ⅰ.①计… Ⅱ.①边… Ⅲ.①矿物学 Ⅳ.①P57

中国版本图书馆 CIP 数据核字 (2021) 第 124114 号

责任编辑：郑述方 / 责任校对：彭　映
责任印制：罗　科 / 封面设计：墨创文化

科 学 出 版 社 出版

北京东黄城根北街16号
邮政编码：100717
http://www.sciencep.com

成都锦瑞印刷有限责任公司印刷
科学出版社发行　各地新华书店经销

*

2021 年 8 月第 一 版　　开本：787×1092 1/16
2021 年 8 月第一次印刷　　印张：13 1/2
字数：320 000
定价：198.00 元
(如有印装质量问题，我社负责调换)

序

　　矿物学的理论研究一直是国内外研究者的薄弱环节，相关从业人员常缺乏系统的理论知识基础，国内外也尚无相关专著作为参考资料。计算矿物学作为矿物学在信息时代诞生的学科新方向，突破了传统的矿物研究方法，发展了现代计算科学与矿物学的交叉研究，是在原子层次上揭示矿物结构特征、物理性质、反应性和演化的重要方向，开辟了矿物基本性能和应用研究的新领域，成为解释矿物表面效应、结构效应、离子交换效应、氧化还原(催化)效应、溶解-结晶效应、光电效应以及生物复合效应等的有效手段。

　　边亮等人所著的《计算矿物学》弥补了理论研究方面的缺憾，成功地将矿物学、物理学、化学、生物学、材料学、环境科学等传统学科相结合，形成了以矿物为基础的交叉学科领域。本书从系统的理论计算和实验研究方法入手，分析了理论与应用、实验的关联性，使得计算矿物学的理论体系、研究方法和数据处理方法被成功用于对矿物的解析、分析、演化等。同时，在矿物学基本的概念、理论和知识基础上，强化和补充了传统矿物学中未涉及或较少涉及的理论计算方法等知识，大幅地简化了烦琐的公式推导和深入的理论阐述，简洁明了地介绍了各著名理论的思想体系和应用方法。本书通过对矿物的化学组分、晶体结构和相应测试方法以及实际应用的阐述，从纳观、微观、介观、宏观四个尺度的相关计算理论方法入手，结合当今的表界面理论和矿物交叉学科热点，系统地阐述了国内外的经典理论、研究范围、优势和不足以及最新的数据分析技术、应用实例等矿物学研究者最为关心的研究内容和研究方法。同时，针对矿物学和计算理论的交叉点提出了三种先进的数据处理方法，向读者展示了理论和实验对照的成功案例，顺应了国际矿物学研究中提出的理论和实验相结合的大趋势。本书兼具理论和应用研究价值，可作为计算矿物学的理论学习教程和专业研究型专著。

董海良 教授

中国地质大学(北京)

前　　言

　　矿物学是一门古老的学科，引领了现代材料学、结构学、结晶学、物理学、化学、环境科学等多个学科的起源和发展，但受到了天然矿物的查明种类有限、分布不均、资源储量不可再生以及传统矿物(如宝石、保温用石棉、沸石吸附剂等)的从业人员数量少、知识体系陈旧、缺乏代表性的高技术型产品等因素的制约。矿物学的发展程度严重落后于其他现代科学。为了顺应环境科学、交叉学科和大数据时代的全新挑战，矿物学行业从业者需要将矿物研究体系深入到更微、更精的多尺度层面，建立可靠的理论模型体系和系统数据库。

　　计算矿物学属于一门交叉学科，其建立和发展依赖于物理学和计算机学的进步。尽管国内外计算矿物学的相关论文很多，但其发展仍滞后于实验矿物学，缺乏系统的理论归纳、全面的综合性著作和教材、学术期刊等。本书共包含 7 个章节：第 1 章概述矿物学的起源与发展、矿物分类与应用等；第 2 章根据研究尺度分类介绍纳观、微观、介观和宏观 4 类尺度的计算方法，并详细介绍当今计算物理领域中的各类经典计算方法；第 3 章从矿物结构的角度介绍纳-微观尺度模拟技术的数据分析方法和应用实例；第 4 章阐述密度泛函理论在矿物光电特性模拟领域中的应用；第 5 章叙述对微观尺度矿物内物质传输的模拟研究；第 6 章列举多尺度模拟技术在计算矿物表界面电子转移和化学反应方面的成功案例；第 7 章概述微观-介宏观尺度的几类模拟方法，用于描述矿物溶解、相变、生长、再结晶等方面的模型和数据处理过程。

　　感谢鲁安怀教授(北京大学)、董海良教授(中国地质大学，北京)、陆现彩教授(南京大学)、朱建喜研究员、何宏平研究员、朱润良研究员(中国科学院广州地球化学研究所)、滕辉教授(天津大学)、周春晖教授(浙江工业大学)、廖立兵教授、吕国诚教授、梅乐夫教授(中国地质大学)、刘钦甫教授(中国矿业大学)等在本书撰写过程中给予的指导和建议以及本团队和相关课题组的张红平、王兰(中国科学院新疆理化技术研究所)、张利敏(中国科学院微生物所)、刘晓磊(中国地质大学)、李伟民、聂嘉男、张晓艳、林艳辉、李宇、张娇等老师和同学在本书各章节资料收集和撰写阶段给予的大力支持。同时，感谢国家自然科学基金[重点项目(41130746 和 41831285)、面上项目(41872039)、青年基金(41302029 和 41302027)]、973 基金(2014CB8460003)、四川省"千人计划"、四川省教育厅重点项目的大力资助以及 Elsevier、ACS、Springer、AIP、RSC 等出版社的支持。

目　　录

第1章 矿 物 学

1.1 矿物学概述

1.1.1 起源与发展

矿物学是研究矿物化学成分、晶体结构、形态、性质、成因、产状、共生组合、变化条件、时间与空间上的分布规律、形成与演化的历史、用途、相互关系的一门学科，是地质学的二级分支学科之一。目前，矿物学的发展共大致经历了六个阶段(图 1.1)：起源阶段、萌芽阶段、描述矿物阶段、宏观研究进入微观研究阶段、现代矿物学阶段、矿物学交叉学科与大数据阶段。

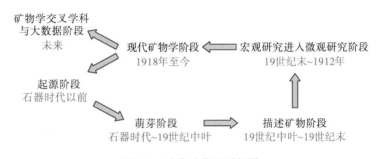

图 1.1 矿物学发展历程图

1. 起源阶段

根据人类现有的知识体系，大量的矿物已出现在"宇宙形成-地球形成-生命起源-生命演化-人类出现"的各个阶段；但人类参与这部分研究的起步时间较晚且研究内容较为零碎，常通过考古学、地幔科学、极端条件实验反推法等进行研究。随着交叉学科的发展，越来越多的研究证实了起源阶段中矿物的不可替代作用。例如，2019 年，鲁安怀教授在美国科学院院报(Proceeding of the National Academy of Sciences of the United States of America，PNAS)上发表了地表矿物膜系统转化太阳能和生物化学能的"矿物光合作用"研究内容，提出了生命起源新的研究方向[1]。此外，起源阶段的研究内容也关联着矿物学后续发展中的各个阶段，并且随着近代外太空研究技术的进步，该研究内容拓展到了其他星球的起源与演变、寻找和改造人类宜居星球等领域。

2. 萌芽阶段

根据考古学和史书(战国～西汉初的《山海经》)可证实，人类从石器时代开始就利用多种矿物(如石英、蛋白石、玉石、黏土等)制作工具、武器、饰品和药物等。之后，人类逐渐认知了若干金属矿石,人类历史过渡到了铜器和铁器时代。我国西汉中期,只记述了个别矿物,没有具体分类。古希腊学者亚里士多德的学生泰奥弗拉斯托斯撰写了《石头论》,把矿物分成金属、石头和土三类。1530 年,"矿物学之父"——德国的 G. Agricola 医生从矿渣中熔炼出硫化锑,并出版了《锑:或是关于矿业的对话》。1556 年,他的遗作《冶金学》被誉为西方矿物学的"开山之作",该书几乎涵盖了所有矿物与岩石种类的描述;同时代我国的李时珍在《本草纲目》(1578 年)中描述了 38 种药用矿物[2]。

3. 描述矿物阶段

18～19 世纪,矿物学雏形逐步形成,并建立了研究内容和研究方法,形成了一门学科。1814 年,瑞典化学家 J.J. Brezelius 采用元素和化学式概念描述了大量矿物的化学成分,并进行了初级分类。1819 年,德国化学家 E. Mitscherlich 提出了类质同象与同质多象的原始概念,形成了矿物学研究的化学学派[3]。

4. 宏观研究进入微观研究阶段

随着矿物学宏观体系的逐渐完善,传统矿物学与物理光学出现了交叉点,物理研究手段将矿物学进一步推向了微观研究阶段。1857 年,英国地质学家 H. C. Sorby 将偏光装置加入显微镜,将研究者的视野拓展到微观结构领域。1912 年,德国的 M. von Laue 开创了用 X 射线衍射实验标定晶体结构的先河,使矿物学研究进入微观结构研究的新阶段,逐步形成了以微观成分和结构为基础的结晶学派,即建立了结构矿物学的雏形。同时伴随着群论和结晶学等学科的发展,矿物学研究转入了描述矿物空间结构的阶段[4]。

5. 现代矿物学阶段

20 世纪中期以来,随着物理学理论与实验手段的提升,矿物学进一步地引入了固体物理、量子化学、电子显微镜等技术,从更为微观的原子、电子、光谱等角度深度诠释了矿物的物理性能,形成了矿物物理学[5]。同时,随着科学技术爆发式的发展和科研从业人员数量的增长,不同学科与矿物学的融合速度加快,出现了成因矿物学(矿物学-地质学)、光性矿物学(矿物学-光学)、矿物材料学(矿物学-材料学-合成化学)、矿物形貌学(矿物学-电镜技术科学)、地幔矿物学(矿物学-考古学-高温高压技术科学)、行星矿物学(矿物学-行星科学)等多个分支学科[6, 7]。

6. 矿物学交叉学科与大数据阶段

现阶段,随着计算机与人工智能技术的发展,矿物学已开始向大数据阶段发展。据报道,美国矿山及矿物分布数据(https://www.mindat.org)和国际深碳观测联合会(Deep Carbon Observatory)等拥有矿物演化数据、地理空间信息等大型数据库,世界各地的研究者可利用这些数据库直接生成和搜寻新矿物模型。2018 年,美国的 S. Morrison 通过分析疾病传播等网络理论揭示了全球矿物的多样性和分布情况。因此,未来的研究将通过计算矿物学来对已知的矿物体系进行广泛和精细的模拟,更快地建立和完善矿物学的大数据库系统。

1.1.2 分支学科

矿物学主要分为七类：结构矿物学、实验矿物学、矿物物理学、矿物形貌学、成因矿物学、矿物材料学和光性矿物学，如图 1.2 所示。各学科的研究方向和重点不同，矿物体系可相互交叉。

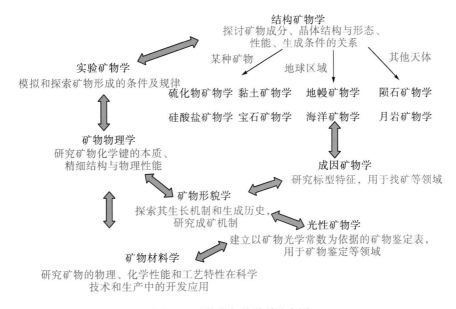

结构矿物学
探讨矿物成分、晶体结构与形态、性能、生成条件的关系

实验矿物学
模拟和探索矿物形成的条件及规律

某种矿物　　地球区域　　其他天体

硫化物矿物学　黏土矿物学　地幔矿物学　陨石矿物学

硅酸盐矿物学　宝石矿物学　海洋矿物学　月岩矿物学

矿物物理学
研究矿物化学键的本质、精细结构与物理性能

成因矿物学
研究标型特征，用于找矿等领域

矿物形貌学
探索其生长机制和生成历史，研究成矿机制

光性矿物学
建立以矿物光学常数为依据的矿物鉴定表，用于矿物鉴定等领域

矿物材料学
研究矿物的物理、化学性能和工艺特性在科学技术和生产中的开发应用

图 1.2 矿物学相关学科分布图

1. 结构矿物学

结构矿物学是阐述矿物的晶体结构、空间分布与矿物性能和生长规律关系的一门学科。其主要内容包括：①矿物的结构分类；②矿物结构的化学键和配位多面体；③矿物晶体结构及空间分布；④矿物的性质及应用。结构矿物学通过对各类典型矿物晶体结构和成分的分析，为工程技术或资源开发人员提供地质、材料、冶金等方面的参考[8]。

2. 实验矿物学

实验矿物学是在实验室条件下人工模拟天然矿物的形成环境和条件，探索矿物生长规律的一门学科。其主要内容包括：①在实验室条件下合成矿物；②分析和检测矿物的形貌和性能；③结果记录与分析。自然界形成矿物的时间漫长且地质环境复杂，而实验室合成矿物的时间较短且形成环境简单。因此，研究人员通过把野外采集的样品带回室内分析，记录和标定其生长条件，能有效地解决野外样品分析中存在的难题，便于研究人员从整体上进行观察和研究[9]。

3. 成因矿物学

成因矿物学是根据地质条件和物理化学理论研究矿物形成原因和应用的一门学科[10]。

其主要内容包括：①矿物发生、形成和变化的条件及过程；②在形态、成分、性质上反映矿物形成条件的内在关系；③复合矿物之间的平衡关系和空间分布；④矿物的分类。成因矿物学对矿床来源、成矿条件和成矿作用进行了系统的划分，有助于研究人员开展地质找矿、勘探等实践工作，并逐渐形成找矿矿物学。成因矿物学还对矿床成因学、矿物晶体化学理论和岩石学有推动和促进作用。

4. 矿物形貌学

矿物形貌学是研究矿物的晶体形貌，以此探索矿物的生长机制和历程的一门学科[11]。其主要内容包括：①对结晶多面体及其习性的研究；②结合环境因素探索晶体形状各异的成因；③矿物晶体表面微形貌。矿物晶体表面微形貌是生长的终态，通过对晶体形貌的观察和记录，研究人员可以有效地模拟矿物晶体生长的过程，进一步认识矿物生长与地质的相互关系。

5. 光性矿物学

光性矿物学是在显微镜下测定各种矿物的光学常数，研究其光学性质的一门学科。其主要内容包括：①用光学显微镜对矿物进行晶体光学测定的基本原理、主要内容和操作方法；②矿片厚度、矿粒大小和矿物含量的测定方法；③矿物种类的划分；④矿物的地质条件与其他矿物的共生关系或宝玉石研究；⑤建立比较完备的以矿物光学常数为依据的矿物鉴定表。光性矿物学为地质高校、光电材料研究部门、宝玉石专业学者提供了理论学习基础和鉴定依据。

6. 矿物材料学

矿物材料学是研究工艺技术对矿物性能的影响以及矿物在生活中的应用的一门学科[3-4]。其主要内容包括：①矿物材料的物理和化学组成；②矿物材料的结构和性质；③矿物材料的制备方法、目的、技术和发展趋势；④对矿物材料制备的原料、性质、工艺流程和主体设备的介绍；⑤矿物产品的性能表征和应用；⑥矿物材料制备和应用的发展趋势。矿物材料学为矿物资源的有效利用提供了重要的经济价值参考，也是国民生活资料和军事原料等的主要来源。

7. 矿物物理学

矿物物理学是通过一系列物理学和实验方法来研究矿物的结构、组分、性能等的一门学科。其主要内容包括：①矿物化学键理论——晶体场理论和配位场理论解释离子占据晶格中的位置、有序性和择位性等问题，分子轨道理论解释矿物结构的键长、键角变化、键性特征以及矿物 X 射线谱测定的结果，能带理论解释矿物的电学和光学等性质；②矿物能量状态研究——利用矿物的光学性质和非弹性中子散射的数据，计算矿物的热力学参量和状态方程，并绘制相关相图；③实际矿物晶体中的缺陷研究——矿物结构的点缺陷、线缺陷、面缺陷等对矿物的结构、熔点、性能和扩散迁移等的影响；④矿物的物理性质和化学性质研究——对矿物的光、电、磁、声、热、力、溶解、吸附等性质的研究；⑤高压矿物物理研究——对比高压相态和物性测定与地球物理方法测得的数据，推断地下深处的矿物质组成。矿物物理学的发展使研究人员对矿物学的研究从原子深化到内部电子和核结构，由此可以研究矿物化学键的本质、晶体结构和极端特性。

8. 其他

此外，还有以某类矿物为专门研究对象的学科——硫化物矿物学、宝石矿物学、黏土矿物学和硅酸盐矿物学等；在某一地区发展起来的区域矿物学科；以地幔矿物发展起来的地幔矿物学；以天体矿物发展起来的宇宙矿物学，如陨石矿物学、月岩矿物学等。

1.2　矿　物　概　述

1.2.1　矿物命名

在地球系统中，矿物通常是组成天然岩石、矿石和土壤的基本单元(元素、单质或化合物)，也是生态环境的载体和动植物的营养供体。矿物一般需要满足如下条件：①在地质作用下形成，并在一定的地质和环境条件下演化；②内部质点(原子、离子)排列有序的均匀固体；③具有特定的化学成分；④具有特定的结晶构造(非晶质矿物除外)；⑤固态的无机物(自然汞常温呈液态除外)，其绝大部分属于晶质矿物，极少数属于非晶质矿物(如水铝英石等)。因此，煤、石油、实验室制造的矿物晶体(如人造水晶、人造钻石等)不属于严格意义上的矿物。

矿物主要根据传统习惯、矿物本身特征(如成分、形态、物性等)、外文音译、矿物产地或人名等方式进行命名(表 1.1)，但传统的命名方式不能体现出矿物化学成分和元素种类的差别。为了精确地表述矿物成分，研究者根据晶体化学分类原则命名矿物，将其主要分为大类(相同化学键类型：自然元素、硫化物及其类似化合物、氧化物和氢化物、含氧盐、卤化物)、亚类(不同的阴离子或络合阴离子)、亚族(阳离子或晶体结构型)、种(化学组成和晶体结构)、亚种(完全类质同象间端员组分的差异)、异种或变种(特异的晶体结构、组分或物性)。例如，方铅矿的描述为：化学式 PbS，铅灰色，金属光泽，不透明，等轴晶系，立方体或八面体、对称型 $m3m$，晶体取向(100)、(111)等。

表 1.1　部分矿物的命名方式

命名依据		特征	例子
传统习惯	矿	具金属或半金属光泽，或可提炼出某种金属	赤铁矿、磁铁矿、方铅矿、钙钛矿、黄铜矿等
	石	具玻璃或金刚光泽	尖晶石、方解石、锆石、孔雀石、大理石等
	土	土状	高岭土、蒙皂土、硅藻土等
	矾	易溶于水的硫酸盐	胆矾、铅矾等
	玉	宝玉石类	硬玉、软玉等

续表

命名依据		特征	例子
传统习惯	华	地表松散	钙华、砷华、镍华、钨华等
	砂	细小颗粒	辰砂、硼砂等
	晶	透明晶体	水晶、紫晶等
矿物本身特征		成分	锂铍石、碲铋矿、钨锰矿等
		形态	十字石、石榴子石等
		颜色	金红石、孔雀石等
		成分和性质	磁铁矿、辉锑矿、赤铁矿等
		形态和物性	绿柱石
		吸水膨胀	膨润土
矿物产地		发现于湖南临武香花岭	香花石
		原名为 labradorite，加拿大地名 Labrador	拉长石
外文音译		原名为 tetrahedrite，意译应为四面体矿	黝铜矿
		直接音译，如 halloysite	埃洛石
人名		纪念我国结晶学家和矿物学家彭志忠	彭志忠石
		纪念美国发现者 E.W.Rector	累托石
		原名为 goethite，为纪念德国诗人 J.W.V.Goethe	针铁矿
		原名为 wollastonite，为纪念英国化学家 W.H.Wollaston	硅灰石

除了化学式表示方法以外，矿物学家常借助空间群概念描述矿物的结晶构造，这样可以系统地表述矿物的化学成分和空间结构。例如，高岭土可被表述为：分子式 $Al_2Si_2O_5(OH)_4$，三斜晶系，空间群 C1。化学式可通过 XPS、FT-IR、Raman、XRF-精修技术等方法进行测试，结晶结构可通过 X 射线衍射光谱、中子衍射光谱、高能透射电镜等进行测试。因此，现代测试技术已可精确地标定矿物的成分、原子排布、结构转变和相变等，这将有助于明确地区分出类质同象矿物等。

1.2.2　天然矿物分类

对地球的地核、地幔和地壳的主要划分是两个基本过程的结果：①地球早期形成金属核心；②硅酸盐地幔部分熔融形成大陆地壳。在整个地球历史中，这两个过程发生了不同强度的地质作用。在元素周期表中，铁原子序数前的元素通过核聚变的方式产生，而铁原子序数后的元素通过新星爆炸产生。地球上的重元素是银河系中星际物质长久更迭的结果，由于受到引力的作用，熔融物质发生大规模迁移，轻者上浮、重者下沉，所以铁、镍等重元素构成地核，硅酸盐物质构成地幔及地壳。地球物质在迁移过程中使元素之间发生了化学反应，如钠、钾、钙、镁、铝、硅等与氧化硅合成硅酸盐，并在水的风化作用下形成黏土矿物。地球与外太空的部分矿物种类和含量见表1.2。

表1.2 地球与外太空的部分矿物种类和含量

区域	范围	矿物种类和含量
地球	地核	铁、镍、铬、铬铁矿等
	地幔	橄榄石[其中,各物质的质量分数分别为MgO 35%~46%、SiO_2 43%~46%、FeO (8±1)%、Cr_2O_3 (0.4±0.1)%、Co (100±10) ppm]、斜方辉石、单斜辉石、石榴石、尖晶石和钙钛矿等
	地壳	斜长石、石英、角闪石、橄榄石、方解石、辉石等
地球	海洋	锰结核(3万亿吨)、热液矿藏、钴华矿床、海水矿物[其中,各物质的质量(单位:t)分别为Cl 2.65×10^{16}、Na 142×10^{16}、Mg 178×10^{15}、Ca 5.6×10^{14}、K 5.3×10^{14}、Br 9.0×10^{13}、B 6.4×10^{13}、U 4.6×10^{9}]等
	大气(PM_{10})	高岭土(14%)、蒙脱石(12%)、伊利石(12%)、石英(13.5%)、长石(7.55%)、方解石(10.9%)等
	陨石	辉石、橄榄石、铁纹石、硅酸盐矿物、陨硫铁、镍纹铁、斜长石等
外太空	月球	斜长石(90%)、斜方辉石(30%)、单斜辉石(70%)、橄榄石(50%)等
	火星	斜长石(5%~20%)、高钙辉石(10%~20%)、层状硅酸盐矿物(5%~20%)、高硅玻璃(5%~20%)、赤铁矿(5%)、玄武岩玻璃(10%)、橄榄石(2%~5%)、石英(1%)、角闪石(1%)等

注:括号中的百分数均为各物质的质量分数。

1. 地核矿物

地核深处的地球内部,直径约为6940km,温度高,主要由熔融态的铁、镍、硅等物质组成,是地球上主要的含铁元素存储库。地核分为内核和外核,内核和外核边界之间的密度比用于表明轻元素的存在或外核元素组合在地球表面的存在[12]。我们对地核成分理解的局限性主要取决于地核形成模型和在构建大块地球成分模型时选择的球粒陨石类别。Allègre等研究发现地核的铁含量取决于块状土和地幔的铁/镁比,以及地幔的镁浓度。在橄榄岩中观察到块状土的铁/镁比最大,为1.75~1.85,这相当于地核中Fe的质量分数在70%~79%变化。地核中含有的其他元素也会根据比值的不同发生变化,例如,Si的质量分数为8.2%~4.3%,O的质量分数为4.5%~7.5%[13]。

2. 地幔矿物

地幔在地球结构中所占的体积最大,约为82%以上,其主要矿物有橄榄石、斜方辉石、单斜辉石、石榴石和尖晶石等。其中幔状橄榄岩中含有50%以上的橄榄石,还有一些可变量的斜方辉石和单斜辉石[14-15]。橄榄岩中各物质的质量分数为:MgO(35%~46%)、SiO_2(43%~46%)、FeO [(8±1)%]、Cr_2O_3 [(0.4±0.1)%]和Co [(100±10) ppm]。由碳质球粒陨石以及太阳高能粒子和光谱可推断出地幔的成分主要由SiO_2和MgO控制,另外FeO、CaO和Al_2O_3也具有显著的含量。在整个地幔中,下地幔约占65%,$(Mg,Fe)SiO_3$钙钛矿和$(Mg,Fe)O$镁磁铁矿被认为占主导地位[16]。其中钙钛矿可能占整体体积的85%,它的流变性对于下地幔的动力学研究具有非常重要的意义。

3. 地壳矿物

大陆地壳的结构在地震上被定义为上层、中层和下层地壳层,相比地核和地幔,地壳由多样化的岩石和矿物质组成[17]。Smithson 等将地壳划分为三个不同的区域：①由花岗岩侵入变质岩的上地壳；②混合型的中地壳；③由火成岩和变质岩的混合物组成的下地壳。上地壳是最容易被探索的部分，有两种基本方法可用于确定其组成：①确定表面暴露的岩石组成的加权平均值；②确定细粒碎屑岩中不溶性组分的平均值。上地壳主要氧化物的质量分数为：SiO_2（66.62%）、TiO_2（0.64%）、Al_2O_3（15.4%）、FeO_t（表示 FeO 和 Fe_2O_3 的总量，5.04%）、MnO（0.1%）、MgO（2.48%）、CaO（3.5%）、NaO（3.27%）、K_2O（2.8%）、P_2O_5（0.15%）[18]。下地壳是从 10km 深处到莫霍面的地壳部分，因此有的研究者将中地壳和下地壳统称为"下地壳"。下地壳主要氧化物的质量分数为：SiO_2（59.6%）、TiO_2（0.6%）、Al_2O_3（13.9%）、FeO_t（5.44%）、MnO（0.08%）、MgO（9.79%）、CaO（4.64%）、NaO（2.6%）、K_2O（2.3%）、P_2O_5（3.3%）[19]。

4. 海洋矿物

海洋中的矿物资源丰富，开发潜力巨大，其总储量约 6000 亿亿吨，其中锰结核矿约 3 万亿吨，另外还有海底热液矿床、钴华矿床、海水矿物等资源[20-21]。浅水区（<500m）开采的海洋矿产资源有沙、砾石和砂矿床，在 20 世纪 80 年代早期，人们开始关注铁锰结壳和大量的多金属硫化物。所开发的许多勘探技术对于这些矿床类型都具有实用性[22]。因此，深海矿产资源中的铁锰结壳和富钴铁锰结壳是巨大的资源，它们的开采将增加全球金属供应。2019 年，我国使用"海洋六号"船对碳酸盐岩、沉积物、深海富钴结壳等矿产进行了自主开采，并完善了深海探测技术与公共试验平台的建设，这标志着我国海洋战略的全面开展。

5. 大气矿物

大气中含有很多可吸入颗粒，根据测试和计算可以统计出各个地区大气中矿物的种类及含量。吕森林和邵龙义[23]对可吸入颗粒物（PM_{10}）中矿物的组成及特征进行了研究，将北京市一年中气溶胶颗粒物的种类和含量进行了统计。其中，可以识别的矿物种类达 38 种，以黏土矿物的质量分数最大，其变化范围为 11%~49%。Davis 等[24]采集了山东省东营市、济南市、青岛市以及上海和北京地区的大气矿物颗粒样品（PM_{10}），对样品进行检测和分析后发现，所有样品（青岛市除外）都含有石英、长石、黏土、硫酸钙和碳酸盐的主要成分，其中质量分数为 20%~50%的都是含碳物质[25]。此外，大气矿物自身具有吸附和催化能力，可携带或促进其他污染物的转化，这也是目前大气研究的热点之一。

6. 陨石矿物

陨石从进入地球大气层的那一刻起，就会受到陆地环境的污染和改变。长时间的风化使得陨石中的许多矿物质发生改变，内部元素重新分布，原始纹理被掩盖，最终有可能导致它们被破坏。陨石聚集在一些干旱地区，包括沙漠和南极。根据它们的硅酸盐和金属矿物相对含量将其分为三类[26]：①主要由铁镍金属组成的铁陨石；②主要由铁镁硅酸盐组成的石质陨石（通常称为"石头"），也含有一些金属和其他的矿物质；③包含大致等量金属和硅酸盐的石质的铁。现代陨石坠落物中有 94%是石质陨石，5%是铁，只有

1%是石质的铁。石质陨石主要有两类：球粒陨石和无球粒陨石。无球粒陨石约占现代石质陨石总量的 8%，通常具有一些类似于月球和陆地火成岩的纹理。球粒陨石是数量最多的陨石群，普通球粒陨石占已知陨石总量的 80%，其含有大量的结合在硅酸盐中的铁，这些铁以金属和硫化铁的形式存在[27]。目前，陨石类研究较多集中在外太空星体成分推演、生命起源等领域。

7. 外太空矿物

月球的矿物学相对简单，大多数月球岩石以长石、辉石、橄榄石和钛铁矿的混合物为主，可见光和红外光谱对这些矿物较敏感，可使用光谱遥感对月球矿物进行远程检测。例如，研究人员已根据紫外可见光谱的辐射传输分析得到了斜长石、斜方辉石、单斜辉石和橄榄石在月球上的总体分布图。斜长石与铁呈负相关，单斜辉石与铁呈正相关。斜长石质量分数为 90%，单斜辉石质量分数为 70%，橄榄石质量分数为 50%，斜方辉石质量分数为 30%[28]。月球高地样本显示，大多数高地岩石的同位素年龄大约为 39～40 亿年，而一些岩石结晶为 45 亿年，这几乎是陨石中最古老的[29]。

火星上的主要矿物有斜长石、高钙辉石、层状硅酸盐/高硅玻璃和赤铁矿[30]。斜长石在高纬度、低反照率区域的质量分数为 5%～15%。辉石分为高钙辉石和低钙辉石，在赤道低反照率区域，高钙辉石的质量分数为 10%～20%，在高纬度、低反照率区域的质量分数为 10%。低钙辉石在整个火星上的质量分数较低(5%)，但北半球一些地区的质量分数略高(5%～10%)。片状硅酸盐和高硅玻璃的最高质量分数位于北半球低反照率区域(5%～20%)。赤铁矿在大多数区域的质量分数为 5%[31]。玄武岩玻璃的最高质量分数接近 10%，但在低反照率赤道表面的常见质量分数为 5%。橄榄石的质量分数为 2%～5%，与高质量分数赤铁矿区域一致。碳酸盐矿物在大多数区域的质量分数为 5%，石英和角闪石大多以 1%的质量分数为主，几个单独孤立区域的每个矿物组的质量分数为 2%[32]。

1.2.3　应用矿物分类

目前，应用矿物学研究主要集中在地表圈，包括黏土矿物、氧化物矿物、岩石等。按照矿物的结构、成分、加工特点、功能等(人工加工或合成成具有一定特殊功能的矿物材料)具体分类如下。

1. 按照矿物材料结构分类

(1)单一矿物材料：钻石、石墨纤维、电气云母片等。

(2)复合矿物材料：包括无机复合材料(如陶瓷材料、石棉水泥制品和微孔硅酸钙等)、无机与有机复合材料(如石棉橡胶板、玻璃钢制品和火车的合成闸瓦等)和混杂复合材料(如飞机用摩阻材料、航空和能源部门使用的高强结构材料等)。

2. 按照矿物材料成分结构和加工工艺特点分类

(1)天然矿物材料：直接利用矿物的物理、化学性质，不改变原料成分和结构的矿物材料。例如，滑石粉、宝石、石膏、电气石、石棉等。

(2)改性矿物材料：经过加工改变了原料内矿物成分和结构的矿物材料。例如，珠光云母片、改性膨润土等。

(3)人工矿物材料：通过模拟天然矿物和岩石的形成环境而人工合成的矿物材料。例如，微孔硅酸钙、纳米氧化锌、人造沸石分子筛等。

(4)复合矿物材料：主要包括矿物-有机复合材料(如石棉、硅灰石、云母与高分子材料合成的耐摩擦材料、密封材料、绝缘材料等)和矿物-无机复合材料(如绝热保温材料、电功能材料、建筑材料等)。

3. 按照矿物材料的功能特性分类

根据性能通常将矿物材料分为力学功能材料、热学功能材料、电磁功能材料、光功能材料、生物功能材料、吸附功能材料、装饰功能材料、原子能核反应堆功能材料等，如表1.3所示。

表1.3　一些常见的矿物类型及其应用

材料类型	矿物原料	材料品种	应用领域
功能粉体材料	方解石、大理石、滑石、石墨、高岭土、膨润土、金刚石、云母、石膏、石棉等	细粉(10~1000μm)、超细粉(0.1~10μm)、表面改性粉体、复合粉体、多孔隙粉体等	塑料、橡胶、化纤、油漆、涂料、陶瓷、胶黏剂、建材、机械等
热学功能材料	石棉、石墨、石英、长石、金刚石、水镁石、珍珠岩、金红石等	微孔硅钙板、保温材料、耐火材料等	建材、冶金、化工、机械、交通、煤炭等
力学功能材料	石棉、石膏、石墨、花岗岩、大理岩、石英岩、高岭土、长石、金刚石、石灰石、蛋白石等	石棉水泥制品、硅酸钙板、纤维石膏板、石料、石材、金刚石磨料等	建材、机械、电力、交通、农业、化工、轻工、地质勘探、冶金等
电磁功能材料	石棉、石英、金刚石、云母、滑石、高岭土、金红石、电气石等	电极、电锯、胶体石墨、电阻、电池、陶瓷半导体、压电材料、云母纸等	电力、微电子、通信、计算机、机械、航空、航天、航海等
光功能材料	水晶、冰洲石、堇青石等	偏光、折光、光学玻璃、光导纤维、滤光片、荧光材料等	通信、电子、仪器仪表、机械、航空、航天等
吸波与屏蔽材料	金红石、电气石、石英、高岭土、石墨、膨润土、滑石等	二氧化钛、纳米二氧化硅、氧化铝、护肤霜、防护服、保暖衣、消光剂等	核工业、军工、化妆、军用服装、农业、涂料、皮革等
催化材料	沸石、高岭土、硅藻土、海泡石、凹凸棒石、地开石等	分子筛、催化剂载体等	石油、化工、农药、医药等
吸附材料	沸石、高岭土、硅藻土、海泡石、凹凸棒石、地开石、膨润土、皂石、珍珠岩等	助滤剂、脱色剂、干燥剂、除臭剂、水处理剂、空气净化剂、核废料处理剂等	啤酒、饮料、食用油、食品、制药、化妆品、环保、家用电器等
流变材料	膨润土、皂石、海泡石、凹凸棒石、水云母等	有机膨润土、防沉剂、凝胶剂、流平剂、钻井混浆等	油漆、涂料、黏合剂、清洗剂、地质勘探等
装饰材料	大理石、蛋白石、水晶、石榴石、橄榄石、玛瑙、玉石、孔雀石、冰洲石、金刚石、月光石等	装饰石材、铸钢云母、采石、宝玉石、观赏石等	建筑、建材、涂料、皮革、化妆品、珠宝等
生物功能材料	沸石、高岭土、硅藻土、海泡石、凹凸棒石、膨润土、皂石、蛋白土、滑石、电气石、碳酸钙等	药品及保健品、药物载体、饲料添加剂、杀菌剂、吸附剂、化妆品添加剂等	制药业、生物化学工业、畜牧业、化妆品等

1.3　矿物学应用领域

1.3.1　光学矿物材料应用

1. 荧光材料

天然荧光矿物有方解石、长石、白钨矿等。荧光是一种发光形式，物质被特定波长的光照射后发出更长波长的光。紫外线灯发出的光与矿物的化学物质反应后使矿物发光，光子的吸收导致该矿物立即重新发射具有更长波长的光子，这种光激发在光源被切断后立即结束。当被不可见紫外线(UV)、X 射线和电子束激活时，荧光矿物发出可见光。矿物质中的荧光通常在两个 UV 波长下发生：短波长(SW)和长波长(LW)。一些矿物质仅在 SW或 LW 发荧光；另一些矿物质在 SW 和 LW 都会发荧光，发光颜色相同或几乎相同，其中很大一部分在 SW 会发出更亮的荧光。

2. 磷光材料

自然界中的磷光矿物有：夜明珠、金刚石、磷灰石、绿泥石等几十种。当光子能量从原子中解除对电子的束缚时，这些自由电子仍然在晶体空位中，无法返回或移动到其他任何位置［除非受到某种外力(如光子或晶体振动等)的激发］，最终产生的现象就是磷光。这种现象被认为是由于在矿物的晶体中存在微量的有机物质或阳离子、晶体缺陷、原子缺失或外来"杂质"原子的取代而发生的。磷光的主要性质有：①磷光矿物产生的光通常比激发光的折射性差；②在可见光谱激发光线中，紫外线部分的发光效率最好；③硫化钙和其他磷酸盐矿的磷光取决于其他微量物质的存在，如铜、铋和锰等；④在一定的杂质比例下，随着杂质的增加，磷光强度降低。磷光材料可以用于制造具有发光颜色的颜料、磷光油墨以及血液和视神经中的氧气压力分析等领域。

3. 光电材料

人类社会不断进步，能源需求不断增大，我们不得不正视资源枯竭的问题。一些矿物应用在光伏材料方面可以将太阳能转换为电能，为节约能源、保护环境起到良好作用。例如，钙钛矿作为光电材料应用于太阳能电池后，可以获得跟硅基太阳能电池相当的光电转换效率甚至更高。目前钙钛矿在薄膜太阳能电池方面的发展具有很大的前景，它不仅结构简单、成本低，而且转换效率持续增大，在未来的能源材料中占有重要地位。钙钛矿太阳能电池自 2012 年首次出现爆炸式增长后，其功率转换效率在 2018 年迅速提高到 23.7%。钙钛矿电池远远超越了其他新兴的光伏产品，如染料敏化太阳能电池、有机电池、无机电池和量子点电池等，而且在 CIGS、CdTe 和非晶硅薄膜太阳能电池技术中也变得更具竞争力。研究人员从形态学和组成演化的两个角度关注钙钛矿材料，按时间顺序研究钙钛矿太阳能电池的发展。就形态演变而言，由于沉积方式的发展，钙钛矿层从非均匀点和长方体形态演变为高结晶度的均匀体层；在形态上，从单一组合物发展为混合阳离子和卤化物的杂化钙钛矿[33]。总之，钙钛矿成功成为最有前途的光伏材料之一。

4. 光催化材料

对于能源消耗和环境污染，半导体光催化是一项很有前景的技术，其可利用太阳能或人造光源直接获得氢气燃料和有机能源(如甲烷等)，或去除污水中的有害物质。目前，为了提高天然矿物的光催化性能，研究者还开发了矿物负载、催化剂掺杂、表界面改性等方法，进而改善了催化剂比表面积、半导体带隙、表面载流子活性、表界面选择性等性能。金红石(二氧化钛)、闪锌矿(氧化锌)、铁氢氧化物、锰矿等天然矿物具有优良的半导体性能，已广泛应用于光催化的相关领域[34]。例如，Shindume 等通过溶胶-凝胶法制备 B,N-共掺杂的二氧化钛中孔晶体，用熔融硝酸盐处理改变样品形态。他通过表征样品组成以及对形态和微观结构进行观察和记录，研究了 B,N-共掺杂二氧化钛在可见光照射下对亚甲基蓝(MB)的光催化活性。经硝酸盐处理后的 B,N-共掺杂二氧化钛比未处理的 B,N-共掺杂二氧化钛和只有经硝酸盐处理过的二氧化钛具有更好的光催化活性，并在 550℃ 的煅烧温度下获得了性能最佳的样品。

1.3.2 电学矿物材料应用

电流以三种方式在岩石和矿物中传播：电子(欧姆)、电解和电介质传导。第一种是常见的金属材料中由自由电子传输而形成的电流；第二种是电流以相对较慢的速率由离子携带进行传播；第三种是在不良导体或绝缘体中，由于自由载流子很少或根本没有而发生的传播。天然矿物之间的导电率相差较大(如方镁石 $10^{-18} \sim 10^{-12} \Omega^{-1} \cdot cm^{-1}$、蓝晶石 $10^{-16} \sim 10^{-13} \Omega^{-1} \cdot cm^{-1}$、辉铜矿 $10 \sim 10^2 \Omega^{-1} \cdot cm^{-1}$、金红石 $10^{-2} \sim 10^4 \Omega^{-1} \cdot cm^{-1}$、钛铁矿 $10 \sim 10^4 \Omega^{-1} \cdot cm^{-1}$等)，因为大多数岩石都是不良导体，如果不是因为它们的孔隙中充满了流体(主要是水)，那么它们的电阻率会更大。因此，电阻率随离子的迁移率、浓度和解离度变化。

1. 电绝缘材料

绝缘材料是设计和建造节能建筑的关键材料，在电子电气工程中，电绝缘材料普遍存在，如高压电线、无线电发射塔中的绝缘支撑材料等。生活中也需要大量的电绝缘材料，如电热管、电熨斗、电饭煲等家用电器的绝缘填料。无机矿物材料耐高温、抗酸碱、抗老化和化学稳定性好，可以替代一些有机矿物材料而成为电绝缘材料的主要成分。例如，白云母具有良好的弹性、韧性、耐热性、耐火性和电绝缘性，是制备电机、电子管和电容器的重要材料；滑石粉在一定温度(1000℃)内的电绝缘性较好，可以用于变压器、电机匝间涂料的填料；硅酸盐矿物经过提纯、表面处理和改性后可以用于制备电绝缘填料，还可以替代电熔氧化镁材料。

2. 长效防腐导电剂

导电剂应具有长效防腐且电阻率低等特性。接地装置是我们常见的一种导电设备，无线电仪器、电力设备和建筑物等为了安全必须安装接地装置。过去常用的接地装置是将金属材料填埋于周围灌入了活性炭和盐水以作为导电剂的地下，在保持一定湿度的条件下可以确保接地电阻尽可能地小，但是这种装置存在很多缺点，如导电性能差、使用寿命短、设备更换频繁等。为此，研究者发现以膨润土作为原料，经过粉碎、选矿、提纯、烘干后在高压釜内进行化学改性而制得的长效防腐导电剂具有电阻率低、保水性好、吸水性强、性能稳定等特性。因此，长效防腐导电剂可作为发电厂及变电厂所配变压电器、输电线杆、建筑物防雷接地体、雷达站、无线电台、电视台、电子计算机房接地装置等的导电剂。

3. 蒙脱石、黄铁矿在高能电池上的应用

黄铁矿(FeS_2)已被证明是开发锂电池阴极的潜在材料之一。这种低成本的矿物可以通过化学合成，被制备成粉末或薄膜。FeS_2已被用于商用锂电池，为照相机、计算机和手表提供动力，也被用于太阳能电池和电动汽车电池。蒙皂石族的黏土矿物由几种矿物组成，但工业上最重要的两种是钠蒙脱石和钙蒙脱石。蒙脱石是具有开放性层状结构的硅铝酸盐矿物，能实现快速离子传导。近年来，国内外的研究者先后对黄铁矿和蒙脱石进行选矿提纯、离子交换等处理，制备出电极材料，以用于 LiS/FeS_2 高能蓄电池。这种电池具有比能量高、电流大、结构坚固、储藏期久等优点，可以用于航天、火箭和导弹的仪表工作电源中。

1.3.3　热学矿物材料应用

1. 耐火材料

根据原料矿物和矿物集合体，耐火材料主要分为两类：一类是耐火温度高的矿物，如橄榄石、锆石、尖晶石、刚玉、石墨等；另一类是自身耐火温度不高但经过加工之后可称为耐火材料的矿物，如蒙脱石、高岭土、菱镁矿等黏土矿物。用于冶金工业的耐火材料主要为生产定型耐火材料和不定型耐火材料，其用量约为全部耐火材料的 70%。耐火黏土中的硬质黏土用于制作高炉耐火材料，如炼铁炉、热风炉、塞头砖等。高铝黏土用于制作电炉和高炉用的铝砖、高铝衬砖及高铝耐火泥。另外，耐火黏土在建材工业中常用作水泥窑和玻璃熔窑用的高铝砖、磷酸盐高铝耐火砖、高铝质熔铸砖等。耐火矿物是经济发展的重要物质基础，具有很高的社会经济价值。

2. 保温材料

珍珠岩是一种无定形铝硅酸盐火山玻璃，可以用作地质聚合技术的原料。珍珠岩基地质聚合物包含一系列新型无机隔热泡沫材料的骨架，这些材料具有优异的热物理性质且不易燃，对人类和环境都安全。膨胀珍珠岩经过筛分、预热、焙烧后呈膨胀多孔颗粒或粉末状。以膨胀珍珠岩为主要原料而制备的保温产品有：硅酸盐珍珠岩制品、水泥珍珠岩制品、含石油沥青和乳化沥青的珍珠岩制品等。珍珠岩保温砂浆质量轻、强度高、导热系数小，常应用于屋顶、地板、地面等的砌筑、抹灰、保温方面。矿物石棉具有耐热、高挠性、电绝缘等性质，通过喷涂工艺制备的绝热层具有保温、节能的效果以及燃烧性能等级高、吸音、降噪性能好、施工快捷等优点。一些超细无机矿物纤维经喷涂后还可以抗风蚀、保温绝热和防火，将这些纤维喷涂于外墙可以达到密闭、无缝连接的保温效果。

1.3.4　力学矿物材料应用

天然矿物因天然形成过程而常造成多种结晶取向，难以满足力学材料的应用需求。因此，研究者主要按照单向生长矿物搜寻可应用于力学材料加工的天然矿物，如玄武岩等。玄武岩和其他大型的火成岩与地幔有关，是在大规模的火山运动中逐渐形成的。玄武岩纤维是以玄武岩矿石为原料，经过化学处理而产生的丝状材料，具有高强度、高模量、耐高温、防火阻燃、电绝缘等特性，其中其机械性能可与玻璃纤维相媲美。玄武岩纤维的主要分类和应用领域如下。

1. 玄武岩纤维

玄武岩纤维通过加工制作能应用于帐篷、防火服、灭火毯等。

2. 玄武岩增强纤维

玄武岩的长丝纤维被切断后能够以织物的形式用作增强和修补楼房、桥墩、防洪大坝等的建筑材料。

3. 玄武岩复合纤维

玄武岩与树脂等基体材料复合后形成的纤维类似于玻璃纤维，能应用于风机叶片、车船材料以及照相机三脚架等方面。

1.3.5　磁学矿物材料应用

在含有磁性物质的原子中，不成对的电子紧密且有规律地排列，这种排列导致未配对电子自旋之间发生强耦合作用，即使在没有磁场的情况下，也会产生永久磁化。矿物的磁性离不开环境和气候的影响，具有磁性的矿物岩石和沉积物在地理变迁和环境变化中通常记录了一些相关信息，为地球磁场变化提供了研究依据。随着生物和环境科学的快速发展，磁铁矿在识别和分离细菌的成因方面具有非常重要的意义。另外，湖泊的矿物磁信息能反映气候变化的周期性和不稳定性，尤其是局部气候的变化。例如，Sandgren 等发现湖泊沉积物中含有许多磁性矿物，它们在河流和溪流中以悬移质或推移质的形式运输，最终以沉积物的形式沉积。湖泊沉积物中磁性矿物的大气来源包括火山喷发的气溶胶、风暴运输的灰尘和化石燃料燃烧产生的微粒。总之，磁性矿物研究为全球环境变化和环境污染检测提供了一种有效手段。

1.3.6　核科学矿物材料应用

放射性废物含有各种放射性核素，并以各种物理和化学的形式出现。目前，常规的处置方法是将一些放射性废物封闭后填埋在一个不危害人类生存的空间里，通过长时间的自然衰变消除污染。核废物管理不善可能会导致许多重大危害，无论是液体废物还是固体废物都需要选择合适的方式进行安全处置。目前已开发出锆石、钙钛锆石等作为核素固化体的人造矿物。此外，利用矿物的吸附特性而设计的缓冲/回填层，可较好地保证核设施和处置库最后进入生态系统的安全性。例如，天然沸石作为吸附材料，可以替代以前昂贵的吸附剂，降低处理液体废物的成本。Osmanlioglu 等通过使用天然沸石作为吸附剂，在废物处理和储存设施中对液体废物进行净化。沉淀和吸附剂添加过程包括从液相中分离并转移固相，经过整个过程，核放射元素被有效吸附并去除。另外，常用的黏土矿物可以作为理想的核废物封闭物质，如高岭土、蒙脱石和绿泥石等，它们都具有很高的吸附能力，可用作废物库的回填材料。

1.3.7　宝石

矿物宝石色泽艳丽、晶莹无瑕，在经过一些物理加工而不改变原有成分的情况下，可以用于装饰和佩戴，如珠宝、吊坠、戒指星和雕像等。矿物宝石的价值主要体现在：①给人美感——宝石颜色鲜艳、透明晶莹、无疵少瑕；②耐久不变——宝石矿物硬度大、耐腐蚀、色泽长久不变；③产量稀少、珍贵。在自然界中已发现数千种矿物，但符合上述宝石条件的不过二十余种，如红宝石(主成分 Al_2O_3，阳离子 Cr^{3+}、Ti^{4+}、Fe^{3+}、Fe^{2+}、Mn^{2+}、V^{5+}等)、黄玉 [主成分 $Al_2SiO_4(F, OH)_2$，阳离子 Mg^{2+}、Mn^{2+}、Fe^{2+}、Ni^{2+}、CO^{2+}、Cu^{2+}、Zn^{2+}、Ca^{2+}、Pb^{2+}、K^+、Na^+等] 、祖母绿(主成分 $Be_3Al_2Si_6O_{18}$，阳离子 Cr^{3+}、V^{3+}等)等，而且即使是金刚石或刚玉等，若透明度不好、色泽不美或含有杂质、粒度不够，也不能做成钻石或红宝石、蓝宝石。

1.3.8　环保

1. 有机矿物材料污染地下水及土壤修复

一些石油炼制厂废水的主要成分有苯、苯酚和甲苯等非离子有机污染物，对生物和水源的危害大，所以经济、有效的有机矿物成为重点研究对象。例如，Bergaya 等利用有机物与蒙脱石复合改性来增强对苯、甲苯和苯酚的吸附能力。研究表明，随着表面活性剂与蒙脱石-铁矿比的增加，改性有机矿物对苯和甲苯的吸附有效性持续地增加。另外，黏土矿物中常见的阳离子对矿物的层状结构和表面性质有很大影响。当黏土矿物处于干燥状态时，阳离子大多处于脱水状态，从而使矿物因表面暴露而吸附有机污染物；当黏土矿物处于湿润状态时，阳离子会发生水合作用，矿物表面被一层具有强烈亲水性的水膜覆盖，不能有效地吸附有机污染物。不过，通过阳离子交换反应把黏土矿物中原有的无机阳离子交换成有机阳离子，可以让水合作用减弱，使生成的有机黏土矿物具有疏水性，从而大大增加水中去除疏水性有机污染物的能力。

2. 黏土矿物材料治理赤潮污染

黏土矿物与环境中其他化合物之间的相互作用可能发生在不同的物质状态下，如固体、熔化的固体、液体、气体和等离子体等。因此，对它的研究将涉及固/液体物理和化学学科以及熔融和等离子体学科的结合。黏土矿物存在于各种地质中，其特殊的晶体结构赋予了它许多特性，如吸水和脱水性、催化性、膨胀和收缩性等。黏土具有高比表面积和表面双电层结构，其矿物粒级属于胶体范围。因此，将这样的胶体溶液喷洒于赤潮水域可以起到有效的治理作用。黏土在环境和人类健康保护中起着重要作用，涉及从污染控制到黏土药物的广泛领域。

3. 硅藻土处理工业污水

水污染处理常用的方法是吸附法，即将水中富集的有毒和难降解物质通过一些化学反应进行有效吸附来达到去除的目的。硅藻土因硅藻壳体结构、比表面积大（$19 \sim 65 m^2 \cdot g^{-1}$）、吸附性好、孔隙度大等特性而在污水处理中显示出较好的净化效果。例如，在对纺织、印刷、塑料、造纸和皮革等工厂污水的处理中，它可以有效地吸附废水中的有色污染；在对玻璃、采矿、电镀和电池工业废水的处理中，它可以吸附水中的重金属离子，减少重金属离子对水生物的危害；在对炼油、合成纤维等工厂废水的处理中，它可以吸附芳香族有机化合物，避免这些有机化合物伤害人体肝脏和神经系统。

1.3.9 农业矿物

1. 沸石

沸石广泛用于农业、工业、医学等领域，尽管世界上对这些矿产的总量没有确切数字，但古巴、美国、俄罗斯、日本、意大利、南非、匈牙利和保加利亚等国家都具有重要的储量和生产潜力。根据 2001 年的报告，沸石的总消耗量为 350 万吨；其中 18% 来自天然资源，其余来自合成材料。迄今共发现 40 多种天然存在的沸石，较常见的有斜发沸石、毛沸石、菱沸石、片沸石、丝光沸石等。农业应用中最常见的是斜发沸石，因为它具有高吸附、阳离子交换、催化和脱水的能力。因此，沸石可以提高肥料价值、保留氮气和改善肥料与污泥的质量，可用作植物生长的促进剂。我国吉林、黑龙江、浙江等省份通过经沸石改良的土壤使农作物产量增加，如玉米增产 17%、小麦增产 30%、辣椒增产 40.3%。此外，沸石还可以作为农药载体。我国已经成功研制出毒性低、环境污染小的除草剂，并大批量投入生产。

2. 硅藻土

硅藻土是一种沉积岩，主要由硅藻单细胞淡水植物的化石残骸组成。硅藻土具有非常细的多孔结构且密度低，在大多数液体和气体中显示出良好的化学惰性，这些特性使硅藻土成为园艺应用中的优良种植培养基。硅藻土在农业上可以用作土壤改良剂、复合肥料和栽培垫层。在干旱地区的土壤中施加硅藻土可以减少水分蒸发，保持土地湿度和疏松土质。硅藻土复合肥可以提高农作物产量，尤其适合藕地、稻田等作物生长环境。硅藻土作为栽培垫层，具有吸水性强、保水能力高、透气性好的特点，适宜蔬菜、稻谷等作物的生长。

3. 膨润土

膨润土是由膨胀矿物组成的黏土矿物，一般含有蒙脱石和少量的贝得石等。根据元素命名的膨润土类型主要有：钾基膨润土、钠基膨润土、钙基膨润土、铝基膨润土等。膨润土具有软化、膨胀、与水有良好混合能力、可塑性、黏附性、吸水性等特性，被广泛应用于各个领域。例如，膨润土因高膨胀特性而可以应用于土坝/灌溉沟的衬里基材，能够有效地防止池塘渗漏；由于黏合强度和可塑性好且与废水接触时迅速膨胀并结块，使得污染物可以被轻易清除；由于吸水性较强，作为土壤改良剂时可以提高土壤的保水性（特别是干旱地区），达到疏松土壤、绿色增产的目的。目前，膨润土已应用于我国新疆、内蒙古等省份的荒漠化治理和土壤修复等工程项目中。

1.3.10　药用矿物

药用矿物存在的时间几乎与人类本身存在的时间一样长，从史前开始矿物已经被用于治疗疾病。有迹象表明，直立人和尼安德特人通过混合黏土和水形成不同类型的泥来治疗伤口以缓解疼痛刺激。古希腊时期，泥浆材料被用作杀菌剂，用于伤痕愈合或治疗蛇咬伤。黏土矿物在药物配方中的使用也有相关记载。常用于药物制剂的黏土矿物有：蒙脱石、坡缕石、高岭土、滑石等。它们在药物制剂领域的应用优势在于：比表面积高、吸附能力强、良好的化学惰性、对患者身体低毒性或无毒性等。随着社会的不断发展和进步，人们更加注重矿物的药用价值，不管是内科、外科、皮肤科等方面的疾病都可以用矿物治疗。例如，石膏、芒硝、寒水石可治疗外科疮毒、肠痛、水火烫伤；钟乳石、海浮石可治疗结核、咯血；花蕊石、赤铁矿可治疗咯血、呕吐及外伤出血；高岭土、褐铁矿可治疗月经过多；雄黄、砷华矿可治疗痔疮、虫蛇咬伤等。因此，我们在关注矿物的工业和农业应用时，也要重视矿物的药用价值，以使得矿物的用途更广泛。

1.4　矿物学实验研究方法

1.4.1　粒度和孔道测试

激光粒度分析方法是基于光的散射现象来测量粒度[35]。当行波（线）遇到微小粒子时，发生散射现象。粒子越小，散射光（散射角）的分布范围越大。Mie 散射理论描述了粒子大小与散射光分布的定量关系，给出了平面电磁波在均匀介质球的特定半径上入射时麦克斯韦方程组的精确解。激光粒度仪的测试特点是速度快、范围广等，其测试原理如下。由激光器发出的光束经显微镜聚焦，并经过针孔和准直镜准直，成为直径约 10mm 的平行光束。这种光束被照射到被测粒子上时，部分光被散射。通过傅里叶透镜的散射光照射到光电探测器阵列上。光电探测器阵列位于傅里叶透镜的焦平面上，探测器上的任意一点都对应一个散射角。光电探测器阵列由一系列同心环组成，每个环是一个独立的探测器。它可以将散射光能转换成电压，然后发送到数据采集卡。该卡放大电信号，并将电信号转换为数据信号（A/D 转换），然后将其发送到计算机。

若测量区中有 N 个大小相同的颗粒，只要 N 足够大则所有颗粒产生的散射光强将是单个颗粒的 N 倍。一般颗粒群由多种颗粒组成，而且计算时总是假设颗粒分布符合某个

函数 $N(D)$，如正态分布函数、R-R 分布函数等。所有颗粒在第 n 环上的衍射总光能为

$$e_n = \frac{3I_0}{2\rho} \sum_{i=1}^{M} \int_{D_i}^{D_i'} \frac{W(D)}{D} [J_0^2(X_n) + J_1^2(X_n) - J_0^2(X_{n+1}) - J_1^2(X_{n+1})] dD \tag{1.1}$$

$$f = \sum_{n=1}^{M} (e_n - e_n')^2 \tag{1.2}$$

式中，J 表示贝塞尔函数；$X=\pi DS/\lambda f$，f 表示傅氏透镜焦距，λ 表示激光波长，S 表示环形探测器的径向半径；I_0 表示入射光强。通过调节目标函数 f，控制式(1.1)，计算出理论上的光能分布值 e_n 与实测值 e_n' 的差值达到最小。

此测试能够直接获得矿物粒度分布和具体数据，以判定矿物颗粒的均匀性和统计型孔道分布，见表 1.4。

表 1.4 Y-TiO$_2$ 的粒度测试结果

粒度分布	Y 掺杂质量比/ %				
	0	0.5	1	1.5	2
晶粒粒径/ nm	8.08	4.39	4.49	3.72	3.67
体均直径/μm	4.91	4.04	4.15	3.70	3.95
数均直径/μm	0.38	0.33	0.34	0.29	0.31

1.4.2 形貌测试

1. 透射电子显微镜

透射电子显微镜(transmission electron microscope，TEM)的光源是波长较短的电子束，是通过电磁透镜在投影镜成像的高分辨率和高放大倍数的电子光学仪器。透射电子显微镜的构成体系为光学系统、真空系统和电子线路控制系统。经过高压电场加速形成的短波长-准单色电子束为照明光源，通过电磁透镜组(如聚光镜、物镜、中间镜、投影镜等)成像并利用显示系统(如荧光屏、底片盒等)显像的一种电子显微仪器。为避免电子束在成像过程中与电子光路中的气体分子发生散射，整个镜筒要达到较高的真空度(约为 10^{-7}Pa)。高能量(一般为 100keV)的电子束经过透镜会聚在样品上(能够穿透厚度为 100～200nm 的样品)发生光散射或衍射，从样品的另一面射出，同时产生振幅和相位衬度，通过物镜以下的透镜可以将这一衬度成像于荧光屏或底片上，另外还可以调节中间镜的焦距，使得物镜后焦面上的晶体通过衍射图样成像。因此，透射电镜在样品微观成像、晶体结构和微区成分分析方面都有广泛的应用。

透射电镜分析的样品厚度应控制在 100～200nm，在制样过程中要防止污染和样品变质，如机械或热损伤等。磁性粉末样品和磁性块状样品均不能进入仪器，粉末样品应以无机成分为主，否则会造成电镜的污染，甚至击坏高压枪。块状样品需要电离减薄或离子减薄，其制样过程复杂、耗时长、工序多。特别要注意的是，高分辨率透射电子显微镜(high resolution transmission electron microscope，HRTEM)不能测试原子排布非常对称的矿物结构，如蒙脱石[36]等。图 1.3 为蒙脱石边缘附着复合氧化物(Fe_3O_4-TiO$_2$、CoFe$_2$O$_4$-TiO$_2$)的

TEM 和 HRTEM 图，主要用于分析蒙脱石边缘的复合氧化物及其取向面。

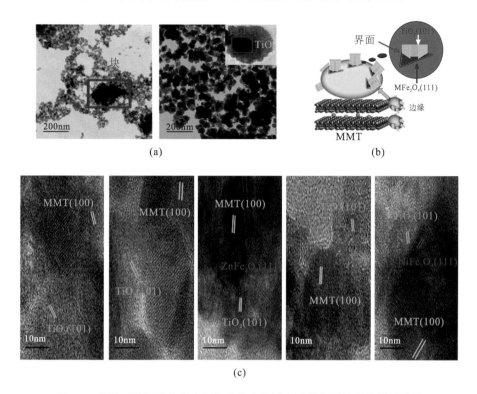

图 1.3　蒙脱石边缘附着复合氧化物的高分辨率透射电子显微镜测试结果

注：(a)TEM 图；(b)结构示意图；(c)HRTEM 图

2. 扫描电子显微镜

扫描电子显微镜（scanning electron microscope，SEM）的显像原理是以类似电子扫描的方式，利用束斑半径很小的聚焦电子束扫描样品表面，通过收集和处理激发出来的各种物理信号来调制成像；其中最基本、最具有代表意义也是分析检测中用得最多的是它的二次电子（secondary electron，SE）衬度像。二次电子是样品中原子的核外电子因在入射电子的激发下离开该原子而形成的，它的能量比较小（一般小于 50eV），因而在样品中的平均自由程也较小，只有在近表面区域（约 10nm 量级）二次电子才能逸出表面被接收器接收并用于成像。在近表面区域，入射电子与样品的相互作用才刚刚开始，束斑直径还来不及扩展，与原入射束直径相比，其变化不大，而相互作用时发射二次电子的范围较小，有利于得到比较高的分辨率。新式扫描电镜的二次电子成像分辨率可达 3～4nm，几倍到 20 万倍的放大倍数，并且 SEM 的景深远比光学显微镜的大，从而可用于观察表面粗糙的样品。目前的扫描电子显微镜不仅可以对样品形貌进行观察，还可以结合其他的一些分析仪器，从而使人们可以对样品形貌、微区成分和晶体结构等多种微观组织结构信息进行原位分析。例如，图 1.4 可直观地反映蒙脱石边缘复合氧化物的附着状态[36]。

采用扫描电镜分析的样品必须是干净、干燥的，且具有导电性。潮湿或杂质过多的样品会使仪器真空度下降，仪器内狭缝、样品室壁上的沉积物都可能降低成像性能并给探头或电子枪造成损害，因此不能使用含水样品和挥发性样品。若样品不导电，则电荷累积所形成的电场会使二次电子发射状况发生变化，从而影响扫描电镜的成像信号，在极端情况下还会因电子束方向改变而使图像失真。因此，应对绝缘样品进行预处理来消除沉积的电荷。此外，SEM 不能用于观察发光和高温的样品，SEM 的信号探头对光、热非常敏感。

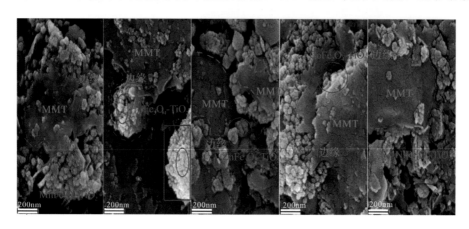

图 1.4 蒙脱石-复合氧化物的扫描电子显微镜测试结果（MMT 表示蒙脱石）

3. 原子力显微镜

Bining 和 Quate 在扫描隧道显微镜（scanning tunneling microscope，STM）的基础上，于 20 世纪合作发明了原子力显微镜（atomic force microscope，AFM），它是为观察非导电物质而发展起来的分子和原子级显微工具，具有分辨率高、制样简单、操作容易等优点。AFM 两端的结构不同，一端固定，另一端为装有尖锐针尖的弹性微悬臂，可通过探测微悬臂受力产生的微小形变来测试样品的表面形貌。当针尖接近样品表面时，针尖和样品之间会产生相互作用力，通过检测此时微悬臂产生的弹性形变量（Δz），就可以根据微悬臂的弹性系数 k 和等式 $F = k \cdot \Delta z$ 直接求出作用力 F。

AFM 拥有三种不同的工作模式，即接触式、非接触式和共振模式（或轻敲模式），不同的模式对样品的要求有一定的差异。接触式由于针尖在样品表面滑动及样品表面与针尖的黏附力，可能使针尖受到损害，甚至使样品产生变形，故不利于对不易变形的低弹性样品进行测试。非接触式中样品与针尖之间的相互作用力是吸引力，即范德瓦耳斯力。由于吸引力小于排斥力，故非接触式的灵敏度比接触式的高，但分辨率比接触式低，非接触式不适用于在液体中成像。在共振模式（或轻敲模式）下，由于微悬臂高频振动，使得针尖与样品之间频繁接触的时间相当短，针尖与样品可以接触，也可以不接触，且有足够的振幅来克服样品与针尖之间的黏附力，因此该模式适用于柔软、易脆和黏附性较强的样品且不会对它们产生破坏。

AFM 在矿物加工领域中，可对矿物表面结构进行测试，其中包括表面形貌和电势、矿物在空气或液体中的表面性质以及样品表面间的范德瓦耳斯力、双电层静电斥力、水化力和疏水力等，还可测量矿物表面气泡以及矿物表面吸附的药剂之间的相互作用力。例如，

图 1.5 可反映赤铁矿和磁铁矿的表面电势能[36]。

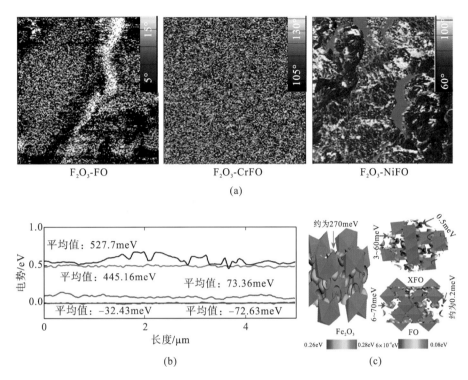

图 1.5　赤铁矿和磁铁矿的原子力显微镜测试结果

注：(a)表面形貌图；(b)表面电势图；(c)对应理论计算的表面电荷密度图

1.4.3　结构测试

1. X 射线衍射分析仪

X 射线衍射分析仪（X-ray diffractometer，XRD）是通过对材料进行 X 射线衍射信号分析，并比对 XRD 卡片分析其测试图谱，从而获得材料的成分以及原子或分子结构等信息的仪器。XRD 通过计数方法记录 X 射线衍射数据和反馈图谱，由 X 射线发生器、水冷系统、测角仪、X 射线检测系统、计算机控制与数据分析系统等部分组成。X 射线衍射的基本原理：当晶体（由原子规则排列的晶胞构成）受到单色 X 射线照射时，入射 X 射线的波长与规则排列原子间的距离有相同数量级，故由不同原子散射的 X 射线相互干涉，在某些特殊方向上产生强 X 射线衍射，而衍射线在空间中分布的方位和强度与晶体结构密切相关。衍射线空间方位与晶体结构的关系可用布拉格方程表示：

$$2d\sin\theta=n\lambda \tag{1.3}$$

式中，d 表示晶面间距；n 表示反射级数；θ 表示掠射角；λ 表示 X 射线的波长。

布拉格方程清楚地给出了 X 射线的衍射方向，也就是说，当晶体中的某个晶面与入射 X 射线之间的夹角满足布拉格方程时，在该晶面反射线的方向上会产生衍射线。布拉格方程主要有两个用途：①已知晶体的 d 值，通过测量 θ 求特征 X 射线的 λ，并通过 λ 判断产生特征 X 射线的元素,这主要应用于 X 射线荧光光谱仪和电子探针中;②已知入射 X 射线的波长,通过测量 θ 求晶面间距,并通过晶面间距测定晶体结构或进行物相分析。晶体的衍射只有在 λ、θ 和 d 三者都满足布拉格方程时才能产生。晶体衍射图像分析法主要包括:基本的 X 射线衍射方法(劳埃法或劳厄法)、旋转单体法和粉末法。其中粉末法是 X 射线衍射分析中最常用的方法,其主要特点是对样品的要求不高,实验容易进行,速度较快,所获得的信息较多,主要用于物相分析、对点阵参数的测定等。例如,图 1.6 表示蒙脱石和复合氧化物的特征取向,该图可以反映各个矿物的基本结构,可通过分析单个峰的半高宽来获得单一取向的结晶度[36]。

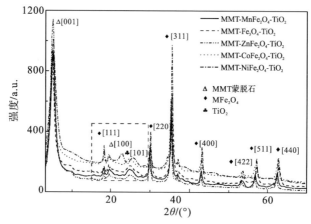

图 1.6 蒙脱石-复合氧化物的 XRD 图谱

2. 中子衍射仪

中子粉末衍射(neutron powder diffraction,NPD)通常指晶态物质被约一埃左右德布罗意波长的中子(热中子)通过时发生的布拉格衍射现象。目前,中子衍射技术是重要的物质结构研究手段之一。中子衍射技术是中子散射技术的一个重要组成部分,和 X 射线衍射技术同为研究物质微观结构的重要测试手段。同时,中子衍射技术具有独特的优势,对于物质某些特定的微观性质,只有通过中子衍射技术才能观测到材料的微观特性。

中子衍射技术的原理:晶体是由内部原子规则排列的晶胞组成,中子波通过晶体中规则排列的原子时相当于通过一个三维的光栅,当中子通过这种三维光栅时,会产生衍射现象。散射波会在特定的散射角上形成干涉加强及形成衍射峰,衍射峰的位置和强度与晶体中的原子位置、原子排列方式以及各个位置上原子的种类有关。对于磁性材料来说,中子衍射峰的位置还与原子的磁矩大小、方向和排列方式有关。我们可利用中子衍射来研究物质的晶体结构和磁结构[37]。

在进行矿物分析时,中子衍射技术与 X 射线衍射技术所研究的侧重点不同。中子衍射技术侧重于对材料磁结构的测定、定位结构中的轻元素或者分辨原子序数相近的元素等方面。此外,利用中子能够分辨出同位素,中子对氢和氘的分辨率非常高,但目前中子源的强度普遍低于 X 射线源,因而中子衍射的实验精度通常不如 X 射线衍射,且中子衍射的实验周期较长、成本较高。因此,对于一般的结构研究,通常遵循"先 X 射线再中子"

的原则；但是，采用中子衍射分析材料磁性和磁结构是常用的手段。表 1.5 为 X 射线衍射与中子衍射的适用性关系。

表 1.5　X 射线衍射与中子衍射的适用性关系

实验目的	优先采用
主项的鉴定	XRD
晶体结构的精修	XRD+NPD
轻元素的鉴定(H、Be、Li、B、C、N、O、F)	NPD
晶格畸变	XRD
轻元素的偏移	NPD
化学有序与无序	XRD+NPD
成分鉴定	XRD/NPD
磁性与磁结构	NPD

3. X 射线吸收精细结构谱

X 射线吸收精细结构谱(X-ray absorption fine structure，XAFS)是唯一一种能在反应条件和反应物存在的情况下提供催化剂电子和结构特性信息的光谱技术。XAFS 是仅有的几个完全利用光子的探测器之一。X 射线吸收光谱在能量较高的情况下，呈现出较平稳的衰减强度。当入射光子的能量达到特定的能量点即足以使电子从较深的核能级激发到空激发态或连续体时，就会使吸收系数呈阶梯函数式的急剧增加，这个能量点称为"阈值能量"或"吸收边"。精确测量表明，在吸收边至高能侧 30～50eV 以及吸收边高能侧 30～50eV 至 1000eV 范围内，吸收系数曲线呈上下波动的精细结构。XAFS 技术不仅可以提供金属颗粒的结构信息，还可以提供金属颗粒与支撑体之间的相互作用信息。只作用于短程的有序 XAFS 光谱，其 X 射线吸收边具有元素特征，可通过调节 X 射线的能量对凝聚态和软态物质等简单或复杂体系中原子的周围环境进行研究，给出吸收中心原子周围近邻配位原子的种类、距离、配位数和无序度因子等结构信息，而对于固体、液体、气体样品可以在原位进行测量。根据形成机理和处理方法的不同，XAFS 光谱可分为 X 射线吸收近边结构光谱(X-ray absorption near edge structure，XANES)和扩展 X 射线吸收精细结构光谱(extended X-ray absorption fine structure，EXAFS)[38]：吸收边至高能侧 30～50eV 的吸收系数的震荡，称为 XANES；吸收边高能侧 30～50eV 至 1000eV 的吸收系数的震荡，称为 EXAFS。

1.4.4　结合键测试

1. 傅里叶变换红外线光谱仪

傅里叶变换红外光谱仪(Fourier transform infrared spectroscopy，FT-IR)一直是研究黏土矿物结构、键合和化学性质的常用仪器。迈克尔逊干涉仪主要由固定反射镜、可移动反射镜和分束器组成，其中分束器与两反射镜的夹角为 45°。其工作原理为：红外光由光源发出，先照射到分束器上，分束器使照射在上面的入射光分裂成等强度的两束光，这两束光平分为50%，一束光经反射到达动镜，另一束则经透镜到达定镜；两束光分别被固定反射镜和可移动反射镜反射后，再回到分束器被反射或经透射到达检测器，动镜直线运动的速度为 v_m，两束光经分束器分束后产生光程差，从而发生干涉现象。发生相长干涉的条件为到达检测器的两束光的光程差为 1/2 的偶数倍，而光程差为 1/2 的奇数倍时发生相消干涉。通过移动可移动反射镜，并将可移动反射镜的移动距离按所检测到的光强度作图，可得到干涉图。光路中的样品对特定频率的红外辐射具有吸收作用，干涉图会因此发生变化。变化后的干涉图经计算机进行复杂的傅里叶变换处理后，可得到所需要的红外吸收光谱图。样品吸收红外辐射的相关细节为：当频率连续变化的红外光通过样品时，样品中的分子会吸收某些频率的辐射，并因其自身结构原因产生振动或转动而引起偶极矩变化，产生分子振动和导致转动能级从基态到激发态的跃迁，使这些吸收区域的透射光强度减弱。例如，图 1.7 为氨基酸及其溶液与蒙脱石在 pH 为 2.40～9.50 时的 FT-IR 光谱图[39]。

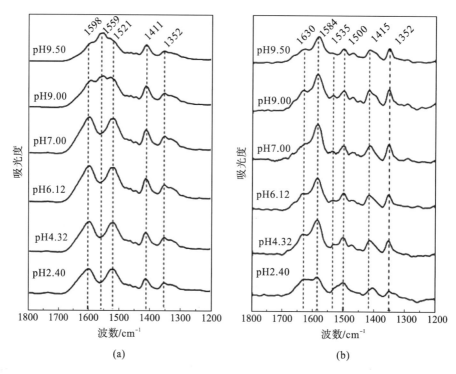

图 1.7　氨基酸及其溶液与蒙脱石在 pH 为 2.40～9.50 时的 FT-IR 光谱图

注：(a) 赖氨酸溶液；(b) 赖氨酸

表 1.6　红外光谱区域的划分

区域	波长 λ/μm	波数 $\tilde{\nu}$/cm^{-1}	能级跃迁类
近红外光区	0.78～2.5	131358～4000	NH、OH、CH 倍频区
中红外光区	2.5～25	4000～400	振动、转动
远红外光区	25～1000	400～10	转动

红外光谱的波长范围为 0.78~1000μm，根据仪器技术和应用不同，习惯上又将红外光区分为 3 个：近红外光区、中红外光区、远红外光区(表 1.6)。低能电子跃迁、含氢原子团(如 NH、OH、CH 等)的倍频区吸收等构成近红外光区的吸收带。在近红外光区可研究稀土和其他过渡金属离子的化合物，大多数有机化合物和无机离子的吸收带主要集中在中红外光区。红外光谱中吸收强度最强的振动为基频振动，因此，在中红外光区进行红外光谱的定性和定量分析具有更大的优势。远红外光区偏向于研究异构体，也能对金属有机化合物(包括络合物)、氢键、吸附现象进行相关的测试和研究。

FT-IR 的特点：扫描速度快(光谱范围完成扫描的时间在 1s 内)、高波数准确度($0.01cm^{-1}$)、高分辨能力(0.005~$0.100cm^{-1}$)、高灵敏度(10^{-9}~$10^{-12}g$)、光谱范围宽(10000~$10cm^{-1}$)、杂散辐射低(可低于 0.30%)以及仪器结构简单、体积和重量小、环境要求比较低等。目前，几乎所有的红外光谱仪都是傅里叶变换红外光谱仪。FT-IR 主要用于对分子结构在化学领域的基础性研究(如测定分子的键长、键角等)和化学成分分析(即定性定量)，使用最广泛的是确定化合物的分子结构。根据红外光谱的峰值位置、峰强度和峰的形状，可判断化合物中的官能团，从而推断未知物的结构。一般来说，具有共价键(无机键和有机键)的化合物都具有各自的红外光谱特征。除光学异构体和长链烷烃同系物外，几乎没有两种化合物具有相同的红外吸收光谱。

2. 拉曼光谱

拉曼光谱(Raman spectra，RS)是研究分子振动和旋转的光谱方法。自 20 世纪 60 年代激光问世以来，拉曼光作为激发源的引入得到了迅速的发展，许多新的拉曼光谱技术出现并应用于许多领域。瑞利散射是指单色光束的入射光子与分子相互作用时，发生弹性碰撞和非弹性碰撞。在弹性碰撞过程中，入射光子与分子之间不存在能量交换，入射光子只改变运动方向而不改变频率。拉曼散射是当频率为 v_0 的单色光入射到样品上时，大部分光会通过样品，部分会散射。对散射光的频率进行分析，不仅可以观察到与入射光一样频率为 v_0 的光，还会发现新频率 $v=v_0 \pm \Delta v$ 的光。这是因为在非弹性碰撞过程中，光子和分子的能量交换，光子改变方向，同时光子能量的一部分传递给分子，或者分子的振动和旋转能量转移到光子上，从而改变光子的频率，这种频率(波数)的变化称为拉曼散射。

在入射光的激发下，分子可以从电子基态的振动能级 E_0 跃迁到更高的虚态。当它回到基态时，可以在不返回 E_0 的情况下过渡到基态振动能级的上一级 E_1 或 E_2，使得散射光相对于入射光而言将一部分能量降低为 $h(v_0-v_m)$，$\Delta E=E_1-E_0=hCv_m$，其中 v_m 为拉曼位移。如果被激发的分子在 E_1 或 E_2 上，那么当它返回跳跃到 E_0 上时，散射光会比入射光增加一些能量，变成 $h(v_0+v_m)$。前者是斯托克斯拉曼散射，后者是反斯托克斯拉曼散射。通常拉曼散射试验检测的是斯托克斯拉曼散射，拉曼位移是分子振动或旋转频率，它与入射频率无关，但与分子结构有关。每一种材料都有其特有的拉曼光谱，拉曼线数目、位移大小和谱带强度都与材料分子的振动和旋转能级有关。这些信息反映了分子结构及其环境，图 1.8 描述了磁铁矿-钙钛矿$(XZn)Fe_2O_4-BiFeO_3$复合界面结构中原子的振动光谱[36]。

拉曼光谱是研究分子振动的光谱方法。拉曼光谱的原理和机理不同于红外光谱，但它提供了分子内部各种具有正常振动频率和振动水平的相似结构的信息,可以识别分子中的官能团。在分子结构分析中,拉曼光谱和红外光谱是互补的,如 C—C、N≡N、S—S 等电荷分布中心对称键的红外吸收较弱而拉曼散射较强。因此,拉曼光谱可以很好地显示一些红外光谱仪无法检测到的信息,可用于分析纳米材料的分子结构、键合特性和进行定性鉴别。与此同时,可通过拉曼光谱分析和研究沉积有机质,对有机质拉曼光谱参数的回归方程进行构建,以预测源岩的埋藏史和沉积环境,全面评估其石油和天然气存储潜力。

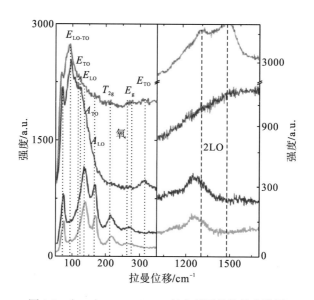

图 1.8　(XZn)Fe$_2$O$_4$-BiFeO$_3$复合界面的拉曼光谱图

1.4.5　元素测试

1. X 射线光电子能谱分析

X 射线光电子能谱分析(X-ray photoelectron spectroscopy,XPS)是一种表面分析技术,可用于探测样品表面的化学组成,确定各元素的化学状态。其基本原理是:当一束有足够能量(hv)的 X 射线照射到某一固体样品(M)上时,可激发某原子或分子中某个轨道上的电子,使该原子或分子电离,被激发出的电子获得一定的动能 E_k,留下一个离子 M$^+$。这一激发过程可表示为 M+hv→M$^+$+e;其中,e 被称为"光电子"。若这个电子的能量高于真空能级,那么就能够克服表面位垒,逸出体外而成为自由电子。光电子发射过程的能量守恒方程为

$$E_k = hv - E_B \tag{1.4}$$

式中,E_k 表示某一光电子的动能;E_B 表示结合能。这是爱因斯坦的光电发射方程,也是光电子能谱分析的基础。在实际应用中,采用费米能级(EF)作为基准(即结合能为 0),从而可测得样品的结合能(BE)值,能够判断出被测元素。被测元素的 BE 变化与其周围

的化学环境相关，根据这一变化，能够推测出该元素的化学结合状态及价态。

XPS 适用于固体测试，可穿过 10nm 的固体表层。XPS 是一种分析深度很浅的表面分析技术。其常规应用：检测样品表面为 1～12nm 的元素和元素质量、存在于样品表面的杂质、含过量表面杂质的自由材料的实验式、样品中一种或多种元素的化学状态、一个或多个电子态的键能、不同材料表面 12nm 范围内一层或多层的厚度以及电子态密度。例如，图 1.9 的 XPS 光谱图反映了矿物内原子的外层电子信息[40]。

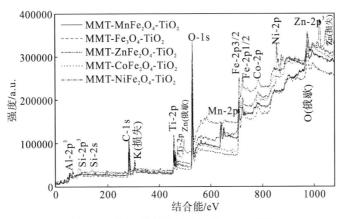

图 1.9　蒙脱石-复合氧化物的 XPS 图谱

注：MMT 表示蒙脱石

2. X 射线荧光光谱

X 射线荧光(X-ray fluorescence，XRF)是原子内产生变化导致的现象。稳定的原子结构由原子核和核外电子组成。其中核外电子以各自特有的能量在各自的固定轨道上运行，内层电子(如 K 层等)通过足够能量的 X 射线照射可以脱离原子束缚，释放出的电子能够让电子壳出现相应的电子空位。这时，高能电子壳层的电子(如 L 层等)将跃迁到低能电子壳，以填充相应的电子空位。不同的电子壳之间有能隙，能量的差异以二次 X 射线的形式释放，不同元素释放的二次 X 射线具有其特定的能量特征。这一过程就是 X 射线荧光的产生过程。只要测量出荧光 X 射线的波长或能量，就能够知道元素的类型，这是荧光 X 射线定性分析的基础。元素的原子被高能辐射激发，从而引起内部电子的跃迁，同时发射具有特定波长的 X 射线。荧光 X 射线的波长 λ 和元素的原子序数 Z 相关，其数学关系为

$$\lambda = K(Z - S) - 2 \tag{1.5}$$

式中，K 和 S 是常数。此外，X 射线荧光的强度与相应元素的含量相关，根据量子理论，可以把 X 射线视为一种由光子或量子组成的粒子流，该粒子流中每个光子所具有的能量为

$$E = h\nu = hC / \lambda \tag{1.6}$$

式中，E 表示 X 射线光子的能量，单位为 keV；h 表示普朗克常量；ν 表示光波的频率；C 表示光速。因此，先测出荧光 X 射线的波长或者能量，就能知道元素的种类，如图 1.10 所示的天然沸石成分的 XRF 数据。此外，荧光 X 射线的强度与相应元素的含量有一定的关系，在标样情况下，可以进行元素定量分析。

序号	化合物	值	单位	序号	化合物	值	单位
1	Cl	10.8	ppm	23	Rb	142.5	ppm
2	P	99.5	ppm	24	Sb	13.9	ppm
3	Ag	2.8	ppm	25	Sc	5.6	ppm
4	As	5	ppm	26	Sn	3.8	ppm
5	Ba	483.3	ppm	27	Sr	560.8	ppm
6	Bi	1.3	ppm	28	Th	12.8	ppm
7	Cd	0	ppm	29	Ti	1213.9	ppm
8	Ce	85.5	ppm	30	U	1.9	ppm
9	Co	0.5	ppm	31	V	11.8	ppm
10	Cr	69.6	ppm	32	W	6.2	ppm
11	Cs	25.2	ppm	33	Y	27.1	ppm
12	Cu	4.3	ppm	34	Yb	2.8	ppm
13	Ga	15.6	ppm	35	Zn	64.3	ppm
14	Ge	0.7	ppm	36	Zr	299.7	ppm
15	Hf	9	ppm	37	SiO_2	77.99	%
16	La	44.5	ppm	38	Al_2O_3	11.93	%
17	Mn	369.9	ppm	39	Fe_2O_3	1.03	%
18	Mo	1.7	ppm	40	MgO	0.6	%
19	Nb	23.6	ppm	41	CaO	1.23	%
20	Nd	41	ppm	42	Na_2O	0.54	%
21	Ni	3.4	ppm	43	K_2O	3.37	%
22	Pb	30.8	ppm				
					总计		97.06%

图 1.10　沸石的 XRF 结果

3. 原子吸收光谱法

原子吸收光谱法(atomic absorption spectroscopy，AAS)是用于无机元素定量分析的最广泛使用的分析方法之一。其原理是：从光源发射出的具有待测元素特征谱的光被样品蒸气中待测元素的基态原子吸收，并且吸收程度与含量成正比。因此，可以由测定的吸光度确定样品中被测量元素的含量。当温度吸收路径和注入模式等实验条件固定时，将待测元素中基态原子吸收的由空心阴极灯辐射出的单色光作为锐线光源，其吸光度(A)与待测元素的浓度(C)成正比，即

$$A=KC \tag{1.7}$$

式中，K 表示常数。据此，可以通过测量标准溶液和未知溶液的吸光度(标准溶液的浓度是已知的)，并使用标准曲线来求得未知液体中待测元素的浓度，如图 1.11 所示。液体样品由此可以进行分析；但是，无法进行多元素分析。同时，一个元素可以用空心阴极灯代替作为锐线光源。尽管已经开发出一种新的光源，即多元素灯，但是多元素灯的稳定性和光源强度有限，因此应用并不广泛。

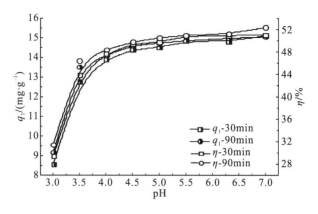

图 1.11　不同 pH 下对灭活面包酵母菌吸附镉离子的 AAS 结果

4. 电感耦合等离子体光谱仪

电感耦合等离子体原子发射光谱法(inductive coupled plasma emission spectrometer，ICP)是一种使用电感耦合等离子体矩作为激发源的光谱分析方法，是一种源自原子发射光谱的新型分析技术。样品通过载气(氩气)引入雾化系统进行雾化后，以气溶胶形式进入等离子体的轴向通道并在高温惰性气体中被完全蒸发、原子化、电离以及激发，元素的特征线根据特征线存在与否来识别样本是否包含元素(定性分析)；根据特征光谱的强度确定样品中相应元素含量的方法(定量分析)与 AAS 相同。ICP 主要应用于固体材料(需消解成不含有机物的溶液)或待测溶液中的元素分析和元素含量测定，如一些有害的重金属元素锑、砷、钡、铬、镉、铅、汞等[41]。图 1.12 为利用 ICP 测定铀酰-多种重金属离子竞争作用的研究。

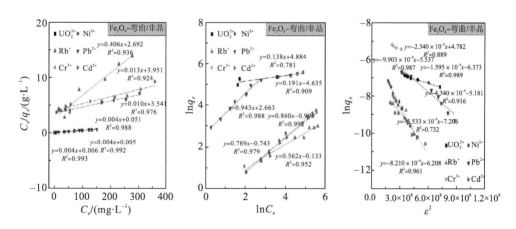

图 1.12　膨润土-磁铁矿表面-界面-层间铀酰-多种重金属离子竞争作用

5. X 射线能谱仪

自 20 世纪 70 年代以来，能谱仪(energy dispersive spectrometer，EDS)已被广泛用于荧光 X 射线分析和被装配到扫描电子显微镜(SEM)、透射电子显微镜(TEM)和扫描声学电子显微镜(scanning acoustic microscope，SAM)上进行 X 射线成分分析。它可以完成对原子序数 $Z=11\sim92$ 的所有元素的检测，并且可以分析 C、N、O 等轻元素。X 射线能谱仪的基本原理：当 X 射线的光子进入探测器后，在硅(锂)晶体中激发出一定数量的电子空穴对［产生空穴对的最低平均能量 ε 是恒定的(在低温下平均为 3.8eV)］，由一个 X 射线光子引起的空穴对数量是 $N=\Delta E/\varepsilon$，因此，入射的 X 射线光子能量越高，N 就越大；通过施加在晶体上的偏压收集电子空穴对，并通过前置放大器将其转换成电流脉冲，电流脉冲的高度取决于 N 的大小；电流脉冲由主放大器转换为电压脉冲后进入多通道脉冲高度分析仪，多通道脉冲高度分析仪根据高度对脉冲进行计数，从而可以描绘出表示 X 射线能量大小分布的光谱。X 射线能谱仪就是利用不同元素的 X 射线光子特征能量的不同特征进行成分分析的。

当 EDS 与其他光电仪器结合时，其分析方法可以分为点分析、线分析和面分析。点分析是最基本的分析方式，对于大块样品，分析面积约为 $3\mu m^2$；对于薄膜样品，由于 X 射线激发区域仅取决于电子束直径和样品厚度，因此要分析从固定点获得的能谱，可以通过除峰值位置元素外的峰强度来量化。线分析是使电子束相对于样品而言在单一方向上移动，并给出作为位移函数的元素浓度的曲线；该浓度-位移曲线具有半定量值。面分析是在样品表面扫描二维电子束时，选择某个谱峰强度来调制阴极射线管的亮度，在屏幕上获得样品表面相应元素的二维分布图像后，将该图像与形貌图像组合，从而定性地分析浓度变化较大的势场。例如，图 1.13 表示蒙脱石-复合氧化物的元素点分布情况[36]。

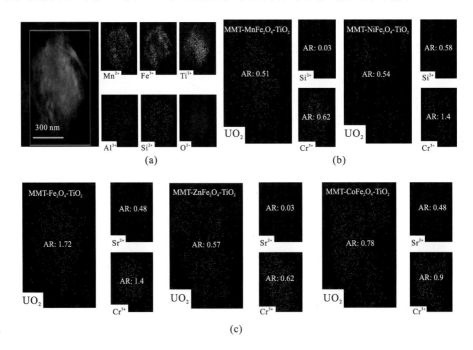

图 1.13　蒙脱石-复合氧化物的 SEM-EDS 图谱

注：(a) MMT-Fe$_2$O$_3$-TiO$_2$ 的 SEM 图；(b) MMT-MnFe$_2$O$_4$-TiO$_2$ 和 MMT-NiFe$_2$O$_4$-TiO$_2$ 的 EDS 图；
(c) MMT-Fe$_2$O$_3$-TiO$_2$、MMT-ZnFe$_2$O$_4$-TiO$_2$ 和 MMT-CoFe$_2$O$_4$-TiO$_2$ 的 EDS 图

1.4.6　自由基测试

电子顺磁共振(evolutionary power reactors，EPR)是由未配对电子的磁矩衍生而来的一

种磁共振技术。电子顺磁共振波谱仪由放射源、谐振腔、样品台、接收信号器、放大器和记录仪等部分组成。EPR 矿物谱可以提供矿物杂质的顺磁性中心晶格位置、价态、局部对称性、浓度和晶体场参数等信息，从而有助于研究基态电子的结构和化学性质，解释矿物的一些物理性质。EPR 的基本原理是：电子是一种具有一定质量和负电荷的基本粒子，它可以进行两种运动（一种是绕原子核轨道的运动，另一种是绕原子核中心轴的自旋），由于电子运动时有力矩、电流和磁矩，因此在外加磁场中，简并电子的自旋能级会被分开，如果外界磁场在垂直方向上具有适当频率的电磁波，那么就可以使电子自旋能级低的电子吸收电磁能量并过渡到高能级，从而产生电子顺磁共振吸收现象。

在矿物学中，EPR 主要被用于研究磁性矿物中的顺磁性杂质离子（浓度<1%），如过渡元素离子和稀土元素离子的同像置换、有序无序、化学键、晶格参数和局部对称性等；同时，也被用于研究与点缺陷有关的电子空穴中心的类型、浓度和性质。另外，电子顺磁共振波谱在矿物颜色研究中也起着重要的作用。图 1.14 为在 SiO_2 颗粒表面生成的羟基自由基的 EPR 谱和 FL 荧光强度图[42]。

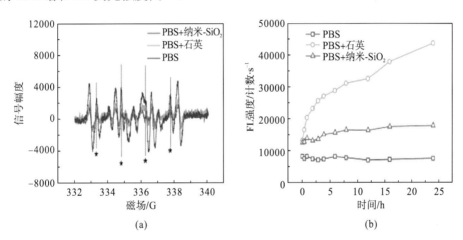

图 1.14　SiO_2 颗粒生成的羟基自由基的 EPR 谱和 FL 荧光强度图

注：(a)EPR 谱；(b)荧光强度图(PBS 为磷酸盐缓冲剂)

1.4.7　热学测试

热重分析(thermogravimetric analysis，TGA)是一种热分析技术，通过在程序温度控制下测量被测样品的质量与温度之间的关系来研究材料的热稳定性和组成。被用于热重分析的仪器是热平衡仪，其基本原理是：将样品质量变化引起的平衡位移转化为电磁量，这一小部分电被放大器放大后输送到记录机上记录下来(电量与样品的质量成正比)，当被测物质在加热过程中升华、蒸发、溶解气体或失去结晶水时，被测物质的质量会发生变化。TGA 图线不是直线，而是下降的曲线。通过对热失重曲线的分析，可以知道被测物质变化的程度，并可以根据失重量计算出被测物质损失的质量。图 1.15 是金红石相 TiO_2 的 TGA 和 DTA 分析图[43]。相应的差热结果可以解释晶体性质的变化，如熔融、蒸发、升华、吸附等物理现象。

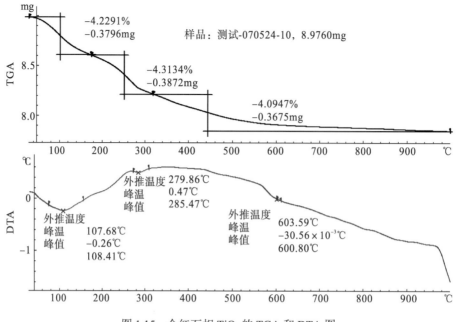

图 1.15　金红石相 TiO$_2$ 的 TGA 和 DTA 图

注：TGA 表示热重，DTA 表示差热

1.4.8　光学测试

1. 荧光光谱

荧光是材料吸收电磁辐射后产生的一种辐射。在去激发过程中，被激发的原子或分子发出与激发辐射波长相同或不同的辐射。当激发光源停止照射样品时，再发射过程立即停止，这种再发射光便称为荧光。物体先通过较短波长的光储存能量，然后慢慢发出较长波长的光。如果绘制出荧光的能量-波长图，则该图为荧光光谱，如图 1.16 所示[44]。荧光光谱只有通过光谱检测才能得到。高强度激光可以将吸收物质中的大量分子提升到激发态，因此，其荧光光谱的灵敏度大大提高。此外，以激光为光源的荧光光谱适用于对超低浓度样品的检测。

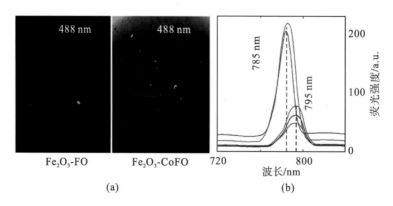

(a)　　　　　　　　　　　　　　　(b)

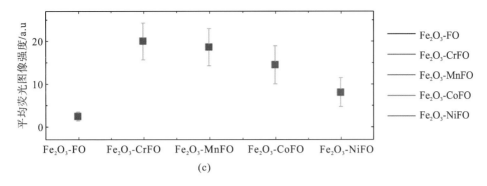

(c)

图 1.16　赤铁矿外包磁铁矿的荧光特性测试

注：(a)倒置荧光图；(b)荧光光谱图；(c)平均荧光强度图

定量分析方法可分为标准曲线法和比较法。标准曲线法应先在制备一系列标准浓度样品的基础上测量荧光强度，然后绘制 $F\text{-}c$ 标准校正曲线，最后测量相同条件下未知样品的荧光强度，并在标准曲线上计算样品浓度。比较法是测量标准样品和线性范围内样品的荧光强度。

2. 紫外-可见分光光谱

紫外-可见分光光谱(ultraviolet-visible spectroscopy，UV-Vis)是一种测定物质吸光度的方法，其波长测试范围为 190～800nm，被用于物质鉴别、杂质检测和定量测定。当光通过被测物质的溶液时，光的吸收强度随光的波长而变化。因此，通过测量一种物质在不同波长下的吸光度，并绘制其吸光度与波长之间的关系，可以得到被测物质的吸收光谱。

从吸收光谱中，可以确定物质的最大吸收波长 λ_{max} 或最小吸收波长 λ_{min}。因此，可以通过比较特定波长范围内样品的光谱与对照组的光谱、确定最大吸收波长或测量两个特定波长的吸收比来识别物质。定量时，要在最大吸收波长处测量一定浓度样品溶液的吸光度，并与一定浓度对照溶液的吸光度或用吸收系数法计算出的样品溶液浓度进行比较。图 1.17 为金红石和锐钛矿表面三种有机污染物的降解研究。

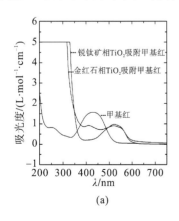

(a)

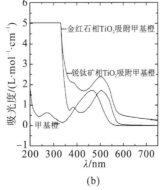

(b)

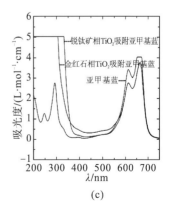

(c)

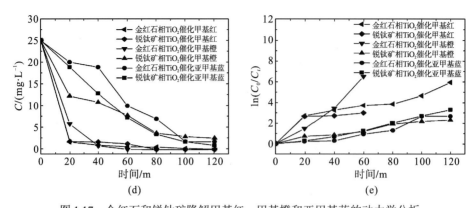

图 1.17　金红石和锐钛矿降解甲基红、甲基橙和亚甲基蓝的动力学分析

注：(a)、(b)、(c) 分别为降解甲基红、甲基橙和亚甲基蓝的 UV-Vis 谱图；(d)、(e) 对应降解动力学拟合曲线

3. 紫外-可见漫反射光谱

紫外-可见分光光谱仅能测试溶液样品；然而，矿物学研究中常需要测试矿物固体样品。紫外-可见漫反射光谱(UV-Vis diffuse reflection spectroscopy，UV-Vis DRS)采用固体表面特征带隙能量吸收入射光漫反射能量的原理，可直接获得固体样品的特征带隙信息；其中，漫反射波谱斜面切线与 x 轴的交点为固体带隙。例如，图 1.18 表示蒙脱石-氧化物、复合氧化物、氧化物单体的特征带隙[36]。

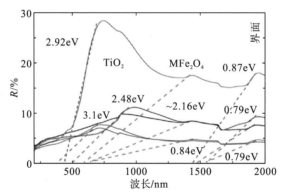

图 1.18　蒙脱石-氧化物、复合氧化物、氧化物单体的 UV-Vis DRS 图

注：R 表示反射系数

4. 椭圆偏振技术

椭圆偏振技术(ellipsometry)是一种功能强大的光学技术，它可以得到二维光滑表面的介电性质(复数折射率或介电常数)，也被用于块体、层状样品和液体的光学性质测试。当一束椭圆偏振光(或者线偏振光)入射到样品表面时，由于样品对平行于入射面的电场分量(P 光)和垂直于入射面的电场分量(S 光)具有不同的反射系数和透射系数，因此样品表面反射光的偏振状态会发生变化。在测试过程中，光源产生的光通过起偏器后入射到材料表面，然后收集反射光，对反射前、后的偏振状态进行比较，从而测得材料的光学特性等。通过对模型拟合数据和测试实验数据进行不断地对比和更正，达到最优的拟合状态。根据

材料特性和测试的光波范围进行相关参数的拟合,并通过物理模型和振子公式(柯西公式、Sellmeier 模型、Drude 模型、Lorentz 模型、Tauc-Lorentz 色散关系)计算出相关的材料厚度、介电常数和光学参数。

利用 Tauc-Lorentz 振子公式拟合的短波区中具有一定光吸收特性的透明介电材料——锆钛酸钡钙的椭偏参数 Psi(振幅衰减比)和 δ(相位差)与波长之间的关系[图 1.19(a)],并通过对测得的光学参数进行拟合,可以得到其拟合表面厚度为 380nm 左右,这与 SEM 断面的厚度计算结果基本一致[45]。从复介电常数随波长变化的图 1.19(b)中可以看出,介电常数的实部和虚部有着相似的变化规律,在紫外光区(300nm)有一个尖锐的波峰出现,表明该表面的光带隙在 3~5eV,折射率的波峰主要依赖于电子在导带和价带之间的跃迁。从拟合得到的折射率随波长变化的关系图 1.19(c)中可以看出,随着波长的增加,折射率先迅速增加然后急速减小,但仍处于钛酸钡基材料折射率的合理范围之内(2.05~2.50)。通过折射率随温度变化的关系图 1.19(d)可以得到,大约在 30℃左右会有一个从四方铁电相到立方顺电相的转变,说明温度变化和相转变对铁电体材料的光学性能产生了影响。

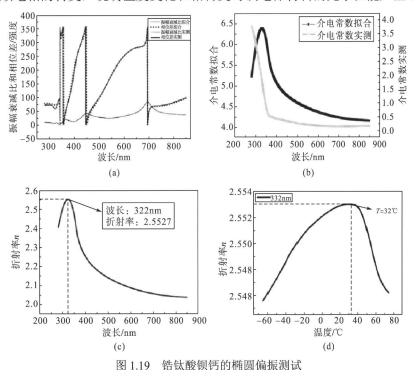

图 1.19　锆钛酸钡钙的椭圆偏振测试

注:(a)椭偏参数振幅衰减比和相位差与波长之间的关系;(b)复介电常数随波长的变化;

(c)折射率随波长的变化;(d)折射率与温度的关系

1.4.9　电学测试

1. ζ 电位

ζ(zeta)电位反映溶液中溶质表面水合基团的带电性质,其测试值与实际值的带电正负性相反。例如，根据 ζ 电位原理可知，当液体物质相对于金红石相 TiO_2 与锐钛矿相 TiO_2 运动时，偶电层中的两层电荷被分离，电中性被破坏，这时金红石相 TiO_2 与锐钛矿相 TiO_2 就会出现带电现象。图 1.20 表示当金红石相 TiO_2 的 ζ 电位在 pH 为 5 时，其 ζ 电位值高于锐钛矿相 TiO_2。这说明金红石相 TiO_2 表面的 ζ 电位双电层较宽，正电荷扩散层也较宽，则不同电荷的中和作用和同电荷物质的电化学置换作用更明显；同时，金红石相 TiO_2 的 ζ 电位具有特殊的双等电点和多个 ζ 电位值，这说明金红石相 TiO_2 的表面羟基和空穴较多，电子-空穴对有效分离，在不同的 pH 下，其对某种电荷有机物的吸附和交换能力更强。

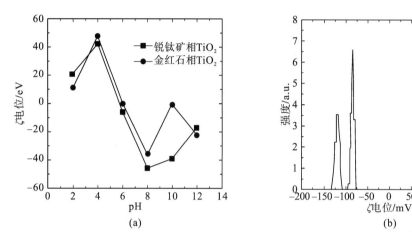

图 1.20　金红石相 TiO_2 与锐钛矿相 TiO_2 的表面电位图

注：(a)金红石相 TiO_2 与锐钛矿相 TiO_2 的 ζ 电位图；(b)金红石相 TiO_2 的多个 ζ 电位值图

2. 电化学工作站

电化学工作站主要以固体样品膜为导电载体，通过测试溶液中导电载体的电信号反馈来获得固体样品膜表面溶质(如阳离子等)的价态变化。此类测试需要满足固体样品具有一定的导电性且能被制备成薄膜的要求。例如，图 1.21 表示蒙脱石-复合氧化物表面的铀酰和重金属离子共存于溶液的状态下，铀酰和重金属离子的氧化还原过程[36]。

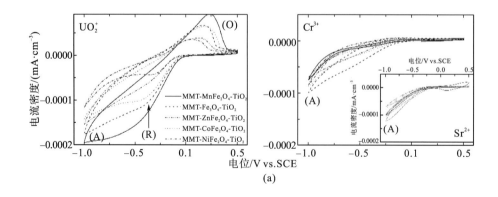

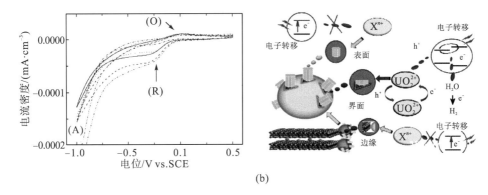

(b)

图 1.21 蒙脱石-复合氧化物的电化学测试图

注：(a)蒙脱石-复合氧化物的循环伏安图(饱和甘汞电极为参比电极的伏安特性曲线)；(b)氧化还原过程的示意图

1.4.10 磁学测试

磁学性能测试主要涉及磁性测量，磁性测试通常使用的仪器是振动样品磁强计（vibrating sample magnetometer，VSM）和超导量子干涉仪（superconducting quantum interference device，SQUID）。VSM 是一种通过样品振动引起磁通量变化来推算样品磁化强度的测试手段。SQUID 的原理是通过变化的超导电流来测量磁通量的变化。

1. 振动样品磁强计

振动样品磁强计(VSM)常用于对各种铁磁材料、磁记录材料、磁光学材料和各向异性材料的测试，多测量尺寸较小的样品。与感应线圈的距离相比，这类样品因尺寸较小而可以被看作一个点，被磁化了以后可近似为一个磁偶极子，在外加一个微小的振动时可以被当成是磁偶极场的振动，从而由此测量出其旁边感应线圈的磁通量变化。由于产生了正比于磁化强度的感应电动势，因此可以精确地测量出样品的磁矩：

$$Js = \frac{\varepsilon}{Kcos\omega t} \tag{1.8}$$

式中，ε 表示感应电动势；K 表示特斯拉常数[46]。目前，最新一代的振动样品磁强计使用的是 VersaLab 系统，和传统的电磁铁振动样品磁强计相比，这种磁强计具有更便利的低温环境以及更加均匀的磁场，这是因为它引进了微型制冷机和超导体。另外，除具有传统的 VSM 测量功能外，最新一代的振动样品磁强计还具有在变温、变磁场的情况下测量电学、热学等方面一些高精度物理性能的功能。

2. 超导量子干涉仪

超导量子干涉仪(SQUID)是根据约瑟夫森结效应(电子隧道效应)设计的。在很薄的绝缘层放置很靠近的两个超导体(其间距约为 10Å 左右)，这两个超导体内部有电子移动而超导体之间完全绝缘。按照经典物理理论，绝缘层内的电势比导体中的电势低得多，这使得电子必须跃迁到一个较高的势垒，从宏观角度来讲这样是不会有电流通过的。从量子力学的角度分析，当电子能量低于势垒高度时，绝缘层可以被看作是一个无法越过势垒在超导体间流动的势垒。但是势垒可以被隧穿，形成超导电流，这种因电子隧穿而形成电流的现象称为"电子隧道效应"，又称为"约瑟夫森结效应"。超导量子干涉仪一般使用的约瑟夫森结有两种。一种是先将两个约瑟夫森结并联使其形成超导环路，然后将其连接在电路中，这样的连接不会出现超导短路的情况。测量中当通过器件的电流略大于临界电流并发生电流偏置时，可以直接测量器件上的电压变化。用这种方式制成的超导量子干涉仪称为"直流超导量子干涉仪(dc-SQUID)"。另外一种是将单个的约瑟夫森结制成超导环路，由于这种连接会因超导环路发生短路情况而不能直接测量出电压，所以需要将这个超导环放置在有射频偏置的储能电路附近，通过超导环耦合获得的偏置电流在储能电路中引起的电压变化得到期间的电压响应，由此制成的干涉仪称为"射频超导量子干涉仪(rf-SQUID)[47]"。

1.4.11　力学测试

材料的力学性能测试主要包含以下几个方面。

(1)机械强度测试。矿物所受到的外力超过其承载能力时就会发生损坏，矿物抵抗外力破坏的能力就称为"机械强度"。对于各种不同的破坏力，有不同的强度指标，如拉伸测试中的抗拉强度、弯曲测试中的抗弯强度和冲击测试中的抗冲强度等。

(2)拉伸测试包括拉伸(杨氏)模量、拉伸强度的测试。由于在拉伸过程中，应力与应变的关系不总是保持线性，因此拉伸(杨氏)模量通常通过拉伸初始阶段应力与应变的比值计算：

$$E = \frac{P/bd}{\Delta l/l_0} \tag{1.9}$$

式中，$\Delta l/l_0$ 表示小载荷等于 P 时的伸长率；b 和 d 分别表示测试样品的厚度和宽度。在固定的测试条件(如温度、湿度、速度等)下，对标准样品施加拉伸载荷，测试样品断裂前承受的最大应力即为拉伸强度或者抗拉强度。

(3)弯曲测试是对标准样品施加弯曲力矩，直到样品断裂为止。其中，弯曲模量为

$$E_F = \frac{PL^3}{4bd^3\delta} \tag{1.10}$$

式中，L 表示测试跨度；b 和 d 分别表示样品的宽度和厚度；δ 表示小载荷等于 P 时样品着力处的位移。弯曲强度为样品断裂前所承受的最大应力，也称为抗拉强度：

$$\sigma_F = \frac{3}{2}\frac{P_{max}L}{bd^2} \tag{1.11}$$

式中，P_{max} 表示样品断裂前所承受的最大应力；b 和 d 分别表示样品的宽度和厚度。

(4)压缩强度为测试样品破碎前所承受的最大应力。

(5)冲击强度是指材料在高速冲击下的韧性或抵抗冲击载荷破坏的能力，其定义为测试样品受到冲击载荷破坏而折断时单位截面积吸收的能量，即

$$\sigma_1 = \frac{W}{bd} \tag{1.12}$$

式中，W 表示冲断样品所消耗的功；b 和 d 分别表示样品的宽度和厚度。

（6）硬度测试是衡量材料表面抵抗机械压力能力的一种指标，主要包含布氏硬度、洛氏硬度、维氏硬度、显微硬度。然而，矿物的力学性能测试往往根据不同的实际需求进行且测试方法不尽相同，因此测试仪器会呈现出较大的区别。

上述测试技术为常规的矿物学研究方法，而现代的矿物测试方法融入了诸多的材料测试与分析手段，其大多针对某种特性进行分析。例如，应用于磁性矿物测试的磁力分析仪、感应辊式磁力分离机、强磁矿物分离仪等；应用于矿物力学性能测试的压力试验机、拉伸试验机等；应用于特殊矿物结构测试的太赫兹光谱仪等。

参 考 文 献

[1] Lu A, Li Y, Ding H, et al. Photoelectric conversion on Earth's surface via widespread Fe- and Mn-mineral coatings. PNAS, 2019, 116:9741-9746.

[2] 潘兆橹. 结晶学及矿物学. 北京：地质出版社，1993.

[3] 潘兆橹，万朴. 应用矿物学. 武汉：武汉工业大学出版社，1993.

[4] 董发勤. 应用矿物学. 北京：高等教育出版社，2015.

[5] Harris J, Hutchison M T, Hursthouse M, et al. A new tetragonal silicate mineral occurring as inclusions in lower-mantle diamonds. Nature, 1997, 387:486-488.

[6] Liu Q, Deng C, Torrent J, et al. Review of recent developments in mineral magnetism of the Chinese loess. Quaternary Science Reviews, 2007, 26:368-385.

[7] Thouveny N, Beaulieu J L, Bonifay E, et al. Climate variations in Europe over the past 140 kyr deduced from rock magnetism. Nature, 1994, 371:503-506.

[8] 叶大年. 结构光性矿物学. 北京：地质出版社，1988.

[9] 别洛夫 H B，戈道维柯夫 A A，巴卡金 B B. 理论矿物学概论. 北京：地质出版社，1988.

[10] 鲁安怀，王长秋，李艳. 矿物学环境属性概论. 北京：科学出版社，2015.

[11] 伯恩斯 R G. 晶体场理论的矿物学应用. 北京：科学出版社，1977.

[12] McDonough W F, Sun S S. The composition of the earth. Chemical Geology, 1995, 120(3-4):223-253.

[13] Allègre C J, Poirier J P, Humler E, et al. The chemical composition of the earth. Earth and Planetary Science Letters, 1995, 134(3-4):515-526.

[14] 董发勤. 中国蛇纹石石棉研究及安全使用. 北京：科学出版社，2018.

[15] Yamazaki D, Kato T, Yurimoto H, et al. Silicon self-diffusion in MgSiO₃ perovskite at 25 GPa. Physics of the Earth and Planetary Interiors, 2000, 119(3-4):299-309.

[16] Palme H, O'Neill H S C. Cosmochemical estimates of mantle composition. Treatise on Geochemistry, 2003, 2:568-575.

[17] Christensen N I, Mooney W D. Seismic velocity structure and composition of the continental crust: a global view. Journal of Geophysical Research: Solid Earth, 1995, 100(B6):9761-9788.

[18] Holbrook W S, Mooney W D, Christensen N I. The seismic velocity structure of the deep continental crust. Continental Lower Crust, 1992, 23:1-43.

[19] Rudnick R L, Gao S. Composition of the continental crust. Treatise on Geochemistry, 2003, 3:659-665.

[20] 神谷夏实, 杨松荣. 深海底矿物资源开发现状. 国外金属矿选矿, 1995, 32(1): 36-42.

[21] Earney F C F. Marine mineral resources. London: Routledge, 2012.

[22] Manheim F T. Marine cobalt resources. Science, 1986, 232(4750):600-608.

[23] 吕森林, 邵龙义. 北京市可吸入颗粒物(PM₁₀)中单颗粒的矿物组成特征. 岩石矿物学杂志, 2003, 22(4):421-424.

[24] Davis B L, Jixiang G. Airborne particulate study in five cities of China. Atmospheric Environment, 2000, 34(17):2703-2711.

[25] Aimin Y. Study on the qualitative analysis of total suspended particles in air by X-ray diffraction method. Environmental Monitoring in China, 1999, 15:34-36.

[26] Jarosewich E. Chemical analyses of meteorites: a compilation of stony and iron meteorite analyses. Meteoritics, 1990, 25(4):323-337.

[27] Clayton R N, Mayeda T K, Goswami J N, et al. Oxygen isotope studies of ordinary chondrites. Geochimicaet Cosmochimica Acta, 1991, 55(8):2317-2337.

[28] Lucey P G. Mineral maps of the moon. Geophysical Research Letters, 2004, 31(8):L08701-L08704.

[29] Sivakumar V, Neelakantan R. Mineral mapping of lunar highland region using moon mineralogy mapper(M3)hyperspectral data. Journal of the Geological Society of India, 2015, 86(5): 513-518.

[30] Bandfield J L. Global mineral distributions on mars. Journal of Geophysical Research: Planets, 2002, 107(E6): 9-29.

[31] Smith D E, Zuber M T, Solomon S C, et al. The global topography of mars and implications for surface evolution. Science, 1999, 284(5419):1495-1503.

[32] Frey H V, Roark J H, Shockey K M, et al. Ancient lowlands on Mars. Geophysical Research Letters, 2002, 29(10):22-26.

[33] Lee M M, Teuscher J, Miyasaka T, et al. Efficient hybrid solar cells based on meso-superstructured organometal halide perovskites. Science, 2012, 338(6107):643-647.

[34] Shindume L, Zhao Z, Wang N, et al. Enhanced photocatalytic activity of B, N-codoped TiO₂ by a new molten nitrate process. Journal of Nanoscience and Nanotechnology, 2019, 19(2):839-849.

[35] 廖立兵. 矿物材料现代测试技术. 北京: 化学工业出版社, 2010.

[36] Bian L, Nie J, Jiang X, et al. Selective removal of uranyl from potentially toxic metal ions in aqueous solution using core/shell MFe₂O₄-TiO₂ nanoparticles of montmorillonite edge sites. ACS Sustainable Chemistry & Engineering, 2018, 6:16267-16278.

[37] 房雷鸣, 陈喜平, 谢雷, 等. 吉帕压力下原位中子衍射技术及其在铁中的应用. 高压物理学报, 2016, 30:1-6.

[38] 栗斌, 程扬健, 马晓艳, 等. 微生物矿化机制研究中的介观分析技术——以微生物与六价铬相互作用为例.高校地质学报, 2007, 13: 651-656.

[39] Dong F, Guo Y, Liu M,et al. Spectroscopic evidence and molecular simulation investigation of the bonding interaction between lysine and montmorillonite: implications for the distribution of soil organic nitrogen. Applied Clay Science, 2018, 159:3-9.

[40] Bian L, Nie J, Jiang X, et al. Selective adsorption of uranyl and potentially toxic metal ions at the core-shell MFe₂O₄-TiO₂ nanoparticles. Journal of Hazardous Materials, 2019, 365:835-845.

[41] Moor C, Lymberopoulou T, Dietrich V J. Determination of heavy metals in soils, sediments and geological materials by ICP-AES and ICP-MS. Microchimica Acta, 2001, 136(3-4):123-128.

[42] Huo T, Dong F, Yu S, et al. Synergistic oxidative stress of surface silanol and hydroxyl radical of crystal andamorphous silica in AS49 cells. Journal of Nanoscience and Nanotechnology, 2017, 17(9):6645-6654.

[43] Bian L, Song M, Zhou T, et al. Band gap calculation and the photocatalytic activity of rare earths doped rutile TiO₂. Journal of Rare Earths, 2009, 27:461-467.

[44] Bian L, Li H, Dong H, et al. Fluorescent enhancement of bio-synthesized X-Zn-ferrite-bismuth ferrite (X=Mg, Mn or Ni) membranes: experiment and theory. Applied Surface Science, 2017, 396:1177-1186.

[45] Wang H, Xu J, Ma C, et al. Spectroscopic ellipsometry study of $0.5BaZr_{0.2}Ti_{0.8}O_3$-$0.5Ba_{0.7}Ca_{0.3}TiO_3$ ferroelectric thin films. Journal of Alloysand Compounds, 2014, 615:526-530.

[46] Pan D, Li L, Yang J, et al. Magnetic properties and carrier transport of $Ir_{0.9}Mn_{1-x}Sm_{1.1+x}$. Materials, 2018, 12(2):283-288.

[47] Wu Y, Long Y. Effect of Yttrium on microstructure and magnetocaloric properties in $La_{1-x}Y_xFeSi_{1.5}$ compounds. Applied Science, 2018, 8(11):2198-2206.

第 2 章 计算方法概述

2.1 计算研究的起源、发展与现状

19 世纪末，一般的物理现象都用相应的物理学理论解释，如宏观、低速、惯性系中的机械运动——牛顿力学、电磁规律——麦克斯韦方程、热现象规律——统计热力学运动等。随着人们认识的不断深入，在物理学的天空中出现了 4 朵"乌云"：黑体辐射、光电效应、原子的光谱线系、固体低温下的比热。这些现象均是经典物理理论无法解释的，突显了经典物理理论解释微观规律的局限性。随着 Einstein 提出光子量子说和 Bohr 提出原子结构量子论，1900 年 Planck 提出波粒二象性，从而开启了量子力学的大门。1924 年 Louis de Broglie 提出微观粒子也具有波粒二象性，标志着物理学研究从此进入微观理论研究领域(图 2.1)[1]。

为解释微观粒子的运动，Schrödinger(薛定谔)引入波函数描述微观粒子的状态。他通过讨论波函数的性质，在 1933 年建立了非相对论量子力学的基本方程——薛定谔方程；但是在通过求解多粒子系统中的薛定谔方程来描述多粒子系统的性质时，由于未考虑电子间的库仑相互作用，因而不能准确地求解方程。直到 1998 年计算化学方法中的从头算方法和密度泛函理论(density functional theory，DFT)诞生，此方面的缺点才得以弥补，为理论计算的开始与发展提供了基础。同时，1951 年福井谦一提出能量最高的 HOMO 和能量最低的 LUMO 两个轨道决定着分子、原子的电子得失和转移能力——前线轨道理论，1965 年 Woodward 和 Hoffmann 提出分子轨道对称守恒原理，标志着现代化学从研究分子的静态性质跨入研究分子的动态过程，1981 年福井谦一和 Woodward 由此同获诺贝尔化学奖。由原子物理学可知，原子或分子间存在着强烈的相互作用，该作用被称为"化学键"，对这种相互作用进行解释的理论则为"价键理论"。原子、分子相互作用的过程中往往伴随着电子转移，其中不仅涉及有机、无机化合物界面(固液界面、液液界面)的相互作用过程，而且涉及绿色植物的光合作用过程以及蛋白质的氧化还原过程，标志着结合键理论的开始与发展。结合键理论随着量子力学不断地丰富和发展，成为今天的配位场理论。它将分子轨道理论和晶体场理论有效地融合，成功地解释了配合物中化学键的本质以及化合物的物理性质，成为结构理论发展的开端。

从 20 世纪 60 年代开始，随着计算机技术的兴起和不断发展以及物理、化学、数学等学科的不断交融，理论计算机模拟技术已逐步成为矿物学研究领域的重要手段。随着研究的不断深入，1999 年 Hooft 阐明物理学中弱电相互作用的量子结构，Kliting 发现半导体中的量子霍尔效应，为结合键理论和结构理论的发展开辟了新的方向。同时，Thouless 等利用高度抽象的拓扑学数学概念，打开了量子力学全新的研究方向，量子力学成为计算方法研究领域的重要内容。

　　21 世纪以来,美国科学家 Karplus、Levitt、Warshe 开发了多尺度的复杂化学系统模型,克服了传统的依靠经典物理学或量子化学的独立研究,真正地实现了"并肩作战"。同时,解决了利用传统的依靠棒状和杆状思想创建模型的经典物理学方法来对简单大分子建模的问题,实现了多尺度模型的计算模拟化学反应。然而,物质的多样性可以使物质呈现出多种奇特的状态,如超导体低温相变、超流体不可能在薄膜中产生以及磁性薄膜一些特殊的相或状态等,从而使得人们对矿物材料的研究受到阻碍。值得庆幸的是在 2016 年,Thouless、Haldane 和 Kosterlitz 大胆地将拓扑学概念应用到物理学,他们将传统的薄层和线状物以及普通三维材料中的拓扑相扩展到新一代的电子器件和超导体中,为未来量子计算机的发展和应用创造了较好的前景。

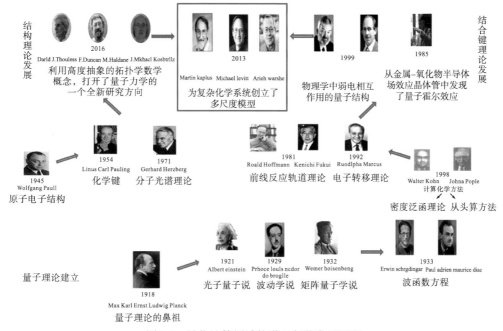

图 2.1　量化计算领域的诺贝尔奖发展历程

　　理论计算不仅能够正确地给出与路径无关的微结构性质,还能帮助理解微结构转变演化的热力学规律和与路径无关的物理定律。理论计算可以代替部分实验方法或弥补部分实验的不足,计算机模拟已经成为与理论和实验并列的基本科学研究手段之一。从纳观、微观层次的基于第一性原理的密度泛函理论、利用分子动力学计算研究矿物分子和凝聚态的性质(如电、磁、光学性质以及晶格缺陷等),到通过介观层次的蒙特卡罗计算研究矿物粒子输运扩散计算、量子热力学计算、空气动力学计算以及关于晶体生长、相变等的结晶计算等,再到通过宏观层次的有限元分析解决矿物分布、矿物材料加工应用、矿物能源开发等问题的各个科学研究领域,计算机模拟都得到了广泛使用[2]。

　　计算矿物学不仅可以模拟矿物的静态结果(如电子结构以及电、磁、光学性质等)和动态行为(如吸附、扩散等),还可以模拟矿物性质、结构转变以及成分演变[3-4]。其主要应用有以下几个方面:①研究矿物的电子跃迁转移、原子相互作用以及电、磁、光学性质变化——量子化学计算；②研究原子、分子的运动(吸附、扩散)和相互作用力的变化以及化学反应路径、反应机理等问题——量化动力学；③研究物质与物质之间的相互作用(吸附、催化、扩散)以及界面间的轨道耦合作用和电子转移——表/界面模拟；④研究矿物胶束形成、聚集行为以及进行微观结构分析等——介观模拟；⑤研究原子位置、连续体间的相互作用以及结构转变和相变等问题——有限元模拟[5]。

2.2　计算方法分类

理论计算作为矿物研究领域中理论研究与实验研究的桥梁,不仅为理论研究提供了新途径,而且使实验研究进入了一个新的阶段。随着矿物研究的空间尺度不断深入和外环境因素(超高温、超高压等极端环境)复杂性的增加,对其计算体系的研究由低自由度体系转变为多维自由度体系、从标量体系扩展到矢量及张量系统、从线性系统跨越到非线性系统,这使得利用传统的实验研究方法仅仅对亚显微结构(如结构、组成、形貌、基本性质等)进行研究已不能完全地揭示矿物性能的本质,像纳米结构、原子成像等矿物功能材料研究的重要内容必须要进行电子级计算才能解释其性能。因此,原子、分子级水平的研究对于矿物的多元化研究(制备、测试和应用)和多层次设计是必不可少的。它不仅为矿物结构和性能的变化提供定性的理论描述和微观机理解释,而且对矿物的结构与性能进行预测和设计,成为理论研究和实验研究的桥梁。同时,结合相关的物理和化学的基本原理、理论,不仅可以在纳观、微观、介观尺度下对材料进行多层次的理论研究,还可以在高温、高压等极端环境下研究矿物的宏观性能以及在一定的外界条件下研究矿物性能演变规律,从而为设计和改善矿物的性能以及探索新型矿物提供理论指导。计算矿物学作为计算材料学的分支,通过利用计算机技术以及结合物理、化学、材料学的基本原理和矿物学基础,并根据矿物本身性质在客观环境条件下的形成、演化、转变规律,对矿物的结构形成、形貌变化、物相转变、性质改变、功能预测进行仿真和模拟[6]。

对矿物的成分和组分、多层次结构(晶体、表面、界面)、形貌特征、性能预测进行多尺度模拟,相应的计算方法有很多。在进行计算设计时,必须要对所研究的对象、预期的目的、计算的层次进行评估和判断,以选择出合适的算法进行高效和精确的限制计算。材料的性能在很大程度上取决于材料的微观结构,结构的变化、演化是材料性质变化的根本原因,因此对材料微观结构的计算、结构的演化、性质的计算需要不同的模拟方法。计算机模拟技术随着空间尺度的不断缩小,对矿物性质的模拟主要有四个层次:纳观层次、微观层次、介观层次和宏观层次。矿物材料的纳观、微观层次模拟是指对电子、原子尺度上的材料性质,主要应用密度泛函理论、分子动力学、量子力学、统计力学等理论方法进行模拟;介观层次的模拟是指材料微结构转变方面的模拟主要应用蒙特卡罗法、元胞自动机法和耗散粒子动力学方法实现;宏观层次的模拟是指材料显微组织结构转变方面的模拟主要应用蒙特卡罗法、元胞自动机法、耗散粒子动力学法以及有限元法实现(材料的宏观行为主要指材料加工方面,如有限元软件中矿物的塑性变形以及电磁场、流模拟力应变场和温度场的变化等)。因此,根据计算尺度/时间可以将计算方法分为如图2.2所示的四类[5-6]。

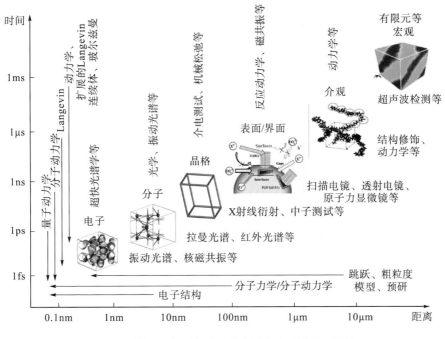

图 2.2　模拟尺度/时间上计算方法与实验法的适用性

(1) 电子层次(纳观)主要有基于密度泛函理论、量子力学以及固体物理理论的第一性原理计算(从头算方法),用于精确地求解电子体系的电子结构(如电学、磁学、光学等性质),但研究的体系过小、精度高、耗时长,其计算的空间尺度为 $10^{-12} \sim 10^{-8}$m,时间尺度为 $10^{-15} \sim 10^{-10}$s。

(2) 原子层次(微观)主要是基于第一性原理的分子动力学[紧束缚分子动力学——TBMD、半经验方法——SE(semi-empirical)、密度泛函理论——DFT、分子力学——MM],用于研究电子-原子、电子-原子-分子体系中的动力学、热力学等特征。由于忽略了第一性原理中的部分积分项,因而使得计算速度加快,其计算的空间尺度为 $10^{-12} \sim 10^{-6}$m,时间尺度为 $10^{-10} \sim 10^{-6}$s。

(3) 介观层次有蒙特卡罗法、元胞自动机法、耗散粒子动力学等,用于研究有序化原子-分子-团簇体系中分子、团簇的热力学性质和界面扩散运动性质以及晶体的生长、相变、重结晶等性质和结构变化与演化机制。介观层次研究的体系较大、计算速度快,但不能针对电子、原子体系进行计算且精度不高,其计算的空间尺度为 $10^{-10} \sim 10^{-6}$m,时间尺度为 $10^{-8} \sim 10^{-3}$s。

(4) 宏观层次主要有有限元法(如有限差分法、线性迭代法等),用于研究在宏观尺度上分子-连续介质体系中的力学、电磁学、流体力学、温度场的平均求解以及多元矿物材料的结构力学性质计算,其计算的空间尺度为 $10^{-6} \sim 10^{0}$m,时间尺度为 $10^{-6} \sim 10^{0}$s。

2.3　密度泛函理论的起源和发展概述

19 世纪末,以牛顿三大定律为代表的经典物理学的发展遇到一些瓶颈,即黑体辐射、光电效应、原子光谱线系等[5-7]。为此，自 1900 年各国学者开始了对新物理方法的开发和修正工作(表 2.1)。1900～1923 年，Planck、Einstein、Broglie 等提出了能量子、光子和电子的波粒二象性概念，将经典的粒子性研究方法拓展到粒子性和波动性相统一的领域，描述了具有量子化和波粒二象性的微观粒子运动规律，即自由粒子状态的平面波复数形式：

$$\Psi_{(r,t)} = Ae^{i(k\cdot r-\omega t)} = Ae^{i(p\cdot r-Et)/\hbar} \tag{2.1}$$

式中，E 表示粒子动能；p 表示动量；ω 表示角频率；k 表示波矢；$\hbar=h/2\pi$；普朗克常量 $h=6.626\times10^{-34}$J·s。1926 年，Born 提出了波函数概念以描述微观粒子波动性的状态，即波函数与空间任意一点存在粒子的概率。波函数的统计形式为

$$\rho(概率密度) = \frac{dW}{dt} = \Psi^*\Psi = |\Psi|^2 \tag{2.2}$$

式中，dW/dt 表示微体积内粒子在 t 时刻的存在概率。波函数的变量变化过程需同时满足有限性、连续性、单值性、边界条件和归一化 5 个条件。同年，量子力学基本建立，Schrödinger 统一了粒子运动和波函数微分方程，即薛定谔方程(或波动方程)。微观粒子的波函数 Ψ 为

$$\hat{H} = \hat{T} + \hat{V}_{(r)} = [-\frac{\hbar^2}{2\mu}\nabla^2 + V_{(r)}]\Psi = i\hbar\frac{\partial}{\partial t}\Psi \tag{2.3}$$

式中，$\hat{H}$ 表示哈密顿函数(或称为哈密顿算符、能量算符)；$\hat{T}$ 表示动能；$\hat{V}_{(r)}$ 表示势场；μ 表示粒子质量。

表 2.1　量子力学和密度泛函理论的代表性物理方法

物理方法	创始者	年代	表达方法
牛顿三大定律	I. Newton	1687	用位置、动量和加速度描述宏观物体的运动状态
量子概念	M. Planck	1900	假设黑体发射和吸收的能量是不连续的单份形式，每份能量称为能量子
光量子概念	A. Einstein	1905	电磁辐射在被吸收或发射时，以能量为 $h\nu$ 的微粒形式光速运动
波粒二象性	L.D. Broglie	1923	在光子波粒二象性的启发下，提出了电子及其他实体粒子具有波动性的波粒二象性假说
波函数	M. Born	1926	波函数(微观粒子波动性的状态)在空间某一点的强度和该点的粒子数存在概率成正比
薛定谔方程	E. Schrödinger	1926	提出了描述势场中微观粒子运动规律的波函数微分方程
Born-Oppenheimer 近似-绝热近似	M. Born 和 J.E. Oppenheimer	1927	提出将电子运动和核运动分开考虑，考虑电子运动时原子核处在瞬时位置，原子核运动时不考虑电子的空间分布
态叠加原理	P.A.M. Dirac	1930	首次系统地论述了量子力学体系中粒子以一定的概率处在态 Ψ_1 和态 Ψ_2
Hartree-Fock 方程	B.A. Fock 和 J.C. Slater	1930	考虑了泡利不相容原理的 Hartree 自洽场(self-consistent field，SCF)迭代方程
Hohenberg-Kohn 定理	P. Hohenberg 和 W. Kohn	1964	开创了密度泛函理论
Kohn-Sham 方程	W. Kohn 和 L.J. Sham	1965	简化了非相互作用多电子体系

在经典力学中，宏观粒子状态的运动方程采用基于坐标和速度的牛顿运动方程标定；而在量子力学中，微观粒子的状态与变化规律采用波函数和薛定谔方程表示。量子力学是描述微观物质的理论，不仅作为经典物理学如原子物理学、固体物理学、核物理学和粒子物理学以及其他相关学科的基础理论，而且成为经典物理学在微观尺度领域（微观世界）的重大变革，彻底改变了人们对物质组成结构及其相互作用的认识。然而，前面所述内容为单一且定态的微观粒子的波函数形式，空间内的粒子处于不同概率或多个状态体系时需考虑多态叠加项，采用叠加原理计算二维线性方向上该粒子可能存在的两个态（态 Ψ_1 和态 Ψ_2）的概率密度。同时，由于波函数 [自由粒子的波函数是平面波：$\psi(r,t)=A\mathrm{e}^{\frac{i}{\hbar}(p\cdot r-Et)}$] 满足态叠加原理，因而方程必须是线性的。线性叠加态的表达式为

$$\Psi=c_1\Psi_1+c_2\Psi_2 \tag{2.4}$$

式中，Ψ_1 和 Ψ_2 表示体系可能的状态；c_1 和 c_2 表示复数。推广到一般多体态的情况，ψ 表示为多体态 $\psi_1,\psi_2,\psi_3,\cdots,\psi_n,\cdots$ 的线性叠加，即

$$\psi=c_1\psi_1+c_2\psi_2+\cdots+c_n\psi_n+\cdots=\sum_n c_n\psi_n \tag{2.5}$$

式中，$c_1,c_2,\cdots,c_n,\cdots$ 表示复数。这时态叠加原理表述如下：当 $\psi_1,\psi_2,\psi_3,\cdots,\psi_n,\cdots$ 是体系的可能状态时，它们的线性叠加 ψ 也是体系的一个可能状态；也就是说，当体系处于态 ψ 时，部分处于态 $\psi_1,\psi_2,\psi_3,\cdots,\psi_n,\cdots$。其相应波函数 $\psi(r,t)$ 满足的微分方程为

$$-i\hbar\frac{\partial\psi}{\partial t}=-\frac{\hbar^2}{2\mu}\nabla^2\psi+U(r)\psi \quad（单粒子体系） \tag{2.6}$$

$$-i\hbar\frac{\partial\psi}{\partial t}\equiv-\sum_{i=1}^N\frac{\hbar^2}{2\mu_i}\nabla_i^2\psi+U(r)\psi \quad（多粒子体系） \tag{2.7}$$

这就是含时薛定谔方程，它描述了在势场 $U(r)$ 中微观粒子状态随时间的变化。此外，考虑到方程系数含有状态参量（如动量、能量等），将薛定谔方程按照状态坐标的二次偏微分形式改写为

$$\frac{\partial^2\psi}{\partial x^2}+\frac{\partial^2\psi}{\partial y^2}+\frac{\partial^2\psi}{\partial z^2}=-A\left(\frac{p_x^2}{\hbar^2}+\frac{p_y^2}{\hbar^2}+\frac{p_z^2}{\hbar^2}\right)\mathrm{e}^{\frac{i}{\hbar}(p\cdot r-Et)}=-\frac{p^2}{\hbar^2}\psi=\nabla^2\psi \tag{2.8}$$

式中，动量和能量的关系为 $E=\frac{p^2}{2\mu}$；动能、势能和能量的关系为 $E=\frac{p^2}{2\mu}+U(r)$。至此，薛定谔方程的理论思想体系基本建立。

尽管薛定谔方程可准确地求解简单体系的本征问题，但实际情况中多粒子体系的哈密顿波函数（哈密顿算符）过于复杂。这不能通过简化模型处理，而需要直接简化微观粒子的哈密顿算符，于是发展出了 Born-Oppenheimer 绝热近似和 Hartree-Fock 近似求解方法[2, 9-10]。

1. Born-Oppenheimer 绝热近似

根据经典物理学的描述，电子在原子核上高速运动，原子核只在平衡位置附近振动，电子和原子核间几乎是绝热运动。Born 和 Oppenheimer 提出将电子和原子核的运动项分开处理：电子运动时，原子核是相对静止的，动能项为 0，原子核间的相互作用按常数项

处理；原子核运动时，不考虑电子在空间中的具体分布。其哈密顿算符表达式为

$$\hat{H} = -\sum_i \frac{\hbar^2}{2m}\Delta_i^2 - \frac{1}{4\pi\varepsilon_0}\sum_{i,q}\frac{Ze^2}{|r_i - R_q|} + \frac{1}{8\pi\varepsilon_0}\sum_{i\neq j}\frac{e^2}{|r_i - r_j|} \tag{2.9}$$

式中，R 和 r 分别表示原子核和电子的位矢量；m 表示电子质量；e 表示电荷。

2. Hartree-Fock 近似

尽管 Born-Oppenheimer 绝热近似分开了多粒子体系的电子和原子核运动项，但原子核表面势场中大量电子的运动仍需要解多体薛定谔方程。因此，Hartree 和 Fock 提出引入平均场近似法处理多电子体系的问题，即不考虑电子间的相互作用，仅求解单电子在平均势场中的运动。Fock 和 Slater 采用基于泡利不相容原理的 Hartree 自洽场迭代方程构建了 Hartree-Fock 方程；同时，Slater 考虑到电子为费米子和全同粒子简化的多电子系统波函数是交换反对称的形式，将多电子体系波函数写成 Slater 行列式，并加入平均场近似和总波函数近似为各单电子波函数乘积 $\left[\psi(r) = \psi_1(r_1)\psi_2(r_2)\psi_3(r_3)\psi_4(r_4)\cdots\psi_n(r_n)\right]$ 的处理方法。因此，多体薛定谔方程可转化为系列单体波函数方程：

$$\hat{H}(i)\psi_i(r_1) + \sum_{j(\neq i)}\left[\begin{array}{l}\psi_j^*(r_2)\hat{g}(r_1,r_2)\psi_j(r_2)\mathrm{d}r_2\psi_i(r_1)\\-\psi_j^*(r_2)\hat{g}(r_1,r_2)\psi_i(r_2)\mathrm{d}r_2\psi_j(r_1)\end{array}\right] = E_i\psi_i(r_1) \tag{2.10}$$

进一步按电子自旋作用将 Hartree-Fock 方程分为库仑作用与自旋无关的闭壳层 Hartree-Fock 方程：

$$\hat{H}(i)\psi_i^a(r_1) + 2\cdot\sum_{j\neq i}^{N}\psi_j^{a*}(r_2)\hat{g}(r_1,r_2)\psi_j^a(r_2)\mathrm{d}r_2\psi_i^a(r_1)$$

$$-\sum_{j\neq i}^{N}\psi_j^{a*}(r_2)\hat{g}(r_1,r_2)\psi_i^a(r_2)\mathrm{d}r_2\psi_j^a(r_1) = E_i\psi_i^a(r_1) \tag{2.11}$$

以及电子上旋和下旋方向的开壳层 Hartree-Fock 方程：

$$\hat{H}(i)\psi_i(r_1) + \sum_{j=1}^{N}\psi_j^*(r_2)\hat{g}(r_1,r_2)\psi_j(r_2)\mathrm{d}r_2\psi_i(r_1)$$

$$-\sum_{j=1}^{p}\psi_j^*(r_2)\hat{g}(r_1,r_2)\psi_j(r_2)\mathrm{d}r_2\psi_i(r_1) = E_i\psi_i^a(r_1) \qquad \text{(自旋向上)} \tag{2.12}$$

$$\hat{H}(i)\psi_i(r_1) + \sum_{j=1}^{N}\psi_j^*(r_2)\hat{g}(r_1,r_2)\psi_j(r_2)\mathrm{d}r_2\psi_i(r_1)$$

$$-\sum_{j=p+1}^{p}\psi_j^*(r_2)\hat{g}(r_1,r_2)\psi_j(r_2)\mathrm{d}r_2\psi_i(r_1) = E_i\psi_i^a(r_1) \qquad \text{(自旋向下)} \tag{2.13}$$

为解决 Hartree-Fock 近似未考虑电子交换相互作用的问题，Hohenberg 和 Kohn 开创了采用基态能量描述电子密度泛函的密度泛函理论，简化了第一性原理的计算过程。随后，Kohn 和 Sham 将非相互作用多电子体系的动能简化为各电子动能之和，将理论势能移到力场部分进行处理。至此，简化的第一性原理出现，即密度泛函理论。此方法除简化计算过程外，还引入基于实验参数的力场部分，奠定了理论与实验结果的统一性，并逐步被应用到物理、化学、材料等领域。1997 年，Cohen 等在 *Science* 上率先发表了采用第一性原

理预测过渡金属离子磁性坍塌以及地球外核和地幔间结构和物理性质(如弹性、电导率等)的演化规律,开拓了量子化学在矿物学领域的应用研究。1999 年,Alfè 等使用第一性原理计算固体和液体铁的自由能和理论熔解曲线,证实了计算结果与高压实验结果的一致性。随着近代计算机技术的飞速发展和近似力场的创新,矿物学的密度泛函计算报道已呈现出爆发式增长。此外,考虑到哈密顿量的复杂性,薛定谔方程往往不能得到精确解,研究者提出利用微扰法和变分法求解波函数和能级的近似解。

3. 微扰法

微扰理论主要包括定态微扰法和含时微扰法。

(1)定态微扰法主要讨论哈密顿算符而不是时间的定态波函数。假设哈密顿量 $\hat{H}$ 分解为 $\hat{H}^{(0)}$ [对应已知的本征能级 $E_n^{(0)}$ 和本征波函数 $\psi_n^{(0)}$] 和 $\hat{H}'$ [仅在 $\hat{H}^{(0)}$ 上具有微扰作用],将体系的能级 $E_n^{(0)}$ 修正为 E_n ,体系能级发生相对移动,相应的波函数为 ψ_n 。体系的薛定谔方程按 λ 的幂级数展开,其形式可改写为

$$\left(\hat{H}^{(0)}+\lambda\hat{H}^{(1)}\right)\left(\psi_n^{(0)}+\lambda\psi_n^{(1)}+\lambda^2\psi_n^{(2)}+\cdots\right)=\left(E_n^{(0)}+\lambda E_n^{(1)}+\lambda^2 E_n^{(2)}+\cdots\right)\left(\psi_n^{(0)}+\lambda\psi_n^{(1)}+\lambda^2\psi_n^{(2)}+\cdots\right)$$

(2.14)

根据态叠加原理,将波函数写成哈密顿量对应的 k 个本征波函数 φ 的线性组合:

$$\left(\hat{H}^{(0)}-E_n^{(0)}\right)\psi_n^{(1)}=E_n^{(1)}\sum_{i=1}^{k}c_i^{(0)}\phi_i-\sum_{i=1}^{k}c_i^{(0)}\hat{H}'\phi_i$$

(2.15)

即著名的“久期方程”,求解 E 可得到近似波函数。

(2)含时微扰法主要讨论哈密顿算符是否为时间的波函数的问题,包括各个量子态随时间的演化和在某种外界条件作用下体系在定态之间的跃迁概率。假设哈密顿量 $\hat{H}(t)$ 分解为 $\hat{H}_0$ 和 $\hat{H}'(t)$;其中, $\hat{H}_0$ 与时间无关, $\hat{H}'(t)$ 与时间有关。将波函数 $\psi(\psi=\sum_n a_n(t)\Phi_n)$ 按 $\hat{H}_0$ 的定态波函数展开后为 $\Phi_n=\phi_n\mathrm{e}^{-\frac{i}{\hbar}\varepsilon_n t}$ (ϕ_n 为 $\hat{H}_0$ 的本征波函数),并简化和代入 $\int\Phi_m^*\Phi_n\mathrm{d}\tau=\delta_{mn}$ 项以对整个空间积分:

$$i\hbar\frac{\mathrm{d}a_m(t)}{\mathrm{d}t}=\sum_n a_n(t)\hat{H}'_{mn}\mathrm{e}^{i\omega_{mn}t}$$

(2.16)

式中, $\hat{H}'_{mn}=\int\Phi_m^*\hat{H}'\Phi_n\mathrm{d}\tau$ 表示微扰矩阵元; $\omega_{mn}=\frac{1}{\hbar}\left(\varepsilon_m-\varepsilon_n\right)$ 表示体系从能级 ε_n 跃迁到能级 ε_m 的波尔频率。微扰在 $t=0$ 时,体系处于 $\hat{H}_0$ 的第 k 个本征态 Φ_k 跃迁到终态 Φ_m 的概率为 $W_{k\rightarrow m}=\left|a_n(t)^2\right|$ 。此方法较早被应用在对矿物结构内紧束缚型结合键的模拟研究中。例如,Tossell 采用耦合的微扰理论精确地描述了硅酸盐气相类似物 Si—O 和 Si—F 键的分子几何结构、电子结构和能量,其结果符合实验光谱特性。

4. 变分法

如果哈密顿算符不满足 $\hat{H}$ 分解为 $\hat{H}^{(0)}$ 和 $\hat{H}'$ 的假设,那么微扰法就不再适用于近似求解,于是研究者发展了一种不受上述条件限制的“变分法”。假设 $\hat{H}(\hat{H}\psi_n=E_n\psi_n)$ 中能量

的本征能级 E_n 是分立的,本征函数 ψ_n 组成正交归一系, ψ 按 ψ_n 展开为 $\psi = \sum_n a_n \psi_n$,那么体系能量的平均值为

$$\bar{H} = \int \psi^* \hat{H} \psi d\tau = \sum_{m,n} a_m^* a_n \int \psi_m^* \hat{H} \psi_n d\tau = \sum_{m,n} a_m^* a_n E_n \int \psi_m^* \psi_n d\tau = \sum_{m,n} a_m^* a_n E_n \delta_{mn} = \sum_n |a_n|^2 E_n \quad (2.17)$$

进而,可以引入波函数 $\psi(\lambda)$ 和求解 $\dfrac{d\bar{H}(\lambda)}{\lambda} = 0$ 来解出平均能量 $\bar{H}(\lambda)$、$H(\lambda)$ 最小值和基态能级 E_0。此方法较多被应用在计算分立能量本征值的能级上,即分裂能级。例如,为了解析声子的分裂能级,Gonze 等使用变分法表达式计算石英有效电荷张量各向异性和声子本征频率的相关响应函数,其介电张量与实验值的误差低于 0.5%。

2.4 密度泛函理论模拟的基本思想

2.4.1 经典理论

尽管量子化学方法在描述多粒子系统(如电子、原子核、分子、晶格等)时不需要任何经验和半经验参数,但需要求解薛定谔方程得到波函数,以描述多粒子系统的性质。尽管多粒子体系通过 Born-Oppenheimer 近似、Hartree-Fock 近似、多电子体系简化了薛定谔方程,但未考虑电子间的库仑相互作用,并且部分波函数的物理意义并不十分明确、不能通过实验观测、求解方程困难等缺点。直到密度泛函理论(density functional theory,DFT)诞生,此方面的缺点才得以克服。密度泛函理论是假设所有粒子为全同粒子,将多电子体系作为研究对象,以电子密度为变量来处理能量泛函的量子力学方法[10]。DFT 不仅将多电子体系计算转化为单电子密度体系计算,而且描述了分子和固体的电子结构与能量的关系。其优势在于:①电子密度仅仅是一个三维坐标函数,其复杂度远远小于电子的多体波函数,大大降低了自由度和复杂性;②利用密度函数能将能量泛函变分得到系统基态的能量,从而描述原子、分子和固体的基态物理性质。

2.4.2 Hohenberg-Kohn 定理

1964 年,Hohenberg 和 Kohn 提出了非均匀电子气理论,即不计自旋的全同费米子体系的基态能量是电子密度泛函的唯一泛函,且基态能量取电子密度泛函的最小值。这就是著名的 Hohenberg-Kohn 定理,它开创了密度泛函理论的先河。多粒子体系的能量是电子数密度泛函 [电荷密度,$\rho_{(r)}$],体系的能量泛函 $E[\rho(r)]$ 为

$$E[\rho_{(r)}] = T[\rho_{(r)}] + E_{e-e}[\rho_{(r)}] + E_{N-N} + E_{ext}[\rho_{(r)}] \quad (2.18)$$

式中,$T[\rho_{(r)}]$ 表示电子动能项;E_{N-N} 表示原子核之间的排斥能;$E_{ext}[\rho_{(r)}]$ 表示外场对电子的作用能;$E_{e-e}[\rho_{(r)}]$ 表示电子之间的相互作用能。

$$E_{e-e}[\rho_{(r)}] = \frac{1}{2} \iint dr dr' \frac{\rho(r)\rho(r')}{|r - r'|} + E_{ex}[\rho_{(r)}] \quad (2.19)$$

式中,第 1 项表示与无相互作用粒子模型对应的库仑排斥能;第 2 项 $E_{ex}[\rho_{(r)}]$ 表示的是所

有未包含在无相互作用粒子模型中的相互作用项，简称交换关联能，包括交换能 $E_e[\rho(r)]$ 和关联能 $E_x[\rho(r)]$ 两项。因此，相应多粒子体系的薛定谔方程中的哈密顿量可表示为

$$\hat{H} = -\frac{\hbar^2}{2}\sum_i\frac{\nabla^2\bar{R}_i}{M_i} - \frac{\hbar^2}{2}\sum_j\frac{\nabla^2\bar{r}_j}{m_j} - \frac{1}{4\pi\varepsilon_0}\sum_{i,j}\frac{e^2Z_i}{\left|\bar{R}_i-\bar{r}_j\right|}$$
$$+ \frac{1}{8\pi\varepsilon_0}\sum_{i\neq j}\frac{e^2}{\left|\bar{r}_i-\bar{r}_j\right|} + \frac{1}{8\pi\varepsilon_0}\sum_{i\neq j}\frac{e^2Z_iZ_j}{\left|\bar{R}_i-\bar{R}_j\right|} \tag{2.20}$$

式中，第 1 项表示原子核动能；第 2 项表示电子动能；第 3 项表示电子-原子核间的库仑相互作用；第 4 项表示电子-电子间的库仑相互作用；第 5 项表示原子核-原子核间的库仑相互作用。

2.4.3 Kohn-Sham 方程

要根据 Hohenberg-Kohn 定理求解能量泛函 $E[\rho(r)]$，就必须首先确定粒子数密度函数 $\rho(r)$、动能泛函 $T[\rho(r)]$ 和交换关联能泛函 $E_{ex}[\rho(r)]$。为了确定粒子数密度函数 $\rho(r)$ 和动能泛函 $T[\rho(r)]$，Kohn 和 Sham 提出将假设的非相互作用多电子体系的动能算符简写为各电子动能之和的概念，即 Kohn-Sham（KS）方程。单电子体系的 KS 方程为

$$\left\{-\nabla^2 + V_{eff}\left[\rho(r)\right]\right\}\varphi_i(r) = E_i\varphi_i(r) \tag{2.21}$$

式中，有效势 $V_{eff}\left[\rho(r)\right] = V\left[\rho(r)\right] + \int dr'\frac{\rho(r)}{\left|r-r'\right|} + \frac{\delta E_{ex}[\rho(r)]}{\delta\rho(r)}$ 中的 3 项依次表示外势、电子间库仑作用势和交换关联势。

Hartree-Fock 近似仅考虑了电子-电子之间的相互作用，而 Kohn-Sham 方程进一步添加了电子的交换相互作用和电子的关联相互作用两项。考虑到计算设备和计算体系的限制，在用 KS 方程求解电子密度和能量的过程中，需要先设置所能接受的最低计算精度，然后采用自洽场法 SCF 让计算值收敛到设定值以下。其具体方法是先将多电子体系分割成无相互作用的初始电子概率密度 $\rho_o(r)$，求解 KS 方程后得到新的电子概率密度 $\rho(r)$ 和总能量 E，然后将 $\rho(r)$ 部分叠加到 $\rho_{o(r)}$，最后重新计算 KS 方程。也就是说，不断地循环迭代（KS 方程→V_{eff} →$V_{xc}[\rho(r)]$ →$E_{ex}[\rho(r)]$→$\rho(r)$→$\varphi_i(r)$→KS 方程）直到电子密度和总能量的变化值小于设置的精度为止，即 SCF 收敛。最终，根据收敛后的电子概率密度和能量推导体系基态及相关性质。

2.4.4 交换关联相关项

在求解 Kohn-Sham 方程时，电子间交换能 $E_e[\rho(r)]$ 和交换关联能泛函 $E_{ex}[\rho(r)]$ 的精度决定了该方程的计算精确度。Kohn-Sham 方程仅涉及电子能量项中的电子概率密度和动能泛函，未考虑电子的势能项部分。单粒子上势能项（$V_S = V + V_H + V_{xc}$，V 表示电子-原子核库仑相互作用，V_H 表示电子-电子库仑相互作用）中所有电子间的交换关联项（V_{xc}）通常是

未知的，因此在计算电子间的能量项前需要引入近似的势能项 V_{xc}。目前常用的三类近似方法包括局域密度近似(local density approximation，LDA)、广义梯度近似(generalized gradient approximation，GGA)和局域自旋密度近似(local spin-density approximation，LSDA)，见表 2.2。

表 2.2 近似方法的分类和适用体系

分类	缩写	近似方法	考虑内容	适用体系
局域密度近似	LDA	CA、PZ、Slater 交换 Vosko-Wilk-Nusair 关联等	将体系分割为具有均匀且相同电子密度的最小单元	近程相互作用较强的体系，如金属及其复合物体系等
广义梯度近似	GGA	交换泛函：B88、PW91、PBE、OPTX、HCTH 等 相关泛函：LYP、P86、PW91、PBE、HCTH 等	在 LDA 的基础上加入了临近单元间电子密度的密度梯度项	具有一定电子转移的体系，如半导体类矿物等
	Hybrid GGA	B3LYP、B3PW91、B3P86、PBE0、B97-1、B97-2、B98、O3LYP 等	一定比例混合的 H-F 交换能与近似交换-相关能密度泛函	杂化化学反应，如矿物与有机小分子表面杂化等
	Meta-GGA	VSXC、PKZB、TPSS 等	将动能密度作为变量的能量密度泛函	周期性结构的计算，如矿物相变等
	Hybrid meta-GGA	tHCTHh、TPSSh、BMK 等	同时考虑密度梯度和杂化密度两项	绝大部分低自旋态矿物，但计算时间长
局域自旋密度近似	LSDA	6-311++G(d,p) 等	在 LDA 基础上加入电子自旋项	强关联体系，如含 d 轨道或 f 轨道磁性矿物等

1. 局域密度近似泛函

空间中每一点的交换能和关联能只取决于该点的电子密度。交换关联势为

$$V_{xc} = \frac{\delta_{xc} E[\rho(r)]}{\delta \rho(r)} = \varepsilon_{xc}^{unif}\left[\rho(r)\right] + \rho(r)\frac{d\varepsilon_{xc}^{unif}\left[\rho(r)\right]}{D\rho(r)} \tag{2.22}$$

当有缓慢变化的电子密度分布时，此泛函的加和效应和平均效应适用于完全局域的短程结合键近似求解。

2. 广义梯度近似泛函

LDA 近似忽略了电荷密度的非均匀性或较大能量梯度的体系，例如，含有 3d 电子和 4f 电子的体系。因此，在考虑不均匀电荷分布对交换关联作用能中电子密度梯度展开项的作用时，假定交换关联能 $E_{xc}\rho(r)$ 中包含局域电荷密度和附近区域内的电荷密度，即广义梯度近似 GGA，交换关联能为

$$E_{xc}^{GGA}\left[\rho(r)\right] = \int \varepsilon_{xc}\left[\rho(r)\right]\rho(r)\left[\rho(r),|\nabla\rho(r)|\right]dr \tag{2.23}$$

GGA 能给出化学键的可靠结果，但低估了能垒。例如，PBE 主要用于物理范畴，弱化了能量和化学键结果。此方法已能够通过引入二阶梯度处理获得含动能密度的广义梯度近似(meta-GGA)和结合了高估能量与低估能量的杂化密度泛函(hybrid-GGA)；其中最广泛使用的泛函是 BLYP (Becke-Lee-Yang-Parr)泛函，主要用于化学范畴的能量处理。

3. 局域自旋密度近似泛函

传统的能带理论考虑电子系统为相互独立的理想气体，且晶体为周期性结构。然而，传统的单电子近似忽略了电子间的强相互作用（如强关联电子体系内丰富的 d 轨道或 f 轨道电子能级与邻近轨道电子间的相互作用），因此不能被成功地应用到含过渡金属、稀土或核素的矿物中。这就需要借助局域自旋密度近似（local spin-density approximation，LSDA）[或 LDA（GGA）+U] 将强电子间交换作用以及库仑作用的非球对称性模型简化为 Hubbard 紧束缚模型，即通过加入 Hubbard 参数 U（局域的 d 电子或 f 电子间的库仑相互作用项）修正静态局域电子间的库仑排斥作用。其交换关联能为

$$E_{xc}^{LDA}\left[\rho_\downarrow,\rho_\uparrow\right]=\int\varepsilon_{xc}\left[\rho_\downarrow+\rho_\uparrow\right]\rho(r)\mathrm{d}r \tag{2.24}$$

轨道相关单电子有效势的表达式为

$$\begin{aligned}V_{mm'}^\delta=&\sum\left\{\langle m,m''|V_{ee}|m',m'''\rangle n_{m''m'''}^{-\delta}\right\}-\left(\langle m,m''|V_{ee}|m',m'''\rangle\right)\\&-\left\{\langle m,m''|V_{ee}|m',m'''\rangle n_{m''m'''}^{\delta}\right\}-U\left(N-\frac{1}{2}\right)+J\left(n^\sigma-\frac{1}{2}\right)\end{aligned} \tag{2.25}$$

式中，V_{ee} 表示主量子数(n)、轨道量子数(l)、磁量子数(m)和自旋因子(σ)之间的屏蔽库仑相互作用；U、J 和 N 分别表示屏蔽库仑排斥能、交换能参数以及 d 电子或 f 电子总数。特别地，大量文献已记载 U 值的选取方式和具体的值，但实际设置时应注意 U 值的适用环境（如温度、压力等）、与邻位原子的结合特性（如杂化、耦合等）、辐射性（此时 U 值需要根据强场理论进行计算修正，且要考虑其他原子体系的适用性）等。此外，LSDA 未完全修正强关联体系的电子动能项，因此研究者进一步发展了 LDA+Gutzwiller、动力学平均场方法(LDA+DMFT)等来扩展 DFT 在强关联体系且强电子运动状态中的适用范围。

2.4.5　紧束缚近似

紧束缚近似方法(tight-binding, TB)由 F. Bloch 在 1929 年第一次提出，其中心思想是将原子轨道的线性组合(linear combination of atomic orbitals, LCAO)作为一组基函数。组成的基函数一般是非正交的，因此必然会遇到多中心积分的计算问题，而且本征方程形式也不简单，矩阵元在实空间中收敛很慢，计算量相当大。为克服这些困难，Slater 和 Koster 在 1954 年的一篇经典文章中提出了一个非常有价值的参量方法，他们建议将 LCAO 的哈密顿量矩阵元 H_{ij} 看成参量，其大小由布里渊区中心或边界上高对称 K 点的精确理论值或实验值拟合而成。这种引入了经验参数的紧束缚近似方法称为"经验紧束缚近似(empirical tight-binding，ETB)"。大多数第一性原理方法需要较高的计算条件，而且一般最多只能计算几十个原子的模型；而紧束缚近似方法可在有限的资源下对较大的模型进行计算模拟。

2.5　分子动力学的起源和发展概述

尽管著名的牛顿力学对力学和宏观物体进行了完美的数学解析，但在微观粒子研究过程中仍存在不能精确解析微观粒子相互作用势、量子效应、轨道作用等问题[1, 8]。1873～

1901 年，Gibbs 引进热力学势能概念推导出了一系列热力学计算公式，奠定了物相变化规律和化学热力学的理论基础。此后的工作基本集中在宏观热力学、化学动力学、相变等的推导阶段，此时的研究仍偏向于动力学理论内容(kinetic theory)。直到 1957 年和 1959 年，Alder 和 Wainwright 分别提出了经典的分子动力学(molecular dynamics，MD)方法，证实了 Kirkwood 根据统计力学预研的相变规律，这才标志着分子动力学的基本概念出现。1963～1984 年，各国学者相继采用数学模型逐步完善了粒子的分子动力学研究体系(表 2.3)。1980 年，Y. Matsui 和 K. Kawamura 在 *Nature* 上发表了题为 *Instantaneous structure of an MgSiO₃ melt simulated by molecular dynamics* 的文章，他们采用 MD 率先实现了对矿物构型的计算机模拟与实验比对，将矿物结构和相变计算从动理学领域引入分子动力学领域。1985 年和 1991 年，Car、Parrinello、Cagin 和 Pettit 分别将粒子分子动力学模型进一步延伸到电子、原子核和巨正则系综尺度中，标志着分子动力学多尺度体系研究开始。此时的分子动力学已统一了经典力学的牛顿运动方程、量子力学的粒子概论云、统计力学的系统理论三大思想体系，并将大规模的方程数据求解交给计算机进行处理，形成了较为完善的分子动力学模拟技术。其间，扩展的分子动力学技术已广泛应用于地学研究。例如，Galli 等引入了用第一性原理修正分子动力学运动方程的思想，并在 *Science* 上首次发表了通过第一性原理分子动力学技术解析金刚石高压熔化过程和压力大于 1MPa 的液态碳的存在状态和性质的文章，将分子动力学与第一性原理同时引入了矿物学结构和电子态密度统计的研究过程中。1996 年，Karaborni 等在 *Science* 上发表了利用巨正则系综的概念修正蒙脱石水合作用的分子动力学方程，解析了天然气和油田勘探中蒙脱石与水溶液接触后产生膨胀作用的不利影响。

表 2.3 分子动力学的代表性物理方法

物理方法	创始者	年代	表达方法
牛顿三大运动定律	I. Newton	1687	创立力学和物体间相互作用的数学表达
系综理论	J.W. Gibbs	1901	由 Boltzmann 和 Maxwell 创立的统计理论发展出系综理论，创立统计力学基本理论
经典分子动力学（Alder 相变）	B.J. Alder 和 T.E. Wainwright	1957 1959	提出理想"硬球"液体模型，发现了刚性球集成系统中液体到结晶相的相变
液体分子动力学	A. Rahman	1963	使用连续势模型
Verlet 算法	L. Verlet	1967	建立对粒子运动的位移、速度和加速度的逐步计算方法
恒压状态分子动力学	H.C. Anderson 和 W.G. Hoover	1980	提出等压分子动力学模型和非平衡态分子动力学
恒定压强分子动力学	M. Parrinello 和 A. Rahman	1981	提出恒定压强分子动力学模型，将模型尺度扩展到随离子运动改变的元胞级别
恒温分子动力学	S. Nose	1984	提出恒温分子动力学模型
第一性原理分子动力学	R. Car 和 M. Parrinello	1985	成功地结合 MD 和 DFT 两种方法，即将原子核运动和电子运动波函数统一在牛顿运动方程中，取代了电子结构计算中矩阵对角化和自洽迭代的概念
巨正则系综分子动力学	T. Cagin 和 B.M. Pettit	1991	提出适合处理吸附问题的巨正则系综分子动力学

随着计算机计算速度和数学算法的飞速发展,分子动力学的研究尺度也不断地扩大($10^{-10}\rightarrow10^{-2}$m),其时间尺度可达到微秒层次,这为矿物学理论和实验研究中涉及的扩散、成核、结晶、相变等领域搭建了一个桥梁。此外,分子动力学具有容易构建模型、物理意义明确、兼容性和可修正性较高等优势。量化、蒙特卡罗、有限元等方法的关键物理思想可修正分子动力学的相关模型、粒子运动、能量项等,这让分子动力学成为唯一能横跨"纳观—微观—介观"尺度的研究手段。但因其研究尺度已不能局限于"分子"级别,所以名称大多仅保留了"动力学",如相场动力学、离散动力学、耗散粒子动力学等。

2.6　分子动力学模拟的基本思想

2.6.1　经典理论

分子动力学(molecular dynamics,MD)实现了 Boltzmann 的统计力学思想,它从确定的微观物理系统出发,利用运动方程抽样出计算体系的热力学性质和其他宏观性质。分子动力学遵循实验相似过程建立理论模型,并求解系统内所有粒子(分子)的运动方程。其中,根据波恩-奥本海默近似将电子运动和原子核运动分开处理,利用量子力学方法求解电子运动,借助经典的牛顿动力学微分形式 $F=m\dfrac{\partial a}{\partial t}$ 处理原子核运动[11-12]。值得注意的是,求解 N 个粒子体系的分子动力学方程组时必须给出每个粒子的初始坐标和速度。

分子动力学的适用范围:只考虑多体系中原子核的运动,忽略原子运动和量子效应。因此,经典的分子动力学不适用于电荷重新分布的化学反应、化学键变化(如解离、极化、键的络合或断裂等)、低温体系(离散能级的误差)、高频振动模等[12-14]。

2.6.2　初始体系的设置

1. 初值问题

从数学观点来看,分子动力学是一个初值问题,对于计算体系、起始位置、牛顿运动方程式的解法、阶段半径的选取、积分步长和控温算法等要根据具体条件合理设定。通常,初始速度遵循 Maxwell-Boltzmann 分布 $\{n_{(v)}\propto[m/(2\pi k_{B}T)]^{1.5}v^{2}\exp[-mv^{2}/(2k_{B}T)]\}$,平均速度遵循 $v=(2k_{B}T/m)^{0.5}$。其中,m 表示粒子质量,T 表示温度,k_{B} 表示玻尔兹曼常量。时间步长要考虑原子运动的最低值但不宜过低,其值应根据原子或分子特征运动频率来进行选择,并且总模拟时间要考虑体系的原子总数、原子上的作用力和稳定弛豫的最低时间,避免过度消耗计算时长。

具有相同初始条件的计算模拟结果应高度一致,但仍与实验结果一样存在两类误差:①系统误差——由模型设置的初始值、不合适的算法或势函数、不相关近似等造成;②统计误差——由系综方法的选择、计算机精度等造成。

2. 边界条件

模拟体系的尺度属于理想尺度，其仅对应真实体系的特定区域(如周期性晶体、无缺陷性表界面、无晶界结构等)。为了充分考虑特定区域的结构效应，研究者引入周期性边界条件来划定模拟范围，并建立足够大的模拟原胞以降低动力学的扰动作用。

周期性边界条件包括周期性维度(一维、二维和三维)边界条件和非周期性边界条件。其中，一维周期性边界条件适用于小分子间的结合键(如络合键、耦合键等)；二维周期性边界条件适用于矿物表面和界面体系；三维周期性边界条件适用于矿物晶体、液体-小分子聚集体、矿物表面与液体-小分子聚集体的界面等。非周期性边界条件适用于非均匀系统或非平衡系统的原子-分子团簇，这部分边界条件常用于结构优化与弛豫阶段。选择优化结构中的部分边界区域为周期性边界，并与周期性维度边界条件混合应用，可以对矿物表面-小分子团簇、矿物-水界面、表面矿物结构分解等体系进行动力学模拟。

2.6.3 力的计算方法

除紧束缚型的键合作用外，体系模拟主要受非键相互作用[包括静电(electrostatic)、库仑(coulombic)和范德瓦耳斯(van der Waals)相互作用]的影响。其中，相对短程的范德瓦耳斯相互作用势能以 $1/r^6$ 的速率降低，r 大于 1nm 时常按势能为 0 处理；库仑相互作用势能以 $1/r$ 的速率缓慢降低，长程距离条件下的库仑相互作用势能也不可忽略；静电相互作用势能随距离变化且取决于结构，除少数带电基团外，分子或分子间的静电相互作用势能(主要成分是偶极-偶极相互作用)以 $1/r^3$ 的速率降低。因此，结构能量的表达式取决于所选择的力场和结构的分子拓扑结构。在构建结构能量的表达式之前，必须简化原子上分配的力场类型和原子电荷，为此研究者发展了多种方法简化求解过程。目前常用的方法包括非键截断法(non-bond cutoffs)、Atom 截断法(atom-based cutoffs)、电荷组和组群截断法(charge groups and group-based cutoffs)、晶胞多极法(cell multipole methods)和周期性 Ewald 加和法(Ewald sums for periodic systems)。

1. 非键截断法

通过划分短程力程的距离 r 以降低总计算量的方法称为"非键截断法"。此方法为保证计算速度，仅考虑截断距离内的相互作用势能，且非键相互作用的原子数量随截断距离的增加而增加。此外，所有远程非键相互作用对原子的贡献很小，修正的远程范德瓦耳斯势能为

$$\Delta U_{\text{tail}} = \frac{1}{2} \sum_{\alpha=1}^{\nu} N_{\alpha} \sum_{\beta=1}^{\nu} \rho_{\beta} 4\pi \int_{r_c}^{\infty} r^2 g_{\alpha\beta}(r) U_{\alpha\beta}(r) \mathrm{d}r \tag{2.26}$$

压力为

$$\Delta P_{\text{tail}} = \frac{1}{6} \sum_{\alpha=1}^{\nu} \rho_{\alpha} \sum_{\beta=1}^{\nu} \rho_{\beta} 4\pi \int_{r_c}^{\infty} r^2 g_{\alpha\beta}(r) r \frac{\mathrm{d}U_{\alpha\beta}(r)}{\mathrm{d}r} \mathrm{d}r \tag{2.27}$$

式(2.26)和式(2.27)中，N 和 ρ 表示原子的数量和分布密度；$U_{\alpha\beta}(r)$ 表示描述 α 和 β 原子

之间的范德瓦耳斯势能；$g_{\alpha\beta}(r)$ 表示相关函数描述在分离的 r 处找到 α 和 β 的概率以及在无限远距离处找到 α 和 β 原子的概率。通常，$g_{\alpha\beta}(r)$ 也仅适用于截断范围内的短程区域。

2. Atom 截断法

非键截断法忽略超出截断距离的相互作用，这将导致能量等性质具有不连续性。因此，大多数模拟采用切换函数 $S_{(r)}$ 来平滑地切断一系列距离上的非键相互作用势能 $E(r)$。小非键距离处的模拟势能与实际势能必须一致；中间非键距离处的模拟势能与实际势能平滑地趋于 0；大非键距离处的模拟势能与实际势能必须为 0。因此，可以通过将实际势能乘以平滑函数来创建有效电势。例如，Atom 截断法公式为 $E = E(r) \cdot S(r)$，其在中间距离范围内是连续可微的，大距离范围是截断距离，但小距离范围可能失去潜在平衡区域的重要特征。

3. 电荷组和组群截断法

大多数力场考虑原子上部分电荷间的库仑相互作用，以反映构成分子的原子间的电负性差异，如电荷平衡法、力场分配法等。在评估这些库仑项时，截断法在引入单极子项设置的过程中应考虑两个单极子相距 1nm 时，每个单极子具有的电荷约为 33kcal·mol^{-1}(1cal=4.186J)，而相距 0.1nm 的两个偶极子的电荷不超过约 0.3kcal·mol^{-1}。在近似处理不均匀的单极子-单极子相互作用时，人为截断偶极子后会产生伪单极子(一个偶极子位于截断范围内，而另一个位于截断范围外)，即人为地引入了大的单极子-单极子相互作用。为避免这些伪影响，研究者开发了"电荷组"的概念来定义净电荷几乎为 0 且彼此接近的原子，在距基团中心的距离 R 处施加的原子团势能可以通过扩展 R 的反幂项进行计算

$$\Phi \frac{1}{4\pi\varepsilon}\left\{\frac{Q}{R} + \frac{\mu\cos\theta}{R^2} + \frac{\Theta(3\cos 2\theta - 1)}{R^3} + \cdots\right\} \tag{2.28}$$

式中，Q 表示总电荷；μ 表示偶极矩；Θ 表示四极矩；θ 表示电荷组的取向。随着距离 R 的缩短，扩展收敛所需要的项数迅速增加。这种方法对原子和相互作用进行分组，避免了偶极子的截断问题。此外，组群截断法提高了电荷组截断法的速度，两组的相互作用取决于组群中心间的距离。如果中心间的距离在截断范围内，那么该方法考虑所有原子的相互作用，反之则排除。

4. 晶胞多极法

晶胞多极法是一种比截断法更严格且能够有效地处理非周期和周期系统中非键相互作用的方法，该方法采用常规方式处理短程作用，并借助多极方式处理长程相互作用能量，其表达式为

$$E = \sum_{i=1}^{N}\lambda_i\Phi_i + \sum_{i>j}\frac{\lambda_i\lambda_j}{R_{ij}^p} \tag{2.29}$$

式中，Φ 表示泰勒展开的原子势能项，一般可分为原子周围的近程势能和其余原子作用产生的远程势能；R_{ij} 表示原子 i 和原子 j 间的距离；p 表示常数($p=1$ 时，库仑相互作用；$p=6$

时，库仑色散相互作用）；λ 表示电荷。注意：晶胞多极法不能计算特定的非键相互作用能，必须增大截断距离。

5. 周期性 Ewald 加和法

1921 年，Ewald 开发了一种计算周期系统中非键能的方法，即周期性 Ewald 加和法，它是适用于结晶的矿物结构、无定型矿物结构和溶液体系内长程静电相互作用的算法。1989 年，Karasawa 和 Goddard 改进了周期性 Ewald 加和法和参数优化程序。改善收敛后的 Ewald 方法是乘以一般的格子和：

$$S_m = \frac{1}{2}\sum_{L,i,j}\frac{A_{ij}\varphi_m\left|r_i-r_j-R_L\right|}{\left|r_i-r_j-R_L\right|^m} + \frac{1}{2}\sum_{L,i,j}\frac{A_{ij}(1-\varphi_m\left|r_i-r_j-R_L\right|)}{\left|r_i-r_j-R_L\right|^m} \tag{2.30}$$

式中，收敛函数 φ_m 因随第 1 项快速收敛而迅速减小，通过傅里叶变换提高第 2 项在倒格子上的收敛速度；L 是所有的晶格向量。Ewald 静电能的表达式是

$$E_Q = \frac{\eta}{2}\sum_{L,i,j}q_iq_j\frac{\mathrm{erfc}(\boldsymbol{a})}{\boldsymbol{a}} + \frac{2\pi}{\Omega}\sum_{n\neq0}\left(\left[\sum_i q_i\cos(\boldsymbol{h}\cdot r_i)\right]^2 + \left[\sum_i q_i\sin(\boldsymbol{h}\cdot r_i)\right]^2\right)$$
$$\cdot\frac{\exp(-b^2)}{h^2} - \frac{\eta}{\sqrt{\pi}}\sum_i q_i^2 \tag{2.31}$$

式中，$\boldsymbol{a}$、$\boldsymbol{r}$ 和 $\boldsymbol{h}$ 表示倒易晶格矢量，$h=0$ 时表示体系是无限晶体；$\Omega=\det(H)=$晶格体积，$b=h/2\eta$。第 1 项是收敛函数产生的电荷分布自由能。注意：Ewald 加和法的处理时间以 $N^{1.5}$ 增长，其计算精度可人为设定且截断值较大。二维周期性表界面模型的 Ewald 加和法应使用非 Ewald 加和法作为范德瓦耳斯项且将 F. Harris 法应用于库仑项，并引入大的截断值。

2.6.4 运动方程数值求解

多粒子体系的牛顿方程需要采用有限差分法进行求解，即将积分分为多个小步，每个小步的时间为 δt。在 t 时刻，每个粒子上力的总和等于它与其他粒子相互作用力的矢量和，则可以得到相应的加速度、$t+\delta t$ 时刻的位置和速度。主要的有限差分法有以下几种。

1. Verlet 速度算法

1967 年，Verlet 提出了用 t 和 $t-\delta t$ 时刻的位置 r 与速度 v 计算 $t+\delta t$ 时刻位置 $r+\delta r$ 的 Verlet 算法的泰勒(Taylor)级数展开式，但 $2r(t)$ 和 $r(t-\delta t)$ 两项之差容易造成精度损失；此外，Verlet 算法没有考虑速度项。1970 年，Hockney 提出了 Leap-frog 算法，即将速度的微分用 $t+\delta t$ 和 $t-\delta t$ 时刻的速度表示，但这样容易产生蛙跳式过程。1982 年，Swope 修正了 Verlet 算法中蛙跳式速度的缺点，加入了位置、速度和加速度项，即

$$v_i(t+\delta t) = v_i(t) + [F_i(t+\delta t) + F_i(t)]\delta t^2/2m \tag{2.32}$$

该算法存储每个时间步的坐标、速度和力，并在下一个时间步更新这些数据，因此保证了计算精度，已被 Materials Studio 等软件广泛使用。

2. ABM4 算法

ABM4 算法是一种校正 Verlet 算法的 Adams-Bashforth-Moulton 四阶算法，截断误差是所用时间步长的五阶值。该算法利用前 3 步的结果评估两次第 4 步的能量，前 3 步由 Runge-Kutta 法生成。具体的算法过程如下。

①ABM4 算法：$y_i = r(t), v(t)$ 和 $y_i' = r(t), a(t)$，其中 i=0、1、-1、-2 和-3 分别表示时间 t、$t+\Delta t$、$t-\Delta t$、$t-2\Delta t$ 和 $t-3\Delta t$ 时的 y；

②预测（一次能量评估）：使用 $y_1^{predicted}$ 评估 y_i' 的表达式为

$$y_1^{predicted} = y_0 + \Delta t(55y_0' - 59y_{-1}' - 37y_{-2}' - 9y_{-3}')/24 + O(\Delta t^5) \tag{2.33}$$

③修正（二次能量评估）：使用 $y_1^{predicted}$ 修正 y_i' 的表达式为

$$y_1^{predicted} = y_0 + \Delta t(9y_1' - 19y_0' - 5y_{-1}' - y_{-2}')/24 + O(\Delta t^5) \tag{2.34}$$

相比 Verlet 速度算法，ABM4 算法的计算量较大，不适合大原子体系的计算模拟。

3. Runge-Kutta-4 算法

Runge-Kutta-4 算法是一种校正 Verlet 算法的 Runge-Kutta 四阶方法，即每步进行 4 次能量评估。该算法可用于 ABM4 算法中前 3 步的轨迹计算，且几乎适合所有类型的方程。尽管计算结果所考虑的精度较高，但计算所需的时间步长必须非常小。因此，一般不推荐此算法。

2.6.5　势函数（力场）的适用性

分子动力学和蒙特卡罗法均受势函数的影响，研究者常通过选择最优势函数、理论计算方法等手段研究基础结构和扩散行为。1903 年 G. Mie 提出势函数（又称为"力场"）由两个原子间的排斥作用函数和吸引作用函数组成。随后近百年的时间，针对各类研究体系发展起来了各类势函数，大致分为对势、多体势、共价晶体作用势、有机分子的作用势（一代和二代力场）、全同势和第一性原理原子间相互作用势，其优缺点及适用范围见表 2.4。这些势函数具体的实验和经验参数常被固定编写于计算软件，或根据实验参数进行半经验拟合后获得。

表 2.4　各类势函数的优缺点

分类	力场	优点	适用范围	缺点
对势	Lennard-Jones、Born-Maye、Morse、Johnson	仅由两个原子坐标决定的相互作用	除半导体、金属外的所有有机化合物	不考虑其他粒子的影响
多体势	EAM、Finnis-Sinclair、Johnson-EAM、MEAM	总势能分为原子间相互作用势和原子镶嵌势	金属和合金	函数形式根据经验确定
共价晶体作用势	Stillinger-Weber、Abell-Tersoff	根据键合强度和配位数拟合	共价键结合的原子间作用势	精度归结于赝势和原子占位
有机分子的作用势	一代力场：MM、AMBER、CHARM 和 CVFF	又称为经典力场，有最简单的范德瓦耳斯作用，随系统的复杂性而增加修正项	各种一代力场是针对特殊目的而发展起来的，适用于有机化合物、聚合物、多肽、生化分子等	适用范围较小

续表

分类	力场	优点	适用范围	缺点
	二代力场: CFF、PCFF 和 MMFF	引入大量的实验数据和精确的量子计算结果	有机分子、不含过渡金属元素的分子系统	形式比一代力场复杂，需要大量的实验与量子计算中的力常数，涵盖范围小
全同势	ESFF、UFF 和 Dreiding	开始引用电荷平衡法和密度泛函计算中的参数，适用范围广	涵盖元素周期表	经验参数所占比例仍较大
第一性原理原子间相互作用势	COMPASS	第一个从头算力场，精确度较高	涵盖元素周期表	计算量大、时间较长

除仅适用于两个原子间相互作用的对势外，势函数内的参数多源自金属、无机材料以及有机小分子等领域，而结构间的范德瓦耳斯力和静电作用势等参数尚无系统论证。分子的总能量为动能和势能之和，可被表示为简单几何坐标的函数：

$$U_{势能} = E_{键合项} + E_{非键合项} = U_{范德瓦耳斯非键结势能} + U_{键伸缩势能} + U_{键角弯曲势能}$$
$$+ U_{二面角扭曲势能} + U_{离平面振动势能} + U_{库仑静电势能} \tag{2.35}$$

例如，一代力场与二代力场的针对性较强且经验参数的影响过高，因而不适用于不同体系与气体分子的扩散性研究；研究较多的 PCFF、UFF 和 Dreiding 的经验参数大多由较为理想的实验条件得到，其结构间的稳定能较低，因此会过高地估计范德瓦耳斯力 $U_{范德瓦耳斯非键结势能}$ 和库仑静电作用力 $U_{库仑静电势能}$ 两项的作用，促使分子间的距离增加、周期性结构的轴长和体积增大、相对密度严重降低。

然而，与单纯依据经验参数建立的力场不同，COMPASS 力场是通过将凝聚态性质及孤立分子的各种从头算和经验数据等参数化，并经验证的从头算力场，尤其使用了分子动力学法，用液态分子或晶体分子的热物理性质来精修非键参数。COMPASS 力场采用 CFF 力场的基本形式，由键合项和非键合项组成；但未引入大量的修正项与实验参数。国内外大量的研究已证实，COMPASS 力场适用的体系结构与研究对象较广，势参数的精确度较高，其在沸石的吸附研究方面已获得巨大成功。相关研究也证实 COMPASS 力场对单个分子、高分子和晶体分子等的计算误差较小于其他力场，其考虑的物理参数较为全面。

2.6.6　系综原理

系综(ensemble)是由组成、性质、尺寸和形状完全一样的大数目全同体系构成的集合。每个系综独立存在于某一微观运动状态，且所有的微观运动状态构成一个连续区域。因此，计算模拟通过建立有限粒子数的系综，采用统计物理规律描述多粒子体系；其中，粒子运动状态由空间内的广义坐标、广义动量和权重因子定义。根据发现一个特定值 A 的高斯分布概率公式 $\{ p(A) = \dfrac{1}{\sigma\sqrt{2\pi}} \exp[-(A - \langle A \rangle)^2 / 2\sigma^2]$，$\sigma^2$ 为方差$\}$，研究者将原子坐标和速度统计推导为系综微观量的统计平均值，即

$$\langle A \rangle_{ens} = \frac{1}{N!} \iint A(p,r) p(p,r) \mathrm{d}p \mathrm{d}r \tag{2.36}$$

式中，ens 表示系综；$p(p,r)$ 表示分布函数。根据外环境温度和压力的特性，MD 的系综主

要分为四类：微正则系综（NVE）、正则系综（NVT）、等温等压系综（NPT）和等压等焓系综（NPH）。相应的高斯分布形式为

$$p_{\text{NVE}}(p,r) = \delta(H(p,r)-E) \tag{2.37}$$

$$p_{\text{NVT}}(p,r) = \exp\left[\frac{-H(p,r)}{k_{\text{B}}T}\right] \tag{2.38}$$

$$p_{\text{NPT}}(p,r) = \exp\left[\frac{-H(p,r)+PV}{k_{\text{B}}T}\right] \tag{2.39}$$

$$p_{\text{NPH}}(p,r) = \exp\left[\frac{-H(p,r)-\mu N}{k_{\text{B}}T}\right] \tag{2.40}$$

然而，大多数自然现象发生于系综暴露在外部压力和温度的条件下，此时系综的总能量不是恒定值。研究者可以引入薛定谔方程修正积分牛顿运动方程，以探索系综的恒定能量表面，扩展 MD 的积分形式见表 2.5。其中，N 表示粒子数守恒；V 表示体积守恒；E 表示能量守恒；T 表示温度守恒；P 表示压力守恒；H 表示焓守恒。

表 2.5　四类系综运动常数的数学表达式

系综	考虑内容	表达方式
NVE	恒定能量、恒定体积	$E = \langle \Psi \vert \hat{H}_e \vert \Psi \rangle + \dfrac{1}{2}\sum\limits_{i=1}^{N}\sum\limits_{j=1}^{N}\dfrac{Z_i Z_j}{\vert R_i - R_j\vert} + \sum\limits_{i=1}^{N}\dfrac{P_i^2}{2M_i}$ （P_i 表示 i 粒子的受力，M_i 表示 i 粒子质量，Z_i 和 Z_j 表示 i 和 j 粒子的质子数）
NVT	恒温、恒定体积	$E = \langle \Psi \vert \hat{H}_e \vert \Psi \rangle + \dfrac{1}{2}\sum\limits_{i=1}^{N}\sum\limits_{j=1}^{N}\dfrac{Z_i Z_j}{\vert R_i - R_j\vert} + \sum\limits_{i=1}^{N}\dfrac{P_i^2}{2M_i} + \sum\limits_{i=1}^{M}\dfrac{P_{\xi_i}^2}{2Q_i} + N_f k_{\text{B}}T\xi_1 + k_{\text{B}}T\sum\limits_{u=1}^{M}\xi_i$ （ξ_i 表示 i 粒子的恒温自由度，Q_i 表示 i 粒子的恒温虚拟堆积）
NPH	恒压、恒焓	A：$E = \langle \Psi \vert \hat{H}_e \vert \Psi \rangle + \dfrac{1}{2}\sum\limits_{i=1}^{N}\sum\limits_{j=1}^{N}\dfrac{Z_i Z_j}{\vert R_i - R_j\vert} + \sum\limits_{i=1}^{N}\dfrac{P_i^2}{2M_i} + P_{\text{ext}}V + \dfrac{P_e^2}{2W}$ P-R：$E = \langle \Psi \vert \hat{H}_e \vert \Psi \rangle + \dfrac{1}{2}\sum\limits_{i=1}^{N}\sum\limits_{j=1}^{N}\dfrac{Z_i Z_j}{\vert R_i - R_j\vert} + \sum\limits_{i=1}^{N}\dfrac{P_i^2}{2M_i} + P_{\text{ext}}V + \dfrac{Tr[P_g P_g^T]}{2W}$ S-M：$E = \langle \Psi \vert \hat{H}_e \vert \Psi \rangle + \dfrac{1}{2}\sum\limits_{i=1}^{N}\sum\limits_{j=1}^{N}\dfrac{Z_i Z_j}{\vert R_i - R_j\vert} + \sum\limits_{i=1}^{N}\dfrac{P_i^2}{2M_i} + \dfrac{1}{2}W_{\text{SM}}(\det G)Tr(GG^{-1}GG^{-1})$ $\qquad -\dfrac{1}{2}Tr\left[(\det h)h^{-1}\cdot\sigma\cdot h\right]$ （σ 表示应力，$\det$ 表示 n 阶行列式，$G = h^T\cdot h$）
NPT	恒温、恒压	A-H：$E = \langle \Psi \vert \hat{H}_e \vert \Psi \rangle + \dfrac{1}{2}\sum\limits_{i=1}^{N}\sum\limits_{j=1}^{N}\dfrac{Z_i Z_j}{\vert R_i - R_j\vert} + \sum\limits_{i=1}^{N}\dfrac{P_i^2}{2M_i} + P_{\text{ext}}V + \dfrac{P_e^2}{2W} + \sum\limits_{i=1}^{M}\dfrac{P_{\xi_i}^2}{2Q_i} + N_f k_{\text{B}}T\xi_1 + k_{\text{B}}T\sum\limits_{u=2}^{M}\xi_i$ $\qquad + \sum\limits_{i=1}^{M}\dfrac{P_{\xi_{bi}}^2}{2Q_{bi}} + k_{\text{B}}T\sum\limits_{u=2}^{M}\xi_{bi}$ P-R：$E = \langle \Psi \vert \hat{H}_e \vert \Psi \rangle + \dfrac{1}{2}\sum\limits_{i=1}^{N}\sum\limits_{j=1}^{N}\dfrac{Z_i Z_j}{\vert R_i - R_j\vert} + \sum\limits_{i=1}^{N}\dfrac{P_i^2}{2M_i} + P_{\text{ext}}V + \dfrac{Tr[P_g P_g^T]}{2W} + \sum\limits_{i=1}^{M}\dfrac{P_{\xi_i}^2}{2Q_i} + N_f k_{\text{B}}T\xi_1$ $\qquad + k_{\text{B}}T\sum\limits_{u=2}^{M}\xi_i + \sum\limits_{i=1}^{M}\dfrac{P_{\xi_{bi}}^2}{2Q_{bi}} + 9k_{\text{B}}T\xi_1 + k_{\text{B}}T\sum\limits_{u=2}^{M}\xi_{bi}$

注：粒子的数量是守恒的。NPT 和 NPH 仅适用于周期性系综，即已定义体积的系综。

1. 微正则系综

恒定颗粒数、能量和体积的 NVE 系综(微正则系综)是孤立且保守系统的统计系综,无需任何温度和压力控制,体系沿着相空间中恒定能量的轨道演化但不与外界交换能量(绝热)。一般来说,如果没有温度调控能量流动,则无法实现真正的恒定能量建模(无温度控制),这导致人工建模通常无法知道精确的初始条件。为了把系统调节到合理的初始条件,研究者可以在模拟的平衡阶段使用 NVE 系综探索构象空间的恒定能量表面,或收集无温度和压力耦合作用下的热力学扰动函数数据。然而,积分过程中的舍入和截断误差会导致轻微的能量波动或漂移,因此必须给系统足够的模拟平衡时间。

2. 正则系综

恒温恒体积的 NVT 系综(正则系综)是在固定体积条件下控制热力学温度,以获得体系的大热源交换能量和粒子分布密度。此系综允许直接进行温度缩放,不会产生真正的规范集合,即非真正的等温集合。其仅在初始化阶段应用,并采用典型的 Nosé-Hoover 恒温控制器进行温度控制。NVT 系综主要应用于周期性边界条件下的真空模型构象搜索,能够提供扰动较小的轨迹。

3. 等压等焓系综

相比 NVT 系综,恒压恒焓的 NPH 系综(等压等焓系综)可改变单元格的尺寸。它是从自然响应函数(恒定压力下的比热、热膨胀、绝热压缩和绝热张量)出发计算动能、体积和应变的统计波动,常用于体系结构和原子占位的平衡弛豫阶段。当无温度控制时,NPH 系综中 E 和 PV 的总和是恒定的。压力控制可通过 Berendsen、Andersen、Parrinello-Rahman 或 Souza-Martins 方法实现,但仅 Berendsen 和 Anderson 方法才能改变单元格的大小而不是形状。单元格形状固定的 Andersen 法、单元格与形状同时发生变化的 Parrinello-Rahman 法和 Souza-Martins 法的运动常数公式见表 2.5。

4. 等温等压系综

恒温恒压的 NPT 系综(等温等压系综)通过控制温度和压力调节体积和单位晶胞矢量。当体系压力确定时,NPT 系综是计算体积和密度的首选方案,也可与 NVT、NVE 系综方案联合实现温度和压力控制。此方法的压力控制可通过 Berendsen、Andersen、Parrinello-Rahman 或 Souza-Martins 方法实现单元格大小或形状的变化。为改善 Berendsen 和 Anderson 方法的适用范围,Martyna 等纠正得到 Andersen-Hoover(A-H)方法,对应的运动常数公式见表 2.5。Parrinello-Rahman(P-R)方法允许单元格的体积和形状改变。注意:NPT 系综仅适用于周期性系统,即各向同性的压力体系;此外,高压模拟会产生过渡压缩,进而限制原子运动。

2.6.7　CPMD 方法简介

从头算分子动力学(car-parrinello molecular dynamics, CPMD)是一种第一性原理分子

动力学(first principle molecular dynamics)方法，该方法利用赝势、平面波基矢和密度泛函理论(DFT)对原子(分子)间的作用力进行计算。分子动力学计算可以预测凝聚态系统的平衡态和非平衡态性质。然而，一方面在所有的实际应用中，分子动力学计算一直使用原子间势能的经验势函数，使这种近似只适用于稀有气体这样的系统而不适用于共价系统和金属系统，而且分子动力学计算也不会给出电子结构变化等微观信息；另一方面，密度泛函理论的计算虽然可以对很多系统都给出一个比较精确的近似，但是计算很复杂、苛刻。随着量子化学计算的快速发展，CPMD 因求解 Kohn-Sham 方程的模拟精确性和简化模型上的优势而克服了能量函数最小值受正交化限制的约束，解决了哈密顿正交矩阵的对角化计算问题，对一些新原子构型和平衡结构的理论预测具有较高的计算效率。它很好地将分子动力学与密度泛函结合在一起，并作为从头计算法的延伸，在各个应用领域(从固体到液体、从静力学到动力学、从固态物理到固态化学)都做到了将密度泛函的优势最大限度地发挥，在量子化学计算各领域得到了广泛应用。

2.7　蒙特卡罗法的起源和发展概述

早在 17 世纪，人们就已注意到可以采用"概率"的概念来简化事件发生"频率"的数学描述方法。随后，Buffon 通过设计随机投针试验发现了概率与 π 的关系，这种"概率"概念奠定了简化巨大数据体系运算方法的基本思想[15]。之后部分学者研究了概率与微分方程、相关系数等的分布规律，但此思想并未受到重视。直到 1930 年，应美国"曼哈顿"原子弹研制计划的需求，Fermi 为了大幅度提高核反应堆临界状态试验中理论中子运输的计算机运算速度，引入了概率论中的"随机数"概念来解决体系内粒子数随时间变化的问题，这是最早出现的蒙特卡罗法(Monte Carlo，MC，名字源于地中海赌城 Monaco 市)的应用。但人们公认的蒙特卡罗法诞生的标志是 Ulam 和 Metropolis 等在 1949 年发表了首篇论文，系统地总结和应用了蒙特卡罗法模拟链式反应过程，开创了利用蒙特卡罗法模拟复杂且多粒子体系的研究先河(表 2.6)。几乎在同一时期，矿物学工作者引入了蒙特卡罗法处理复杂体系和大数据测试工作。例如 1968 年，Press 在 Science 上发表了利用蒙特卡罗法测试 500 万个地球物理数据的地球密度分布模型；其中，6 个化学不均匀芯模型通过测试，通过调用 Anderson 法提出的附加约束降低了 MC 初始模型的偏差，其结果与固体 Fe-Ni 合金(20%～50% Fe)和流体芯 Fe-Si 合金(15%～25% Fe)一致。

在处理矿物结构内原子和空位分布规律方面，Fehlmann 和 Ghose 于 1964 年率先采用 MC 测定了正交晶系磷酸铜矿 $Cu_3PO_4(OH)_3$ 的重原子位置，并采用全矩阵最小二乘法精确地测定了所有的轻原子位置和三维氢氧根相位。20 世纪 80 年代初，美国 EXXON 研究组开发的二维算法是计算机辅助理论物理研究的里程碑，确定了对矿物内非对称结构仿真的可行性。1990 年，Salomons 和 Fontaine 采用 MC 模拟了非对称邻近晶格气体内氧空位诱导高温相结构演化的过程。1992 年 Anderson 和 1997 年 Koningsveld 均采用 MC 结合晶粒间相互作用能的原则和 MC-MD 联用法模拟了矿物结构内的浓度缺陷和离子分布。除静态能和结构分布的应用外，MC 还发展出了动态晶粒生长领域的应用[16]。例如，Anderson

于 1983 年提出了一个新的关于二维晶粒生长的尺寸分布、拓扑和局域动力学 MC 程序，并将巨正则 MC、Metropolis-MC 等应用到热力学流体性、复合矿物静态混合能的温度依赖性等的研究过程中。

表 2.6　MC 的代表性物理方法

物理方法	创始者	年代	表达方法
随机概率	不详	17 世纪	用事件发生的"频率"决定事件的"概率"
随机抽样法	C. Buffon	1768	发现随机投针的概率与 π 的关系
微分方程近似解	L. Rayleigh	1899	发表一维随机游动能的抛物线微分方程近似解法
相关系数分布规律	W.S. Gosset	1908	完成通过抽样试验研究相关系数的分布规律
中子扩散	E. Fermi	1930	利用 MC 研究中子扩散，并设计了一个 MC 机械装置，用于计算核反应堆的临界状态
MC 诞生	S.M. Ulam、E. Fermi、V. Neumann 和 N. Metropolis	1942~1949	发表首篇 *The Monte Carlo method* 论文，并应用于著名的美国"曼哈顿计划"的链式反应理论模拟，标志着 MC 正式建立
MC 确定矿物结构的应用	M. Fehlmann 和 S. Ghose	1964	应用 MC 确定磷酸铜矿 $Cu_3PO_4(OH)_3$ 的重原子位置
MC 研究地球密度分布的应用	F. Press	1968	发表 6 个化学不均匀性的地球密度分布模型
二维晶粒生长	M.P. Anderson	1983	提出一个新的关于二维晶粒生长的尺寸分布、拓扑和局域动力学 MC 程序
矿物内流体模拟	G.B. Woods 和 J.S. Rowlinson	1989	采用巨正则 MC 计算沸石中甲烷的热力学构型和流体性质
氧空位	E. Salomons 和 D. Fontaine	1990	采用 MC 模拟非对称邻近晶格气体内氧空位诱导高温相结构演化的过程
晶粒边界的相互作用	M.P. Anderson	1992	采用 MC 结合晶粒间相互作用能的原则，模拟晶粒边界能量和点缺陷浓度驱动结构演化过程
MC-MD 联用法	S.L. Njo、H. Koningsveld 和 B. Graaf	1997	采用 MC-MD 联用法计算钛硅沸石内钛离子的分布
碳酸盐复合矿物的活度和组成	V.L.Vinograd	2007	采用 Metropolis-MC 计算 $CaCO_3$-$MgCO_3$ 复合矿物的静态混合能和温度依赖性

2.8　蒙特卡罗模拟的基本思想

2.8.1　经典理论

蒙特卡罗法(MC)的基本思想是某种事件(或某个随机变量)出现的概率可以通过某种"试验"获得其出现"频率"(或随机变数的平均值)。MC 采用数学方法描述事件变化时粒子数量和几何特征的概率模型和近似解，实现了基于 Hamilton 力学系统的 Gibbs 统计力学的思想，即从相空间开始考虑。MC 不是从相空间中寻找真实轨迹，而是寻找一条服从一定概率分布的 Markov 链，从而求得平衡时物理量的平均值。可以发现 MC 没有 MD

的迭代问题，解析后获得的数值稳定，收敛性可通过扩大粒子数趋于无穷值得到保证，收敛速度与体系维度无关，误差范围由人为设置和循环步数确定。所以，目前对原子数较多的构象、高分子化合物、化合物构象等平衡体系的研究多采用 MC，确保了快速、准确地实现平衡体系研究，其与 MD 的优势与劣势见表 2.7。

表 2.7　MC 与 MD 的优势与劣势

项目	MC	MD
原理	Gibbs 统计力学	Boltzmann 统计力学
时间演化	人为虚构轨迹	真实轨迹
对象	主要为平衡问题，难以处理非平衡问题	平衡、非平衡体系
计算量	小	大
对象的粒子数	较多体系	较少体系
相空间搜索效率	可高可低 (细致或粗放式搜索)	低 (细致式搜索)
系综参量	粒子数、体积、温度、能量	体积、温度、化学势、粒子数、压强、温度

MC 是建立一个概率模型或随机过程，通过统计多次随机抽样结果，以求解事件概率、随机变量等参数的近似解。例如，在求解一个定积分问题 $[I=\int_a^b f(x)\mathrm{d}x]$ 时，MC 要构造新的连续变量 ξ 的概率密度函数 $g(x)$，并且 $g(x)\geq 0$，$\int_{-\infty}^{\infty}g(x)\mathrm{d}x=1$。于是，原有积分转化为概率积分 $I=Pr(a\leq\xi\leq b)$；其中，x 为随机值。当反复计算后 x 落在 a 和 b 区域内的总次数为 m 时，积分值近似可表达为 $I\approx m/N$。

这里要注意尽管连续变量 ξ 的单个个体为随机数，但单纯依靠抽样次数将带来巨大的计算量。因此，模拟过程常加入基于数学思想的递推公式 $\xi_{i+1}=T(\xi_i)$，这样就可以根据初始值连续地产生 ξ_i，这里的 ξ_i 称为"伪随机数"。在早期的 MC 抽取方法研究中，Neumann 和 Metropolis 提出了采用平方取中法产生伪随机数的思路。伪随机数存在两个缺陷：①递推数据不严格满足随机数相互独立的要求；②存在周期性。但是，它能显著地提高运算速度，常用软件几乎都加入了"随机数发生器"模块。为了进一步提高伪随机数的选取精度，同时增加随机数的独立性，目前主要应用同余法，其表达式为

$$x_{n+1}=\left[ax_n+c\right](\mathrm{mod}m)，\quad \xi_n=x_n/m \tag{2.41}$$

式中，a、c 和 m 分别表示倍数、增值和模，且均为整数形式。对于难以直接抽样的连续型多体系，研究者常加入指数分布随机变量的抽样法 $[\xi=-\ln(1-r)/\lambda]$、舍选抽样法 {当已知分布密度函数 $f(x)$ 存在于有限区域 $[a,b]$ 时，$0\leq F(x)\leq b$}。

此外，由于 MC 基于多次抽样计算，因此难以避免产生一定的误差值。根据中心极限定理，当随机变量 ξ 的标准差 σ 不为 0 时，MC 的误差 ε 可表示为

$$\varepsilon=\frac{\lambda_a\sigma}{\sqrt{N}} \tag{2.42}$$

式中，λ_a 表示正态差。可以看出，误差 ε 受限于标准差和抽样次数 N，即减小标准差或增大抽样次数可以降低误差。

2.8.2　随机行走

根据计算机模拟原理，计算机模拟所得到的结果不是纯物理意义上的系统平均，而是沿着相空间中的轨道来进行计算。随机抽样法要建立一个直接模拟或间接模拟的随机过程，粒子随机行走并不是对应时间尺度上的扩散过程，而是根据初始设置获得的有一定相关性的行走过程，其主要包括无限制随机行走、不退行走和自回避行走三个类型。其中，无限制行走内每次行走与之前任何一步行走一样和位置无关，适用于粒子扩散，但忽略了排斥作用，不适合模拟分子或官能团的结构等；不退行走解决了每次行走与上次行走重叠的问题，但没完全避免排斥作用；自回避走内所有已行走的位置不再发生新行走，完全避免了排斥作用，因此成为目前 MC 模拟矿物结构和性质中最广泛使用的技术。

经典 MC 中的非权重蒙特卡罗积分法(简单抽样法)适合计算平滑函数积分，它的每一次抽样都是独立的，不适合描述实际的多粒子体系。矿物学研究者需要引入权重蒙特卡罗积分法(重要抽样法)，选取包含非均匀分布随机数的权重被积函数，将计算重点集中在空间区域。但权重蒙特卡罗积分法每次的抽样不是完全独立的，因此引入与初始状态无关的"Markov 链"概念解决独立性问题，即一个系统的随机变量序列(x_n)只与前一个序列有关(x_{n-1})，单步行走的概率为转移(或跃迁)概率，最终状态遵从极限分布$(x_{lim} = x_{lim}p)$，此时体系达到平衡状态。这个平衡状态是 MC 模拟的重要参量，标定了矿物体系内的最可几粒子分布和最低能量等最稳定状态参量。

2.8.3　统计物理思想

为了解释系统处于平衡状态时各微观状态的分布，研究者引入统计物理学思想来描述物质微观运动的统计型宏观性质；其中，宏观量是对应微观量的统计平均值。此处 MC 的统计平均是随机性预测的统计结果。根据归一化分布数据处理，系统处于某一状态(u)的次数(M_i)与总次数(M)的比例之和应该等于 1，系统状态量 u 是连续变化的且与实验次数无关。

当研究大量真实粒子(如原子、分子等)或无粒子实体的准粒子(如光子、声子等)系统时，粒子间相互作用的平均能远远小于单粒子的平均能，此时系统属于近独立粒子系统。此时系统的能量之和与粒子本身的状态有关，与其他粒子的运动状态无关，即：$E = \sum_i n_i \varepsilon_i$

(ε_i 表示第 i 个能级能量，n_i 表示对应能级上的粒子数)。近独立粒子同时具有粒子性和波动性特征，其运动状态中平衡态的分布类型包括三类：基于经典力学的 Boltzmann(玻尔兹曼)分布、基于量子力学的 Bose-Einstein(玻色-爱因斯坦)分布和 Femi-Dirac(费米-狄拉克)分布。同时，研究者引入了具有完全相同属性的"全同粒子"概念。在经典的力学系统中，全同粒子是可区分的。因此，将 Boltzmann(玻尔兹曼)分布表述如下：局限在晶格位置的粒子具有微小振动，这可以通过晶格位置来区分。于是，定域系统热平衡状态分布$\{n_i\}$和对应的微观状态数 $W\{n_i\}$ 的表达式为

$$n_i = g_i \, \mathrm{e}^{-\alpha-\beta\varepsilon_i} \, , \quad W\{n_i\} = N! \prod_i \frac{g_i^{\,n_i}}{n_i!} \tag{2.43}$$

式中，g_i 表示 ε_i 能级上的量子态个数，即能级简并度；α 和 β 分别表示相变平衡函数和热平衡函数。

在量子力学系统中，全同粒子是不可区分的。根据量子态的分配方式和粒子自旋关系可知，粒子自旋分为半整数的自旋状态（费米子）和整数的自旋状态（玻色子）。因此，Bose-Einstein（玻色-爱因斯坦）分布的表达式为

$$n_i = \frac{g_i}{\mathrm{e}^{\alpha+\beta\varepsilon_i}-1} \, , \quad W_{\mathrm{B}}\{n_i\} = \prod_i \frac{(n_i+g_i-1)!}{n_i!(g_i-1)!} \tag{2.44}$$

Femi-Dirac（费米-狄拉克）分布的表达式为

$$n_i = \frac{g_i}{\mathrm{e}^{\alpha+\beta\varepsilon_i}+1} \, , \quad W_{\mathrm{B}}\{n_i\} = \prod_i \frac{g_i!}{n_i!(g_i-n_i)!} \tag{2.45}$$

2.8.4　权重蒙特卡罗积分法

在实际情况中，研究者不能忽略粒子间的相互作用，需要考虑单粒子状态受其他粒子状态影响的问题。因此，吉布斯提出用系综理论研究系统内各微观态的存在概率。这里 MC 解析的主要步骤包括建模、概率分布抽样和评估三个阶段。例如，在 MC 模拟吸附过程的建模阶段，分子系统要根据少量参数（如体积、温度等）描述分布函数 ρ（体系中每个事件的概率）。在概率分布抽样阶段，MC 抽样出一系列构型 $m,n,\cdots$ 来描述采样点分布，构型 m 到 n 的转换概率是 π_{mn}，它等同于构型 n 到 m 的转换概率 π_{nm}。因此，密度通量平衡条件的表达式为 $\rho_m\pi_{mn}=\rho_n\pi_{nm}$。这通常经历权重 α_{mn} 生成试验构型 m 和概率 P_{mn} 接受构型 n 两个阶段，总转移概率为 $\pi_{mn}=\alpha_{mn}P_{mn}$，相应的接受概率为

$$P_{mn} = \min\left[1, \frac{\alpha_{nm}}{\alpha_{mn}} \frac{\rho_n}{\rho_m}\right] \tag{2.46}$$

最终评估体系权重 α_{mn} 偏差的准确性。

根据不同体系的接受概率处理手段分类，权重蒙特卡罗积分法主要分为 Metropolis 系综、正则系综、巨正则系综和均匀系综四类。其中，正则系综和均匀系综中的所有状态具有相同的权重，适用于结构、性能等研究；巨正则系综中的某些状态具有不同的权重，适用于附着、吸附等研究。

1. Metropolis 系综

Metropolis-MC 是一种计算重要随机抽样（权重）的方法，其符合 Boltzmann 分布，可较好地处理粒子数较多的平衡系统。传统的 Metropolis-MC 认为，在没有偏差的情况下，生成的试验构型权重相同（$\alpha_{mn}=\alpha_{nm}$），相应的接受概率为

$$P_{mn} = \min\left[1, \frac{\rho_n}{\rho_m}\right] \tag{2.47}$$

这里主要接受可能的 $\rho_n>\rho_m$ 的分布函数转换，不接受低概率 $\rho_n<\rho_m$ 的分布函数转换，

可观察的微观量 A 遵循公式 $\langle A \rangle = \int_\Omega A_{(x)} \exp[-\mathscr{E}_{(x)}/k_BT]\mathrm{d}x/Z$ 和 $Z = \int_\Omega \exp[-\mathscr{E}_{(x)}/k_BT]\mathrm{d}x$。Metropolis-MC 的跃迁概率符合：当 $\mathscr{E}_{(x)} > 0$ 时，$W_{(x,x')} = \omega_{xx'}\exp(-\mathscr{E}_{(x)}/k_BT)$；当 $\mathscr{E}_{(x)}$ 为其他时，$W_{(x,x')} = \omega_{xx'}$。

2. 正则系综

正则系综的接受概率由公式

$$P_{mn} = \min\{1, \exp[-\beta(E_n - E_m)]\} \tag{2.48}$$

描述。式中，β 表示倒数温度；E_m 表示构型 m 的总能量。因此，可以看出，体系构型总是向较低能量的构型转换，即 $E_n < E_m$；而体系向高能量构型转换时，正则系综由概率密度 ρ 决定。能量差呈指数形式的概率降低为 0 的构型转换是可能发生的，其他情况不被接受。此方法常用于模拟软件的固定加载模拟模块(fixed loading simulation)，已应用于模型结构构建的粒子添加阶段。

3. 巨正则系综

巨正则系综的接受概率由公式

$$P_{mn} = \min\left[1, \frac{F(\{N\}_n)}{F(\{N\}_m)}\exp[-\beta(E_n - E_m)]\right] \tag{2.49}$$

描述。式中，构型 m 内所有的吸附负载量为 $\{N\}_m$；单个分量的函数为 $F(N)$，其包含分子内的化学势 μ_{intra}，如果指定了构型的运动轨迹，那么 μ_{intra} 是轨迹上 μ_{intra} 的指数平均值。当构型 m 中的吸附数量增加或减少 1 时，即 $N_n = N_m + 1$ 或 $N_n = N_m - 1$，则相应的接受概率公式可改写为

$$P_{mn}^+ = \min\left[1, \frac{\beta fV}{N_n}\exp[-\beta(E_n - E_m - \mu_{\mathrm{intra}})]\right] \tag{2.50}$$

或

$$P_{mn}^- = \min\left[1, \frac{N_m}{\beta fV}\exp[-\beta(E_n - E_m + \mu_{\mathrm{intra}})]\right] \tag{2.51}$$

此方法常用于模拟软件的固定压力模拟模块(fixed pressure simulation)。

巨正则附着过程中的粒子数不是常数，其随时间和环境变化。因此，研究者常利用巨正则系综(GC)处理结构内的虚粒子(或称为"鬼粒子")。随机产生或消灭一个粒子的概率遵循公式

$$P(x^{N+1}) = [a^{N+1}/(N+1)!]\exp[-U(x^{N+1})/k_BT]/Z \tag{2.52}$$

和

$$P(x^{N-1}) = [a^{N-1}/(N-1)!]\exp[-U(x^{N-1})/k_BT]/Z \tag{2.53}$$

相应的跃迁概率符合公式

$$W(x^N, x^{N+1}) = \min\{1, P(x^{N+1})/P(x^N)\} \tag{2.54}$$

和

$$W(x^N, x^{N-1}) = \min\{1, P(x^{N-1})/P(x^N)\} \tag{2.55}$$

现已有大量实验证实，巨正则蒙特卡罗法(GCMC)计算出的小分子的附着结果与实验值较为吻合，已应用于模型构建、吸附等领域。

4. 均匀系综

均匀系综内每种构型的概率是恒定的，即系统中所有的试验构型都是被接受的，接受概率 $P_{mn}=1$。此方法常用于亨利恒定模拟模块(Henry constant simulation)，借此描述空框架系统的化学势 μ_{intra}，已应用于小分子、化合物、水溶液、压力等微观结构和化学反应领域。

2.8.5　能量模型

MC 模拟的不是系统变化过程，而是系统状态。MC 的能量关系和 MD 势函数不同，其组态与能量的关系只是粒子的状态函数，即定性地描述两个组态的能量差。目前，已发展出一系列经典的 MC 能量模型，如 Ising 模型、Heisenberg 模型、晶格气模型、q 态 Potts 模型等，其代表性表达式见表 2.8。

1. Ising 模型

在 Ising 模型中，规则的晶格格点(一个原子或分子仅占据一个格点)只有两种对系统能量贡献相等的粒子状态，系统的能量由粒子间的相互作用能和外场对粒子的作用能两部分构成，与粒子状态值无关。因此，Ising 模型的典型应用是模拟分子磁矩和铁磁性有序化，自旋向上和自旋向下的粒子状态值 $S_i = \pm 1$。

2. Heisenberg 模型

Ising 模型只适合二值问题，它不能考虑某种具有方向性的格点位置属性。因此，Heisenberg 修正了 Ising 模型的表达式，其能量模型考虑了在格点位置加入任意矢量夹角项。

3. 晶格气模型

Ising 模型和 Heisenberg 模型中的晶格格点上必须有粒子存在，但它们未考虑空位、孤粒子(不与周围粒子发生相互作用)和不具有磁矩等情况。因此，根据 Ising 模型发展出了晶格气模型，其哈密顿量反映的是一个常规的双态算符，变量 t_i 选取 1 和 0 时分别表示格点被粒子占据和不占据(空位)的状态。

4. q 态 Potts 模型

Ising 模型和晶格气模型仅能考虑二值问题，尽管 Heisenberg 模型可以考虑相互作用的方向性，但不能解决多状态间的能量问题。因此，q 态 Potts 模型采用广义自旋变量 S_i 来描述体系内格点位置的原子或分子的 q 种状态，并且只考虑不同状态粒子间的相互作用(同状态粒子间无相互作用)。

表 2.8 MC 代表性模型的能量与状态关系式

模型	公式
Ising 模型	$H_{Ising} = -J\sum_{\langle i,j\rangle} S_i S_j - B\sum_{\langle i,j\rangle} S_i$ （J 表示粒子间的有效相互作用能；S 表示粒子状态值；B 表示外场对粒子的作用能）
Heisenberg 模型	$H_{Heis} = -J_{\parallel}\sum_{\langle i,j\rangle} S_i^z S_j^z - J_{\perp}\sum_{\langle i,j\rangle}(S_i^x S_j^x + S_i^y S_j^y) - B\sum_i S_i^z$ （S^x、S^y 和 S^z 表示 3 个笛卡儿坐标轴的自旋分量；$J_{\parallel}$ 和 $J_{\perp}$ 表示平行和垂直方向上的各向异性作用能）
晶格气模型	$H_{gas} = -J_{int}\sum_{\langle i,j\rangle} t_i t_j - \mu_{int}\sum_i t_i$ （J_{int} 表示最邻近粒子间的相互作用能，只反映邻近格点被占据的情况；μ_{int} 表示化学势，决定了每个格点上的原子数）
q 态 Potts 模型	$H_{Potts} = -J_{int}\sum_{\langle i,j\rangle}(d_{S_i S_j} - 1)$ （当 $d_{S_i S_j} = 1$ 时，$S_i = S_j$；当 $d_{S_i S_j} = 0$ 时，$S_i \neq S_j$）

此外，MC 模型中还有适合合金体系的 BFS 模型、适合高分子弹性体的弹性模型、适合单分子体系的电子结构模型、基于分子动力学的势函数等。

2.9 过渡态理论的起源和发展概述

众所周知，物质内的分子和原子长期处于无规则的热运动状态，热化学反应是一种探究自然界中物质形成的重要基本理论之一。1889 年，Arrhenius 假定 A 生成 B 的反应过程中存在一个与 A 处于化学平衡的活泼中间体 A^*，即著名的 Arrhenius 反应公式。其衍生出了碰撞理论，即原子或分子的有效碰撞过程是化学反应的主要转变机制[16]。尽管碰撞理论定量地阐述了基元反应的作用，但不发生碰撞的原子和相似分子仍可能发生反应。此外，碰撞理论将原子和分子定义为无内部结构的刚性球，简化了分子和原子自身的作用，导致计算值与实验值的偏差较大。因此，研究者认识到需要引入其他模型来克服简单碰撞理论的局限性，并从理论上对反应速率进行计算。1932 年，Pelzer 与 Winger 把势能面和三维曲面鞍点的概念引入化学反应体系，成功地将与反应势能面相关的理论引入过渡态反应过程，此时出现了过渡态理论的雏形。1935 年，Eyring 和 Polanyi 结合量子力学和统计力学的概念，率先提出了过渡态理论(活化络合物理论)(transition-state theory)。该理论认为反应物分子不是通过简单碰撞直接形成产物，而是需要吸收或自发提供一定的活化能，在达到一个或多个高能量活化络合物的过渡状态后释放能量，以达到稳定状态(产物)[16-17]。例如，图 2.3 显示了 A+BC⟶AB+C 的实际反应过程：A+BC⟶A···B···C⟶AB+C。反应物(A+BC)与过渡态(A···B···C)的活化能(ΔE_1)大于过渡态(A···B···C)与产物(AB+C)的活化能(ΔE_2)，其反应速率决定了总反应速率，即速率决定了过渡态反应过程。过渡态理论根据分子振动频率、转动惯量、质量等参数，计算理论反应速率系数(绝对反应速率理论)(absolute-rate theory)。例如，Sherman 发表了共振和化学反应过程中过渡态理论的应用研究。这种过渡态搜寻仅考虑了常规能量最小化，并未反映量子化学中微观原子扰动对轨道络合的作用、周期性结构作用、分子动力学过程等，目前已应用于对矿物质中金属

-金属电荷转移过程的分子轨道理论研究。

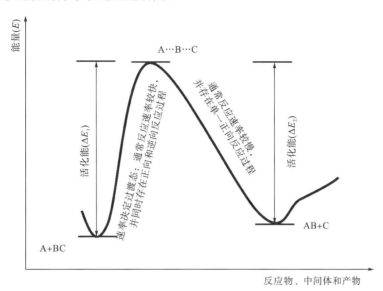

图 2.3　过渡态反应示意图

注：反应物 A+BC 和生成物 AB+C 均是低能量稳定状态，A···B···C 是高能量的不稳定过渡态

（A 和 B 接近并产生一定的作用力；B 与 C 之间存在弱键）

近年来，随着计算机技术的发展，基于第一性原理的过渡态理论计算速率常数研究不仅被成功地应用于气相反应、液相反应、多相反应、电极反应、酶反应，而且涉及分子扩散、原子迁移、金属位错、矿物层错等。利用量子力学和统计力学中计算原子间势能随空间位置变化的函数，可以获得反应物分子的某些基本特性，如大小、振动频率、质量等，即可计算基元反应中的动力学参数、反应速率常数和活化能以及原子的成键和断键等有效信息[18-20]（此部分结果对应分子结构和光谱等非化学反应的实验数据）。然而，过渡态搜寻需要耗费大量的计算机机时，随着 2006 年后计算机运算速度的高速发展，它才被广泛应用于基础研究。

2.10　过渡态理论的基本思想

2.10.1　经典理论

物质间的化学反应从本质上看是旧的化学键断裂和新的化学键形成。在反应过程中各原子之间发生重新排列和组合，通过降低体系的势能使反应继续进行。其基本思想：寻找反应物在势能面反应路径上的能量最高点，通过最小能量路径（minimum energy path，MEP）连接反应物和生成物的结构（若是多步反应的机理，则这里所指的反应物或产物包括中间体）。对于多分子之间的反应，更确切地来讲过渡态结构连接的是它们由无穷远处接近后因范德瓦耳斯力和静电力而形成的复合物结构，以及反应完毕但尚未无限远离时的复合物结构[19-20]。目前，主要的代表性理论见表 2.9。

表 2.9　过渡态经典理论

	考虑内容	表达方式
过渡态理论（TST）	分子反应体系中的核运动和电子运动是相互独立的	$k = v \cdot K_{\neq} = \dfrac{k_B T}{h} \cdot \dfrac{f'_{\neq}}{f_A f_{BC}} \cdot \exp\left(-\dfrac{E_0}{RT}\right) L$
变分过渡态理论（VTST/CVT）	无返假设的有效性依赖于过渡态在势能面上	
微正则变分过渡态理论（μVT）	改变反应坐标使此马鞍点所在的势能面上的速率常数最小	$k(T) = \dfrac{1}{h} \cdot \dfrac{Q^*(E)}{Q(E)} \cdot e^{-\Delta V}$

2.10.2　过渡态理论

在过渡态理论(transition state theory，TST)的化学反应过程中，分子内和分子间的原子核相对位置发生变化，直至生成稳定的产物(图 2.4)为止。假设反应体系是核运动绝热的，即反应物分子体系中的核运动和电子运动是相互独立的——玻恩-奥本海默近似(Born-Oppenheimer approximation)。其间，反应体系中随原子相对位置变化的势能先升高后降低，反应路径上势能最高点时的原子排布的中间构型称为"过渡态"。反应物分子变成生成物分子中间要经历的一个过渡态，而过渡态的形成必须要吸取一定的活化能，即反应物分子活化形成活化络合物的中间状态[18-21]。因此，过渡态理论认为：①化学反应中一定存在一个过渡态且反应物只能不返回地转变为产物，即反应物分子活化形成活化络合物的中间状态，反应物与络合物之间能很快达成化学平衡；②活化络合物通过不对称的伸缩振动分解为产物，其分解步骤若干，这成为化学反应速率的决定因素；③假设过渡态与反应物之间可按热力学平衡(化学平衡)处理，那么过渡态的能量分布符合统计分布律(玻尔兹曼分布)。根据以上结论，可以认为化学反应速率即为过渡态转化为生成物的速率，可按统计力学或仿化学热力学的方法计算反应速率常数，并可由求得的体系的活化能、活化焓、活化熵分析和判断过渡态的能量或结构。

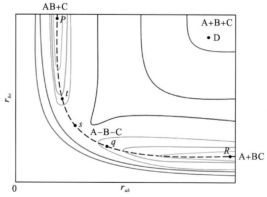

图 2.4　原子相对位置变化的势能变化图

由分子物理化学性质计算的反应速率常数公式为

$$k = v \cdot K_{\neq} = \frac{k_B T}{h} \cdot \frac{f'_{\neq}}{f_A f_{BC}} \cdot \exp\left(-\frac{E_0}{RT}\right) L \tag{2.56}$$

经过热力学处理的过渡态理论计算的反应速率常数公式为

$$k = \frac{k_\mathrm{B}T}{h} \cdot \frac{f'_{\neq}}{f_\mathrm{A} f_\mathrm{BC}} \cdot \exp\left(-\frac{\Delta_r^{\neq} S_m^{\$}}{R}\right) \exp\left(-\frac{\Delta_r^{\neq} H_m^{\$}}{RT}\right) \left(C^{\$}\right)^{1-N} \tag{2.57}$$

$E_a = \Delta_r^{\neq} H_m^{\$} + nRT$（$n$ 分子气相反应），通过实验测得 k 与 E_a 后即可计算出活化焓和活化熵。

过渡态理论作为重要的化学反应速率理论，主要包含以下要点[18-20]。

1. 过渡态理论强调反应过程内部结构的变化和能量在各自由度间的分配

碰撞理论认为化学反应是化学键断裂或生成，例如，A+B—C⟷A⋯B⋯C⟷A—B+C。而过渡态理论则认为键的变化是逐渐的，从反应物转化为产物的过程中存在着旧键还未完全断开、新键又未完全形成的类似络合物的结构——活化络合物（A⋯B⋯C）。随着键重组，体系能量上升到最高能量点的活化络合物分解后得到产物。

2. 化学反应过程被视为势能面上一个运动的点，沿势能面上的最低势能途径运动

Eying 等认为反应分子在碰撞时由相互作用产生的分子势能是分子相对位置的函数。随着分子和原子间的相对位置发生变化，势能也随之改变。通过近似计算空间中原子间的相对势能可以得出，相互作用势能与原子间相对位置的函数关系在三维空间中形成了一个曲面——势能面。由于在使用过程中，立体图不能较好地说明势能的变化过程，因此将空间势能投影到平面上，将相同的势能用同一条曲线连接，组成由一系列等高线构成的势能面图［图 2.5(a)］。

3. 最小势能途径既为化学反应的势垒，又为势阱

A + BC 体系在势能面上运动的情况如图 2.5(b)所示。R 点为反应物基态，位于该势能面图左下方的势能面上；P 点为生成物基态，位于该势能面图右下方的势能面上。等势能线与等势能线之间具有能量差且等势能线向中心逐渐减小，形成一个类似马鞍的势能线图。反应物越过最低能峰的顶点——马鞍点，该点既作为整体势能等高线的极小值点，又作为整个反应路径上的极大值点。鞍点对应的活化络合物结构则为过渡态。

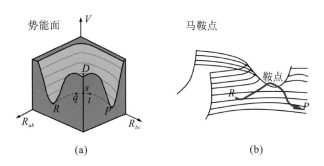

图 2.5　过渡态搜寻过程中所涉及的势能面图和马鞍点图

注：(a)势能面图；(b)马鞍点图，其中 R 点为反应物基态，P 点为生成物基态

4. 体系反应速率取决于反应物分子通过马鞍势能线的频率

过渡态在计算速率常数时，提出了两个假设：①反应物与活化络合物被视为热力学平衡态处理；②活化络合物通过不对称伸缩振动向产物转化是反应的决定步；③反应物跨过势能垒的活化络合物(过渡态)将继续反应形成生成物(无返回假设)。对于化学反应体系 A+B—C⟷A···B···C⟷A—B+C，按热力学统计方法计算速率常数($K = \dfrac{k_B T}{h\mu} e^{\frac{E_0}{RT}}$)与按

过渡态计算速率常数($K = \pi r^2 \sqrt{\dfrac{8k_B T}{\pi\mu}} e^{\frac{E_0}{RT}}$)一致；其中；k_B 表示玻尔兹曼常数，E_0 表示活化能，T 表示温度，h 表示普朗克常量。

在经典理论里，将过渡态看成是在位形空间(一般是相空间)中的一张势能分界面，它将反应物与产物分隔开。经典过渡态理论中的速率常数正比于从反应物到产物穿过分界面的轨迹的总通量。这里分两种情况来计算总通量：一种是在给定反应体系的平衡温度下，用玻尔兹曼分布来加权平均通过分界面的总轨迹数目；另一种是在给定反应体系的总能量下，用占函数来加权平均通过分界面的总轨迹数目。前者称为"正则过渡态理论"，后者称为"微正则过渡态理论"。近期的研究大多致力于微正则过渡态理论，因为它比较容易计算。若在给定的能量下，穿过过渡态分界面的经典轨迹满足反应体系沿着反应坐标一次通过过渡态，那么微正则过渡态理论就是严格的，这是经典过渡态理论的动力学判据。

2.10.3　变分过渡态理论

Wigner 和 Hoiruti 等很早就注意到无返假设的有效性依赖于过渡态在势能面上的位置，这成为过渡态理论的主要缺陷。由此认为穿越马鞍点所在的势能面后刚好位于反应的瓶颈处，此时过渡态不再返回，可以给出确定的速率常数。但是，不止一次越过马鞍点所在势能面的情况是相当普遍的，这使得穿过马鞍点所在的势能面的通量大于净反应速率，因此过渡态的无返假设必然会导致过高地估计反应速率常数。为更好地获得切合实际的速率常数，Wigner 和 Hoiruti 等在变分意义下提出过渡态可被定义为相空间中的超曲面，且通过该面的单向轨迹通量最小或者通过该面产生的活化自由能最大，即通过变分的方法选择不同马鞍点所在的势能面，由此获得最小的速率常数[20-21]。同时，Eliason 和 Hicsrhfedler 采用态-态反应截面的 Maxwell-Boftzmann 平均法推导出了平衡速率常数，并严格考查了如何通过一系列近似方法推导出过渡态理论。他们通过分析和研究态相关的过渡态，提出了适当地选择广义过渡态的位置以使活化自由能最大的思想。后来，Marcus 采用态相关的过渡态思想取得了重大成果。Liadler 和 Szwarc 等进一步发展了最大活化自由能的思想，形成了变分过渡态理论(variational transition state theory，VTST)，也称为"广义过渡态理论(generalized transition state theory)"。

Truhlar 曾指出变分过渡态理论的必要条件是将通常的过渡态看成是位形空间中的一张曲面(实际上是超曲面)，这张曲面是从原点位于势能面鞍点处的坐标空间中删去非约束简正坐标后得到的。由此过渡态理论的基本假设就是：若穿过过渡态曲面的轨迹不复返，

则通过该曲面的单向平衡通量系数就是平衡反应速率常数。若将过渡态推广至相空间中任一分隔反应物与产物的超曲面，且该曲面不仅与坐标有关，还与动量有关，那么变动此曲面后能够使通过分界面的单向平衡通量系数恰好等于平衡速率常数。因此，通过任何可能分界面的单向平衡通量系数确定了平衡速率常数的上界。改变分界面使所算得的速率常数最小，由此可以确定最佳的过渡态分界面，这就是变分过渡态理论的实质内容。变分过渡态理论通过应用最小轨迹通量或最大活化自由能来选择过渡态分界面，但是该理论仍然不能给出真实反应体系中速率常数的严格表达式（真实体系需要用量子力学来描述）。这是由于变分过渡态是相空间中一些反应物和产物的超曲分界面，变分的方法会让过渡态分界面位于势能面的鞍点处，使得通过它的轨迹通量最少。由此还可以得出过渡态理论的变分判据：适当地选择过渡态分界面，获得符合实际的反应速率。

2.10.4　微正则变分过渡态理论

在经典的变分过渡态理论中，限定广义过渡态分界面仅为反应坐标 s 和总能量的函数，沿反应坐标 s 改变此马鞍点所在的势能面使所算的速率常数最小。从式 $k^{GT}(E,s)=\frac{1}{h}\cdot\frac{N^{GT}(E,s)}{Q(E)}$ 中可以看出，微正则变分过渡态理论对应于使 $N^{GT}(E,s)$ 最小；正则变分过渡态理论对应于使 ΔG^{GT} 最大。Turhlar 进一步修正正则变分理论得到了改进的正则变分过渡态理论。如果将分界面的位置选在那些能量低于微正则变分阈值的微正则变分过渡态上，那么相应这些能量的微则变分速率常数为 0。然后在给定的温度下，选择最优分界面以使得高于活化能的部分对正则速率常数的贡献最小，这就是微正则变分过渡态原理[21-22]。

在经典的过渡态理论中，微正则速率常数为

$$k(E)=\frac{1}{h}\cdot\frac{N^{*}(E)}{\rho(E)} \tag{2.58}$$

式中，$N^{*}(E)$ 表示活化络合物满足能量条件时的内部状态数；$\rho(E)$ 表示反应物在单位能量和单位体积内的状态密度；h 表示普朗克常量。在此基础上，Eyring 提出了正则速率常数：

$$k(T)=\frac{1}{h}\cdot\frac{Q^{*}(E)}{Q(E)}\cdot e^{-\Delta V} \tag{2.59}$$

若限定广义过渡态分界面仅为反应坐标和总能量的函数，则相应广义过渡态理论的速率常数分别为

$$k^{GT}(E,s)=\frac{1}{h}\cdot\frac{N^{GT}(E,s)}{Q(E)} \tag{2.60}$$

$$k^{GT}(T,s)=\frac{1}{h}\cdot\frac{Q^{GT}(T,s)}{Q(T)}\cdot e^{-\beta\Delta V_{(s)}} \tag{2.61}$$

式 (2.60) 和式 (2.61) 中，s 表示反应坐标；$\Delta V_{(s)}$ 表示沿反应坐标的势能；$Q^{GT}(T,s)$ 和 $N^{GT}(E,s)$ 的定义域与 $Q^{*}(T)$ 和 $N^{*}(E)$ 类似，只不过此时的分界面在 s 处而不是在势能面的鞍点处。

2.11　微观-介观尺度动力学模拟概述

尽管纳观尺度分子动力学能准确地描述系统中所有原子的运动方程,但这种原子基的计算结果过于细致,计算的原子数量常低于万个级别,计算时间仅在纳秒级别,很难直接解析微观-介观尺度系统的物理过程。因此,研究者开发了微观和介观尺度的动力学模拟技术,用于描述由几种组分组成的混合物系统。此类技术不解析原子细节且忽略纳米尺度细节,主要研究所有原子的位置、连续体间的相互作用、结构转变和相变等问题。微观尺度的动力学模拟主要描述微结构演化的动力学过程,演化方向和路径分别受热力学和动力学控制[23-24]。介观尺度的动力学模拟排除了严格的薛定谔方程解和原子基方法,将巨大的原子数体系看作连续体,单元间连续的相互作用由一系列偏微分速率和本征结构方程组表述,并通过分子动力学法、蒙特卡罗法、有限元法或有限差分法等求解此类微分方程组。

微观和介观尺度的动力学模拟可通过粒子基模拟、场基模拟和粒子基-场基联用模拟三种方式进行处理。粒子基模拟主要应用于耗散粒子动力学和粗粒化分子动力学。该模拟将具有相同结构或功能官能团的原子组看作位置相互关联的虚构粒子或珠子结构,并以离散相互作用位点的形式描述系统结构和性质。这里的珠子类型与原子类型一样,可以包含结构、力场、极性、酸度、亲水性等。但与具有固定排序的原子不同,珠子类型没有定义的集合,也没有标准属性值。珠子类型的定义是粒子基模拟方法的基础,必须考虑其属性设置[24-25]。例如,粗粒化分子动力学中的珠子类型与化学亚结构相关联,珠子类型的性质(如质量、半径等)根据原子亚结构的性质推导。场基模拟主要应用于自洽场理论和动态密度泛函理论,它根据连续密度场描述系统结构和性质,与粒子的空间分布相关联。粒子基-场基联用技术可满足珠子模型的连续密度场模拟需求。

目前,微观-介观尺度的动力学模拟方法主要包括动力学蒙特卡罗法、Ginzburg-Landau相场动力学、拓扑模型、离散位错静力学与动力学、元胞自动机、耗散粒子动力学和粗粒化分子动力学等,其代表性方法和物理内容见表2.10[24-26]。

表 2.10　微观-介观尺度动力学的代表性物理方法

方法	考虑内容
动力学蒙特卡罗法	添加溶质存在的半经验参数,解析事件反应的离散概率分布和动态过程
Ginzburg-Landau 相场动力学	描述唯象连续体场的相分离,可以预测相变的主微结构演化路径
拓扑模型	根据原子间距和性能参数计算连续体的顶点和网格结构演化行为
粗粒化分子动力学	定义珠子模型,保留某些初始结构的参量,不同的珠子参数符合 Gaussian 链、Flory-Huggins 相互作用、静电电荷和相关强度
耗散粒子动力学	复杂流体间的粒子相互作用力包含保守力、耗散力和随机力
元胞自动机	利用简单运算规则处理复杂系统中离散空间-时间的动态演化过程

1. 动力学蒙特卡罗法

动力学蒙特卡罗法跨越了纳观和微观尺度模拟体系,可精确地描述微观尺度中复杂体系的结构、动态参数以及体系演化轨迹等。其基本思想是将原子尺度升级到体系尺度,并将原子运动轨迹粗化为体系组态跃迁。此外,组态变化的时间间隔较长,两次演化的体系相对独立,即典型的 Markov 过程。

2. Ginzburg-Landau 相场动力学

相场模型是一个基于热力学和动力学原理建立起来的预测固态相变过程中微结构演化的工具,它通过一组连续的序参量场来描述相变过程,同时通过控制空间上不均匀序参量场的有时间关联的相场动力学方程来描述微结构演化过程。相场模型已应用于各种扩散和无扩散相变的微结构演化过程研究,如析出反应、应力相变、结构缺陷相变等。

在相场动力学中,化学势平衡条件用于处理合金中的元素化学势分布,通量密度用于处理粒子迁移率和平衡状态,Fick 第一定律用于处理平衡状态下粒子通量密度的迁移率矩阵和组元活性系数,Fick 第二定律用于处理连续性粒子通量密度的迁移率,Ostwald Ripening 概念用于处理多分散沉积物中的竞争性生长现象和各组元扩散分布,Gibbs-Thomson 方程用于处理至少有一个有序相的多相体系的生长和收缩现象,LSW(Lifshitz-Slyozov-Wagner)理论用于描述多分散沉积物中的温竞争性生长速率方程和分布函数[27]。

连续体相场动力学基于 Landau 相变理论,相变的发生取决于序参量(标量、矢量、复数等物理量的平均值)定义的对称性,对称性被破坏意味着不为 0 的有序相出现。Carpenter 采用依赖时间的 Ginzburg-Landau 比率法描述有限范围内的有序参数 $Q\{Q^2/[AR(T-T_c)]=\ln t-\Delta H^*/RT+\Delta S^*/R-\ln\tau_0\}$ 和速率,并结合能量学研究了钙长石、钠长石、堇青石、霞石(1989)、绿辉石(1990)和钙长石(1991)内阳离子的有序化排布机制以及平衡和非平衡演化行为,证实了缺陷能与反相边界的转变关系。此方法已成功应用于橄榄石二维和三维晶粒生长模拟[27]、地幔压力-温度驱动 MgO 结构缺陷-位错-应变速率的流体性[28]、地质颗粒微结构的二维/三维扩散和熔融过程[29]等。

3. 拓扑模型

在微观和介观尺度上,第一性原理不可能被直接用于计算晶体结构的细节,但可通过确定原子间距和性能参数解析结构参数[28]。研究者一直希望能从结构入手来描述矿物的微结构和动态演化过程,由此发展出了适用于饱和溶液状态的几何及组分(元)模型。几何及组分(元)模型是一种连续体方法,主要用于描述成核、晶体的生长和碰撞过程。1977 年,Baur 提出通过预测原子间距的最小二乘精修数据构建连续体的模型[30],此模型的核心问题是如何定义结构间的相互连接状态,随之衍生出了基于几何和组分模型的拓扑模型。拓扑(topology)模型又称为“晶界动力学模型”,它把体系结构简化为在相互连接的晶界单元顶点处相互结合的均匀连续体(网格结构)。不同于求总能量最小值的动力学 Potts 模型,拓扑模型的晶界动力学研究通常基于表面张力和弹性力直接计算晶格缺陷迁移,且模型采用锐晶界,其区别于 Ginzburg-Landau 相场动力学中的扩散晶界。

拓扑模拟精度强烈依赖于初始结构的可靠性，它的建模过程必须假设结构的拓扑结构，其具体步骤为构建伪对称结构、初步完善试验结构、不考虑 XRD 强度的几何优化、比较假设结构与实际的同组分多晶、模拟结构的温度依赖性与压力依赖性以及计算已知结构的同构模型、热椭圆体、偏离结构整体对称性的局部环境和测试不同条件下结构演化行为的可靠性。可以看出，初始结构的设置需要根据实验值定义体系的环境特性。例如，Trommsdorff 和 Connolly[31]根据实验和热动力学数据绘制了约 2~5kbar 压力驱动硅质碳酸盐和碳酸盐超镁铁质的相图拓扑形式，证实了稳定的滑石-白云石-镁橄榄石-透闪石-叶蛇纹石的复合型存在。

目前，矿物学拓扑模拟的动力学过程主要用于解析大规模粒子输运、热驱动组分-活性转变、压力驱动矿物主体-客体演化等领域[28-30]。①大规模粒子输运方面：富含黏土的沉积岩可作为封闭岩容纳放射性废物或地质碳的封存场所，评估岩石的密封能力需要全面地了解孔隙空间的三维结构和质量传递过程。Keller 等[32]采用三维拓扑模型解析了瑞士北部 Opalinus 黏土中孔隙通路的几何空间分布和各取向面上大规模的质量运输过程。②热驱动矿物组分-活性转变方面：热能在不同的矿物组分和深度间传递时会产生一定的能量梯度，这将调整矿物化学组分的变化。Zuluaga 等[33]计算了热能驱动石榴石分馏的伪拓扑截面上黑云母-斜长石-硅线石-石英组分的化学组分变化和变质路径。White 等[34]将此技术扩展到了变质岩流体和熔体的组分与活性热力学研究中，深入地解析了热驱动石榴石伪拓扑截面上绿泥石-黑云母-石榴石-绿泥石-十字石-堇青石-斜方辉石-白云母-霰石的有序-无序位移过程。③压力驱动矿物主体-客体演化方面：Barron 等[35]开发了金刚石主体-客体(包裹体)的内部压力线性模型，并测试了三十多种矿物质的变质路径，预测了七种宿主矿物质(如尖晶石等)可阻滞金刚石向石墨相变的过程。

综上所述，Ginzburg-Landau 相场动力学、拓扑模型、离散位错静力学和动力学可从原子间距和结构的角度直观地阐述矿物的结构和性质演化过程；但用于此类模拟的普适性软件较少。因此，考虑到矿物学从业者的程序编写基础较为薄弱，本章将着重介绍具有成熟软件的粗粒化分子动力学、耗散粒子动力学和元胞自动机的相关内容。

2.12　粗粒化分子动力学

2.12.1　经典理论

粗粒化分子动力学(coarse-grained molecular dynamics，CGMD)的基本思想来源于传统的分子动力学模拟理论，它将全原子模型中的几个原子、原子基团或分子定义为粗粒化粒子(珠子)。其中，粗粒化粒子的结合键取代各原子组间的原子键，粗粒化粒子结构保留原结构的拓扑结构形式，粗粒化粒子中心为质心位置[31]。由此可以看出，粗粒化分子动力学能描述不太详细的原子映射结构的粗粒化动力学过程，且可以保留某些初始结构的参量，但不能解析所有单个原子的位置。

在粗粒化分子动力学中，不同珠子的类型和嵌段长度符合 Gaussian 链结构、Flory-Huggins 相互作用参数、静电电荷和相关强度，这保证了 Gaussian 链与实际系统具有相同的响应函数(或相关函数)。其中,Gaussian 链密度泛函包括外部势场和每种珠子类型密度场之间的一一对应关系,其可以是分支的,而实际链没有,这种差别可通过所需的映射修正。对于珠子模型,所有珠子的扩散系数相同,Flory-Huggins 相互作用参数与珠子间的排斥作用相关:

$$\chi_{ij} = \frac{\beta}{2\upsilon}(\varepsilon_{ij} + \varepsilon_{ji} - \varepsilon_{ii} - \varepsilon_{jj}) \tag{2.62}$$

利用珠子上的静电相互作用可分别对单体进行分解、计数和设置原子电荷(可根据经典数据或量子计算获得结果),这样可以使粗粒化分子动力学结论更趋近于实际体系。粗粒化模型的动力学算法通过微分算子来实现,代表性的模板算法实际上计算的是非晶格体系,它克服了晶格模型的许多缺点,如限制分子迁移到晶格位置等。该算法适用于聚合物密度函数、表界面有机分子团簇迁移函数、分子渗透等的特殊性系统研究[31-32]。

与分子动力学类似,粗粒化粒子的运动受粗粒化力场(粗粒化粒子间的相互作用)控制,体系精度和尺度也主要受粗粒化力场影响,此力场基于密度泛函理论平均力场、分布函数、密度和外部势场的映射关系。目前,粗粒化方法主要包括“严格”的粗粒化方法和拟合了体系特定性质的粗粒化方法。“严格”的粗粒化方法将全原子模型的相互作用函数映射为有效势函数,这保持了全原子模型的所有静态结构和热力学特性;但此法的计算量过高,无法应用到复杂体系的粗粒化模拟中。

综上所述,粒子对之间的相互作用势(力场)是粗粒化分子动力学建模中的核心问题,建模初期应优先比对和选定粒子间的有效势即合适的力场[33-35]。粒子间有效势的计算方法主要有平均场方法(potential of mean force,PMF)、积分方程法(intergral equations method,IEM)、反玻尔兹曼迭代法(iterative Boltzmann inversion,IBI)。Ghanbari 等[36]采用 IBI 法研究了将无规聚苯乙烯嵌入二氧化硅纳米粒子系统中,证实了粗粒化分子动力学与中子散射结果的一致性。由此可以看出,对有效势可靠性的评价主要考虑所有浓度比例和全原子模拟的径向分布结果是否与实验或理论结果一致。例如,利用拟合了体系特定性质的粗粒化方法,对体系中某一物理性质的力场参数进行优化后,可对复杂体系进行粗粒化模拟,但这样对全原子相互作用势函数的描述精度有所降低。代表性的力场研究是 Marrink 等基于拟合了体系特定性质的粗粒化方法开发的 MARTINI 系列力场。

2.12.2　方法分类

1. 动力学

利用动力学[36]推导基于珠子类型 I、局域通量 J、局域珠子浓度和局域热力学驱动力间成比例关系的假设时,符合公式:

$$J_I = -M\rho_I \nabla\mu_I + \tilde{J_I} \tag{2.63}$$

式中,$\tilde{J_I}$ 表示随机通量;M 表示珠子迁移率,类似于自扩散系数。则组分密度场中的简单对角函数 Langevin 方程(随机扩散方程)符合:

$$\frac{\partial\rho_I}{\partial t} = M\nabla\rho_I\nabla\mu_I + \eta_I \tag{2.64}$$

但此系统的有限压缩性不是由平均势能控制的，总密度波动是不现实的。进而，通过引入不可压缩性约束来消除总密度波动，将 Langevin 方程改写为交换 Langevin 方程，它适用于 Rouse 动力学。为了消除非线性区域内局域算子的复杂性，研究者引入了 Gaussian 噪声分布函数：

$$\langle \eta(r,t) \rangle = 0 \tag{2.65}$$

$$\langle \eta(r,t) \rangle \eta \langle \eta(r',t') \rangle = -\frac{2M\nu_B}{\beta}\delta(t-t')\nabla_r\delta(r-r')\rho_A\rho_B\nabla_r$$

这满足了波动耗散定理，保证了 Langevin 方程时间积分能够产生具有 Boltzmann 分布的密度场的系综。

2. 热力学

Langevin 动力学方程包含的珠子化学势可反映扩散动力学过程的热力学驱动力作用，这里的化学势来源于分子整体的热力学参数[37-38]。根据珠子位置彼此相关，由珠子分布函数可推导出系统的自由能。为了忽略链间的相关性，研究者在系统中嵌入了一组独立的 Gaussian 链来进行近似处理，将密度泛函简化为单链密度泛函的乘积。因此，自由能函数可表示为

$$F[\Psi] = \frac{1}{Q}\int dR(\Psi H^{id} + \beta^{-1}\Psi\ln\Psi) + F^{nid}[\Psi] \tag{2.66}$$

式中，第 1 项表示理想系统的哈密顿量平均值，H^{id} 表示内部 Gaussian 链的相互作用，即 Gaussian 链哈密顿量之和；第 2 项表示吉布斯熵的分布；第 3 项表示与链间相互作用的非理想贡献，其是与不同珠子间平均场能量相互作用相关的 Flory-Huggins 相互作用。

3. 静电学

在传统的方程式中，粗粒化分子动力学仅通过理想 Gaussian 链的 Flory-Huggins 相互作用描述静电相互作用，没有具体说明带电系统和盐溶液。为了扩展静电的直接计算方法，研究者先对每个珠子添加电荷，然后执行 Poisson-Boltzmann 计算[39]。该方法来源于 Donnan 思想，其假设所有离子处于平衡状态，并消除所有长程力的影响。混合熵的变化导致系统的全局自由能变化，因此可以通过控制电荷来改变系统的动力学和热力学结果。此外，Donnan 效应可以近似地计算珠子的化合价，从而获得高盐度和低聚合物的电荷。

2.13　耗散粒子动力学

2.13.1　经典理论

1992 年，Hoogerbrugge 和 Koelman 提出了一种扩展的分子动力学模拟方法，即耗散粒子动力学(dissipative particle dynamics，DPD)。DPD 提供了一种基于珠子模型有效电势对的流体动力学算法，用于计算具有周期性大颗粒和长时间尺度的粗粒度系统。它将分子动力学模拟尺度拓展到包含介观时间与空间尺度的复杂流体体系，解决了格子气自动机计

算结果与实验值的误差问题。由于 DPD 方程不包括密度项，其电势不产生 van der Waals 项，计算结果也仅为单一相的流体性，因此 Groot 借助 Particle-Particle-Particle-Mesh (PPPM)法将静电相互作用引入 DPD 模拟，解释了零点处静电势的不连续性。2006 年，Minerva 发展了传统的 Ewald 加和法，用于处理晶格结构的静电势[40]。目前，此技术已应用于有机聚合物、生物材料、无机-有机复合体等体系的流体特性研究中。

不同于分子动力学反映实验测量力和原子，DPD 所计算的珠子不对应实际的原子或分子，它反映流体系统中相互作用的小区域单元。这些小区域具有相同的质量 m、相互作用半径 r_c 以及相同的速度分布、能量等参数。成对珠子间的相互作用力主要由保守力 F^C、耗散力 F^D 和随机力 F^R 三部分组成，此外还有黏合相互作用力 f_i^S(弹性力)和 f_i^A(角度)。所以，第 i 个粒子受临近第 j 个珠子的作用力可表达为

$$F_i = \sum_{i \neq i} (F_{ij}^C + F_{ij}^D + F_{ij}^R) + f_i^S + f_i^A \tag{2.67}$$

这三个部分的力可表示为

$$F_{ij}^C = a_{ij} \omega^C(r_{ij}) e_{ij} \tag{2.68}$$

$$F_{ij}^D = -\gamma_{ij} \omega^D(r_{ij})(e_{ij} \cdot v_{ij}) e_{ij} \tag{2.69}$$

$$F_{ij}^R = \sigma_{ij} \omega^R(r_{ij}) \xi_{ij} \Delta t^{-\frac{1}{2}} e_{ij} \tag{2.70}$$

式(2.68)～式(2.70)中，单位矢量 $e_{ij} = (r_i - r_j)/r_{ij}$，$r_{ij} = r_i - r_j$，$v_{ij} = v_i - v_j$；$a_{ij}$ 表示粒子 i、j 之间的最大排斥力；ξ_{ij} 表示高斯分布的随机变量；$\omega(r_{ij}) = 1 - r_{ij}/r_c$ 表示权重函数；r_c 表示截断半径，当 r_{ij} 大于 r_c 时，这个函数规定为 0；σ 和 γ 分别表示噪声和耗散因子。珠子间的相互摩擦力取决于耗散力与相互作用珠子之间的相对速度是否成正比，其消耗了体系的能量；随机力作为热源补充体系能量，弥补了粗粒化降低体系自由度误差[40-41]。

因此，DPD 可通过珠子相互作用力方程推导出系统压力、流体相行为和界面张力等参数。

2.13.2　方法分类

1. 状态方程

根据位力(virial)定理[42-43]可获得 DPD 系统的压力 p：

$$p = k_B T \rho + \frac{1}{3} \left\langle \sum_{i=1}^{N-1} \sum_{j=i+1}^{N} (r_i - r_i) F_{ij}^C \right\rangle \tag{2.71}$$

式中，第 1 项表示动力学对压力的贡献，密度 $\rho = N/V$；第 2 项表示势能贡献。压力 p 的径向分布函数 $g(r)$ 和密度 ρ 近似值的表达式分别为

$$p = k_B T \rho + \left(\frac{2\pi}{3} \int_0^{r_c} dr r^3 f(r) g(r) \right) \rho^2 \tag{2.72}$$

$$p = k_B T \rho + a \alpha \rho^2 \tag{2.73}$$

压缩率 κ 的状态方程为

$$\frac{1}{\kappa} = \frac{1}{k_B T}\left(\frac{\partial p}{\partial \rho}\right)_T \tag{2.74}$$

由以上公式可以看出，这部分的系统压力和密度通常根据温度和结构模型的初始设置来标定。应当注意 DPD 的密度通常是任意的，为了避免高密度的昂贵计算，Groot 和 Warren 发现非常低密度的状态方程依赖于相互作用参数 a 的精确度，并且若缩放参数被破坏，则通常证明 $\rho=3$ 就足够了。这种简化方法已广泛应用于有机聚合物、生物分子团聚体、无机-有机团聚复合体等体系的模拟研究中。

2. 复杂流体的相行为

DPD 的主要用途是计算复杂流体的相行为，可直接获得 DPD 珠子间相互作用的相图[44-45]。为了描述复杂行为的相互作用，研究者提出了许多基于两个组分的简单流体理论。其中，最著名的是 Flory-Huggins 理论，即采用单一的 Flory-Huggins 相互作用参数 χ 表示混合物的完全相行为，该参数来源于混合物实验数据。Flory-Huggins 理论认为，若晶格内有 A（占据 N_A 位置）和 B（占据 N_B 位置）两种聚合物链，ϕ 是单位体积分数，则这两种组分混合物的自由能变化 ΔF 可表示为

$$\frac{\Delta F}{k_B T} = \frac{\phi_A}{N_A}\ln\phi_A + \frac{\phi_B}{N_B}\ln\phi_B + \chi\phi_A\phi_B \tag{2.75}$$

Flory-Huggins 参数 χ 描述了被同一分子包围的分子与被不同分子包围的分子之间的能量差，发生相分离时 χ 的最小值取决于组分，此时由于在这些点中的自由能最小，因此上述公式可简化为

$$\chi = \frac{1}{\phi_B - \phi_A} - \left(\frac{1}{N_A}\ln\phi_A - \frac{1}{N_B}\ln\phi_B + N_A - N_B\right) \tag{2.76}$$

根据 Groot 和 Warren 简化二阶密度 ρ 的 DPD 方法，自由能密度可表示为

$$\frac{f_V}{k_B T} = \frac{\rho}{N}\ln\rho - \frac{\rho}{N} + \frac{\alpha}{k_B T}a\rho^2 \tag{2.77}$$

则组分 A 和 B 的混合自由能可推广为

$$\frac{f_V}{k_B T} = \frac{\rho_A}{N_A}\ln\rho_A - \frac{\rho_A}{N_A} + \frac{\rho_B}{N_B}\ln\rho_B - \frac{\rho_B}{N_B} + \frac{\alpha}{k_B T}(a_{AA}\rho_A^2 + 2a_{AB}\rho_A\rho_B + a_{BB}\rho_B^2) \tag{2.78}$$

相关的 χ 可表示为

$$\chi = \frac{\alpha}{k_B T}\rho(2a_{AB} + a_{AA} + a_{BB}) \tag{2.79}$$

保守相互作用强度 $\Delta a = a_{AB} - (a_{AA}+a_{BB})/2$ 与 χ 满足线性相关性。考虑到压缩性和两种分量数据，密度和 χ 可简化为包含常数的线性关系式。例如，当 $\rho=3$ 时，$a_{AB}=25+3.5\chi$；当 $\rho=5$ 时，$a_{AB}=15+1.45\chi$。

在忽略多余熵贡献的情况下，$\chi = \frac{v}{\phi_A\phi_B}\left(\frac{\Delta E}{k_B T}\right)$。假设不同组分间的相互作用和相同组分间的相互作用相关，而这种 Berthelot 混合规则不单独计算混合物的 ΔE，那么 χ 可表达为与溶解度 δ 相关的方程：

$$\chi = \frac{v}{\phi_A \phi_B}(\delta_A - \delta_B)^2 \tag{2.80}$$

式中，$\delta = (E_c/V)^{-1/2}$；E_c 表示内聚能。在不考虑凝聚态时，壳内的相互作用为

$$\chi = \frac{1}{2}\frac{z}{k_B T}(a_{AA} + 2a_{AB} + a_{BB}) \tag{2.81}$$

式中，z 表示协调数。

3. 界面张力

界面张力是润湿、接触角、表面活性、界面间膨胀/塌缩、结构损伤等研究中的重要参数[46-47]，其参数 σ 取决于界面上方向（如 x、y、z 等）和切向应力 P 的差异，其表达式为

$$\sigma = \int dx \left[P_{xx} - \frac{1}{2}(P_{yy} - P_{zz}) \right] \tag{2.82}$$

临界点附近的界面张力与温度成正比。例如，$\sigma \propto \left(1 - \dfrac{T}{T_c}\right)^{\mu}$，$T_c$ 表示临界温度，μ 表示比例系数。根据平均场理论值（$\alpha = 1/2$，$\mu = 3/2$，$\chi_c = 2$），界面分离处的表面张力遵循公式：

$$\sigma = k\chi^{\alpha}\left(1 - \frac{\chi_c}{\chi^N}\right)^{\mu} \tag{2.83}$$

2.14 元胞自动机

2.14.1 经典理论

1951 年，Neumann 提出了元胞自动机（cellular automata，CA）（又称为"细胞自动机"）模型。它将模型进行网格化，网格内的每个单元被定义为遵循局部转变规则的元胞，每个变量状态的改变只发生在局部区域，大量的元胞系统通过简单的相互作用形成动态演化。该模型具有有限的离散状态，并满足一定规则的动力学过程，其系统在空间和时间上是一个离散动力学过程。因此，元胞、元胞空间、相互作用和演化规则构成了一个元胞自动机。空间变量可以是实空间、动量空间或波矢空间，可以用于处理非实体格子或伪实体的演化过程[48-50]。例如，在统计物理学和流体力学中，元胞自动机的代表性应用是格子气自动机（格气机），它利用动态特征来解决流体粒子的运动、热传导-扩散、晶粒生长等问题。1992年，Forrest 和 Haff 在 *Science* 上发表了风纹地层力学的元胞自动机模拟研究，计算了沉积风成环境中平移表面波动或波纹下保留的地层图案，得出了模拟涟漪的生长和运动状态与自然涟漪一致的结论。

与分子动力学和蒙特卡罗法相比，元胞自动机适用于任何系统，可实现不同空间和时间尺度的微结构模拟；但其平衡系综的热力学量缺乏物理依据，需要在模拟开始前检查基本模拟单元与基础物理实体特性的一致性。因此，可以通过定义在空间中无限延展的静态元胞的不同边界条件和邻接相互作用来实现模拟评价过程。通常，边界条件有反射型、定值型、周期型和实际型四种类型。相邻边界的邻接相互作用可通过概率事件变换规则确定，

若只考虑最邻近的两个时间步，则一维元胞自动机演化规则符合公式 $\xi_j^{t_0+\Delta t} = f(\xi_{j-1}^{t_0-\Delta t},$ $\xi_j^{t_0-\Delta t}, \xi_{j+1}^{t_0-\Delta t}, \xi_{j-1}^{t_0}, \xi_j^{t_0}, \xi_{j+1}^{t_0})$，即 $t_0+\Delta t$ 时刻的态变量值 ξ 由邻近时间状态和邻近格点状态决定。目前，邻接相互作用的邻近格点状态主要有冯•诺依曼型(上、下、左、右 4 个方向的元胞)、摩尔型(邻近周边 8 个方向的元胞)、扩展摩尔型(两层邻近元胞)和马哥勒斯型(每次考虑一个 2×2 元胞块)四种。在邻接类型加入演化规则后，静态元胞系统就变成了具有转换速率和动态演化形态的动态系统。其中，规则的演化动力学依据符合公式:

$$F: S_{i+1} = f(S_i', S_N') \tag{2.84}$$

式中，F 表示状态演化规则；S_i' 表示 t 时刻元胞 i 的状态；S_N' 表示 t 时刻元胞 i 的邻近元胞状态。Pineau 等[50]比较了冯•诺依曼型和摩尔型处理方法对于柱状树枝状晶粒二维生长竞争的适用性，证实摩尔型处理方法适用于此类二维生长模型，且计算生长过程的时间比相场法低几个数量级。

在研究动态演化过程时，Wolfram 基于动力学行为的差异性将元胞自动机分为平稳型、周期型、混沌型和复杂型四类，这四类元胞自动机是确定性的。为了排除系统化的选择顺序，研究者开发了两种非确定性的基本方法:一种是基于确定性变换规则随机选择晶格格点；另一种是利用概率性变化规则研究所有格点，此方法可较好地应用于微观-介观尺度系统的结构和性能转变模拟过程，甚至可以扩展到地球土壤成分与气候变化方面的大区域动态过程领域[51]。例如，Brouwers 等[52]分析了 HYMOSTRUC、Navi-Pignat、μic 和 HydratiCA 水化模型对于水泥和黏合剂系统的适用性，并采用 CEMHYD3D 模型修改了溶解、成核概率和扩散步骤数量，扩展了水泥和黏合剂系统多周期和多尺度循环建模的处理步骤，最终成功地解析了高分辨率的微结构以及分裂和重新缩放等动态转变过程，证实了此方法的有效性。

2.14.2　方法分类

1. 热力学

简而言之，元胞自动机模型的建模过程包括六步:构建一组离散的单元格、加入一组表示每个单元格的 k 个状态、确定系统演化的一组简单的局域确定性或概率性规则、设置与单元关联的特定邻域配置、定义边界条件、确定初始系统条件的一组随机或确定性规则[53-54]；其中，元胞边界的构建决定了计算结果的可靠性。该模型的统计态变量可表示为

$$p(\rho_i, \rho_W) \approx \Delta\rho_i \mu b^2/2 + \alpha\gamma_{sub}/D\gamma_{sub} \tag{2.85}$$

式中，$\Delta\rho_i$ 表示界面量变的位错密度差；b 表示伯格矢量；μ 表示各向同性极限的剪切模量；ρ_W 表示元胞壁的位错；ρ_i 表示元胞内的位错；D 表示亚晶粒尺寸；γ_{sub} 表示亚晶粒壁的界面能。较小浓度非连续沉淀的化学驱动力为

$$p_{(c)} \approx k_B(T_0 - T_1) c_0 \ln c_0/\Omega \tag{2.86}$$

式中，Ω 表示原子体积；T_0 表示对应实际温度 T_1 时过饱和浓度的平衡温度；c_0 表示浓度。

通常，非平衡的热力学转变会遇到微结构瞬态不均匀的问题。在矿物的热变形过程中，热传导过程存在吉布斯自由焓梯度现象[例如，薄膜的表面能梯度为 $\rho=2(\gamma_1-\gamma_2)Bdx/hBdx=$

$2\Delta\gamma B/h$，B 表示膜宽，h 表示膜厚，$\Delta\gamma$ 表示表面能变化〕，同相界面内晶粒跃迁转移运动的静驱动压强可表示为

$$p=\mathrm{d}G/\mathrm{d}V \tag{2.87}$$

式中，G 表示吉布斯自由焓；V 表示作用体积。Ding 等[55]假设热力学能量分布 ΔE_T 遵循 Maxwell-Boltzmann 统计，总晶界能符合

$$E_{\mathrm{B}} = \frac{1}{2}\sum_{i=1}^{\Theta}\sum_{j=1}^{\theta} E_{q_i,q_j} \tag{2.88}$$

式中，$E_{qi,qj}$ 表示 i 和 j 之间的界面能量；q_i 和 q_j 分别表示位置 i 和 j 的方向；θ 表示 i 的邻近单元数量；Θ 表示单元总数。这保证了研究者可通过计算总能量变化来确定元胞的转换概率。

2. 动力学

　　除热力学方面外，研究者更加关注体系的动态运动过程，即动力学。这一过程主要关注不稳定的成核过程、驱动力和高角晶界的运动三个方面。在微观-介观尺度的非平衡态化学物质浓度的驱动下，化学反应和扩散可以产生各种各样的静态或瞬态空间模式。为了解析微观-介观尺度的化学反应-扩散动态过程，研究者需要将浓度的动态模式编写到元胞自动机系统中。例如，Scalise 和 Schulman[56]采用元胞自动机法描述了一个模块化的关于反应扩散的离散动力学过程，将抽象化学反应转换为一组耦合偏微分方程组，用于求解观察系统随时间变化的过程，最终证实了此方法解决 DNA 分子迁移过程中相互作用问题的可靠性。

2.15　介观-宏观尺度的模拟概述

　　尽管前面介绍的纳观-微观-介观尺度模拟方法能精确地表达矿物结构、表界面、性能等，但当模拟尺度增大至矿物晶粒介观尺度或矿物粉体宏观尺度时，研究者必须将体系简化为微观或介观尺度的单元，并通过加入部分半经验或经验数据修正力场等参数，以对比模拟数据与实际数据的误差[53-57]。因此，出现了将介观体系单元化的有限元理论和有限差分法以及采用实际参数进行计算机学习的训练法(如人工神经网络技术、决策树法、随机森林法、模糊理论等)。这两类方法常直接用于基于实验数据或图、试验结果和大规模野外数据的半经验和高级经验计算。本章重点介绍适合介观矿物尺度的有限元理论和有限差分法以及适合介观-宏观尺度的人工神经网络技术。

2.16　有限元理论

2.16.1　有限元理论的起源和发展概述

　　纳观-微观-介观尺度的理论模拟通常受制于较大规模的运算量，并且介观-宏观尺度的大体系模拟往往不需要解析分子以下的级别。因此，研究者仅需考虑大体系结构和均化初

值设定，并将大体系切分为均等的小单元。1943 年，Courant 提出了采用三角形分片划分连续函数的概念(表 2.11)。1960 年，Clough 首先发表了有限元(finite element，FE)的技术应用。此技术开创了利用大规模粒子组成介观-宏观体系的离散化单元解析方法，适合计算非常复杂的结构和边界条件的性能(如岩石/土壤结构的相互作用与应力波、固体和流体热传导、二维/三维电磁场、核反应堆安全壳结构的稳定性和温度分布等)。1970 年，Swanon 创建了 ANSYS 公司，实现了有限元法的软件化应用。随着计算机技术的发展和新软件的出现，有限元模拟已成为主流技术之一[58-62]。

不同于纳观-微观-介观尺度模拟方法需要进行算法简化的发展历程，有限元法在各领域的算法已较为成熟，并未出现较大的算法改进阶段，其发展主要集中在模型和解法两个方面[63-65]。①模型方面：传统的有限元法主要集中在一系列各向同性、均匀、线性和连续性体系积分泛函方程的离散解，修正的有限元法将体系扩展到了非均匀性、各向异性、非线性结构特性和响应等领域。因此，修正的有限元法可扩展到大尺度矿物体系的模拟应用中。例如，矿物学有限元模拟实例包括非均匀性矿物与试剂间的化学反应[59]、非线性的流体流动[61]、各向异性的地球化学输运过程[62]、矿物与聚合物间的弹塑性损伤[65]等。②解法方面：有限元法需要解析连续域的微分方程，其计算过程较为烦琐。因此，为简化计算过程且适应计算机数值的处理需求，研究者引入了有限差分法(finite difference method，FDM)，其主要思想是利用有限个网格节点代替连续求解域，采用把 Taylor 级数展开等方法将差商解法替代微分方程中的偏导数解法，建立未知网格节点值的代数方程组。相应的差分方程可通过简化得到微分方程的近似值，并且不受固定长度和时间标度的限制。此方法可用于推演地球物理过程中的流体运动等，例如，地下水流体三维模型化[60]。

此外，随着近代交叉学科的飞速发展，有限元技术被广泛应用于人体骨骼内骨矿物质密度的医学研究领域。例如，Huiskes[63]、Tai[64]和 Knowles 等[66]分别开展了骨形态机械力、生物骨骼材料纳米力和骨矿物密度的有限元模型研究，并采用定量计算机断层扫描(CT)比对了实验结果与模拟结果的相关性和指标的准确性[66-69]。因此，基于有限元技术分析微结构和力学分布的方法已扩展到纳米力学、医学、生物材料等与矿物学交叉的学科领域。

表 2.11 代表性物理方法

物理方法	创始者	年份	表达方法
有限元概念	R. Courant	1943	采用三角形分片的连续函数和最小势能原理研究和计算 S. Venant 扭转
有限元法	R.W. Clough	1960	首先使用有限元研究平面弹性
ANSYS 软件	J. Swanon	1970	开发了有限元法的软件
传统的有限元法应用	R.K. Livesley	1983	发表 Finite Elements: an Introduction for Engineers 专著
修正的有限元法应用	D.R.J. Owen 和 J.A. Figueiras	1983	各向异性板壳弹塑性的有限元分析
矿物和试剂有限元模型	J.C. Box 和 A.P. Prosser	1986	矿物和试剂间化学反应的有限元数学建模

物理方法	创始者	年份	表达方法
地下水有限差分应用	M.G. McDonald 和 A.W. Harbaugh	1988	地下水流三维模型化的有限差分分析
矿物工程有限元应用	M.P. Schwarz	1991	矿物加工中流体流动的有限元模拟
地球化学输运过程	P. Engesgaard 和 K.L. Kipp	1992	地下水流系统中黄铁矿锋面氧化还原硝酸盐的有限元模型
机械力与骨形态模型	Huiskes 等	2000	机械力与骨形态的有限元模型
生物材料模型	Tai 等	2007	提出由非均匀性纳米力引起的能量耗散机制
矿物和聚合物模型	Balieu 等	2013	矿物填充半结晶聚合物的耦合弹塑性损伤模型
骨矿物密度模型	Knowles 等	2016	综述有限元推测骨矿物密度的模型适用性

2.16.2　有限元理论的基本思想

1. 平衡方程和形状函数

数值模拟技术常关注对"场"问题的研究，包括位移场、应力场、温度场、流体场等，其主要包括有限元法、边界元法、有限差分法、离散单元法等[69-72]。目前，应用最广的有限元技术是把所研究的大体系进行离散化处理，即把任意几何形状的大体系切分为相互连接、均等且形状简单的小单元，并采用多项式内插函数计算每个离散单元的边界条件和态变化量的近似值。在推导考虑时间因素的动力学方程时，主要综合采用微分运动方程、虚功原理和最小机械能描述稳定平衡体系对外部和内部载荷的响应参数。其中，满足位移方程的最简单的广义虚功原理是指在任意小的虚位移状态下力(或力矩)所做的功，其连续性和位移边界约束条件满足：

$$\delta \hat{W} = \iiint_V \sigma_{ij} \delta \hat{\varepsilon}_{ij} \, \mathrm{d}V = \iiint_V P_j \delta \hat{u}_j \mathrm{d}V + \oiint_S T_j \delta \hat{u}_j \mathrm{d}S + F_j \delta \hat{u}_j \qquad (2.89)$$

式中，σ 表示应力；$\delta \varepsilon$ 表示应力作用的虚位移；T 表示牵引力；F 表示点力；δu 表示 P、T 和 F 三个力作用的虚位移；P 表示体力；S 对应体积 V 的表面积。如果将体系分为 n 份形状简单且相互连接的体积元，那么可以引入内插多项式解析上述 n 个方程，对所有方程求和并假设点力只在结点位置有效，则上式可写为

$$\sum_n \iiint_V \sigma_{ij} \delta \hat{\varepsilon}_{ij} \, \mathrm{d}V = \sum_n \iiint_V P_j \delta \hat{u}_j \mathrm{d}V + \sum_n \oiint_S T_j \delta \hat{u}_j \mathrm{d}S + \sum_n F_j \delta \hat{u}_j \qquad (2.90)$$

因此，体积元的位移状态受形状函数(对应 V)和劲度矩阵(对应 P)影响。

传统有限元技术的基本假设仅包含各向同性、均匀性、线性、连续性等，但实际的矿物学研究需要考虑非均匀性、各向异性、晶格缺陷、非线性响应等。因此，研究者常采用本构定律求平均法和包含固有变量的态度量法，将每个异性晶格(如有缺陷的、不同类型的晶格等)处理为独立晶格、体积元周围的环境作为平均有效介质。在具体处理过程中，有限元内的研究对象经过离散化处理后成为简单形状的集合，有限元体积元在结点处相互连接，一个结点对应多个有限元。空间坐标函数和态变量场用于计算有限元素中任何态变量的取值、形状和变化过程，这种多项式函数可以称为"形状函数"、"拟

设函数"或"内插值函数"。这里形状函数的态变量计算可以通过参数映射变换，把每个有限元变成固定长度的标准元，即将二维物理空间变换为映射坐标空间，相关的空间坐标由变量参数表示。

2. 劲度矩阵体系

在研究固态形状前，需要将有限元的映射坐标写成矩阵形式[72-73]。例如，定义 x_i 方向的空间导数为 $K_{i,j}=\mathrm{d}K_i/x_j$，$j=1, 2, 3$ 表示 i 的 n 个拟设函数中的 3 个，则可以获得 $(3,n)$ 阶矩阵 $\boldsymbol{B}$。相应无穷小应变张量的矢量形式为 $\boldsymbol{\varepsilon}^{\mathrm{T}}=(\mathrm{d}u_1/\mathrm{d}x_1,\ \mathrm{d}u_2/\mathrm{d}x_2,\ \mathrm{d}u_3/\mathrm{d}x_3,\ \mathrm{d}u_2/\mathrm{d}x_3+\mathrm{d}u_3/\mathrm{d}x_2,\ \mathrm{d}u_1/\mathrm{d}x_3+\mathrm{d}u_3/\mathrm{d}x_1,\ \mathrm{d}u_1/\mathrm{d}x_2+\mathrm{d}u_2/\mathrm{d}x_1)$，$x$ 和 u 表示正交方向和位移。对于有限元结点数为 $3n$ 的位移矢量，应变和位移的关系式可简化为 $\boldsymbol{\varepsilon}_{(i=1,\dots,6)}=\boldsymbol{B}_{(i=1,\dots,6)\ (j=1,\dots,3n)}\boldsymbol{u}_{(j=1,\dots,3n)}$。因此，劲度矩阵的积分形式可表示为 $\boldsymbol{K}^{\mathrm{elem}}=\int_{V_{\mathrm{elem}}}\boldsymbol{B}^{\mathrm{T}}\boldsymbol{C}^{EI}\boldsymbol{B}\mathrm{d}V_{\mathrm{elem}}$ 和 $\boldsymbol{K}^{\mathrm{elem}}=\int_{V_{\mathrm{elem}}}\boldsymbol{B}^{\mathrm{T}}\boldsymbol{C}^{EI,Pl}\boldsymbol{B}\mathrm{d}V_{\mathrm{elem}}$；其中，$\boldsymbol{C}^{EI}$ 表示弹性劲度张量；$\boldsymbol{C}^{EI,Pl}$ 表示弹塑性劲度张量。

总劲度矩阵 $\boldsymbol{K}$ 为所有劲度矩阵 $\boldsymbol{K}^{\mathrm{elem}}$ 之和，可用于描述系统的几何特性、行为特性和自由度数目等。劲度矩阵依赖于非线性结点的位移方程，有限元结点的作用力为 $\boldsymbol{K}^{\mathrm{elem}}=\int_{V_{\mathrm{elem}}}B\sigma\mathrm{d}V_{\mathrm{elem}}$，总内力矢量为 $\boldsymbol{F}^{\mathrm{elem}}$ 之和，$\boldsymbol{F}^{\mathrm{elem}}$ 的积分形式可采用高斯积分（Gaussian integral）公式求解。

3. 运动学

复杂载荷状态的有限形变运动学可通过时间和空间函数的单元运动 Lagrange 方程、给定区域物质流的 Euler 方程等进行描述[73-74]。为了简化计算过程，研究者引入形变梯度张量 $\boldsymbol{F}(x,t)=\mathrm{d}r_i/\mathrm{d}x_j$ 和位移梯度张量 $\boldsymbol{H}(x,t)=\mathrm{d}u_i/\mathrm{d}x_j$（$r$ 表示空间坐标，u 表示含空间坐标的位移）描述连续体的形状变化，且形变梯度张量的时间导数等于位移梯度张量的时间导数。通过 Green-Lagrange 的对数形式变换，可实际观测的三维应变张量 $\boldsymbol{E}$ 可表示为 $\boldsymbol{E}^L=\ln(FF^{\mathrm{T}})/2$ 和 $\boldsymbol{E}^G=\ln(FF^{\mathrm{T}}-\boldsymbol{I})/2$；其中，$\boldsymbol{I}$ 表示单位张量。在相应的运动状态下，速度梯度张量的应变速率张量（对称）和自旋（反对称）表达式为 $\dot{\boldsymbol{E}}=\frac{1}{2}(\dot{\boldsymbol{H}}+\boldsymbol{H}^{\mathrm{T}})=\frac{1}{2}(\dot{\boldsymbol{F}}+\boldsymbol{F}^{\mathrm{T}})$ 和 $\boldsymbol{\Omega}=\frac{1}{2}(\dot{\boldsymbol{H}}-\boldsymbol{H}^{\mathrm{T}})=\frac{1}{2}(\dot{\boldsymbol{F}}-\boldsymbol{F}^{\mathrm{T}})$。这类速率张量表达式将有限形变和运动状态进行了统一，可用于解析外环境作用下体系的结构和力学响应过程。

4. 应力-应变

除体系的位移和速率张量外，研究者还需要考虑单元体内任意一点的应力状态张量 σ_{ij}（i 或 $j=1,2,3$）和应变状态张量 ε_{ij}（i 或 $j=1,2,3$）[74]。根据剪切方向上的应力-应变互等定律（$\sigma_{ij}=\sigma_{ji}$，$\varepsilon_{ij}=\varepsilon_{ji}$），物体表面单位面积的受力 T 与应力分量的关系，即三维空间的应力边界条件可改写为 $T_1=\sigma_{11}+\sigma_{21}+\sigma_{31}$、$T_2=\sigma_{12}+\sigma_{22}+\sigma_{32}$、$T_3=\sigma_{13}+\sigma_{23}+\sigma_{33}$。相应的应变分量 ε 符合点位移分量 u 与坐标轴的导数形式，例如，其几何关系式为 $\varepsilon=\mathrm{d}u/\mathrm{d}x$。

2.16.3 有限差分法

在求解数据初值问题时，计算机自身不能处理非离散时间作为变量、极限过程定义导数值两个问题。有限差分法(finite difference method，FDM)将时间离散化为 $h=\Delta t$，并用差分方程代替微分方程[75-78]。广义的有限差分 Euler 方程在特定格点 $x=l$ 处的表达式为

$$\lambda \frac{u_{l+1} - 2u_l + u_{l-1}}{\Delta x^2} = -Q_l \qquad (2.91)$$

式中，Q_l 表示恒定的单位长度热产生率；l 表示一维棒长度；u 表示温度分布函数。

对于运动状态，三维速度场通常采用 Stokes 方程进行定义，此技术通常用于三维空间体系中的扩散、渗透性、流体等动力学研究。例如，Gerke 等[67]采用有限差分法和 Stokes 方程(FDMSS 软件)计算了三维多孔介质的渗透率，并对比了与其他有限差分法的精度，验证了此技术对于天然和人工多孔介质的普适性。

Boltzmann 模型结合反应动力学的有限差分法后可用于三维几何空间中流体流动、平流、扩散和吸附的耦合动力学研究，并评估矿物内气体或其他小分子的迁移、吸附和反应过程。例如，Gray 等[68]采用此法提出了石灰岩孔隙尺度的溶解模型，发现低注入流速会导致石灰岩表面孔隙空间被侵蚀而高流速会导致虫洞形成。此技术已在裂隙-基质体内的流体扩散和质量交换[69]等研究领域得到了印证。

2.16.4 方法分类

1. 静力学

应力与应变的关系式称为"体系的本构方程"，可表达物理属性、本征特性、性质等。体系的本构模型包括弹性体(当添加加载力时，应力-应变线性关系符合 Hoke 定律)、塑性体(大多采用刚性塑性体的平面应变近似处理——滑移线场理论)、弹塑性体(当加载力超过屈服极限时，总应变 ε_{ij} 为弹性应变 $\varepsilon_{ij}{}^e$ 和塑性应变 $\varepsilon_{ij}{}^p$ 之和)、黏弹性体(加载力卸载后形变继续被保留，应力-应变线性关系符合 Newton 定律)。因此，有限元静态学的应力-应变研究依赖本构模型的构建。

2. 动力学

本节以三维弹性动力学的基本方程为例，进行有限元法的动力学设置时需要先定义平衡方程($S_{ij,j}+f_i=\rho\mu_{i,tt}+\mu\mu_{i,t}$)、几何方程 $[e_{ij}=(\mu_{i,j}+\mu_{j,i})/2]$、物理方程($S_{ij}=D_{ijkl}e_{kl}$)和边界条件 $[\mu_i(x,y,z,0)=\mu_i(x,y,z)，\mu_{i,t}(x,y,z,0)=\mu_{i,t}(x,y,z)]$。其中，$\rho$ 表示质量密度；μ 表示阻尼系数；t 和 tt 分别表示一次和二次导数，对应方向的速度和加速度；f 表示阻尼力。进而，通过有限元法求解连续区域的离散化和构造差值函数，形成系统的求解方程

$$\boldsymbol{M}\ddot{\boldsymbol{a}}(t) + \boldsymbol{C}\dot{\boldsymbol{a}}(t) + \boldsymbol{k}\boldsymbol{a}(t) = \boldsymbol{Q}(t) \qquad (2.92)$$

式中，$\boldsymbol{M}$ 表示系统总质量矩阵；$\boldsymbol{C}$ 表示系统总阻尼矩阵；$\boldsymbol{k}$ 表示系统总刚度矩阵；$\boldsymbol{Q}$ 表示系统总节点载荷向量。最终，结合物理方程、边界条件和求解方程建立方程组，获得应力和应变参数。

3. 热学

通常，温度变化会引起瞬态温度应力，相关的结构性质和变温条件的复杂性难以通过传统技术解决。然而，有限元法提供了一种可行的解决方案。例如，三维瞬间温度场的变量 $\phi(x,y,z,t)$ 应满足直角坐标系微分方程的热量平衡方程：

$$\rho c \frac{\partial \phi}{\partial t} - \frac{\partial}{\partial x}\left(k_x \frac{\partial \phi}{\partial x}\right) - \frac{\partial}{\partial y}\left(k_y \frac{\partial \phi}{\partial y}\right) - \frac{\partial}{\partial z}\left(k_z \frac{\partial \phi}{\partial z}\right) - \rho Q = 0 \qquad (2.93)$$

式中，第 1 项表示微体积升温所需的热量；最后 1 项表示微体积内热源产生的热量；其余项表示 x、y 和 z 方向上传入微体积的热量。边界区域需要设定边界上的温度、热流量和对流换热等边界条件；其中，t 表示传热时间，c 表示比热，ρ 表示密度，k 表示导热系数。

2.17　人工神经网络技术

2.17.1　人工神经网络技术的起源和发展概述

前面所述的所有计算机模拟技术必须考虑构建和精化基本模型，但实际实验和试验应用往往只需要进行大规模参数拟合和数据分析，于是现代模拟方法发展出了人工神经网络、向量机技术、随机森林算法、决策树算法、模糊信号处理、贝叶斯分类技术等一系列计算机学习算法。本节主要介绍一种在地球物理化学领域中应用较广的人工神经网络 (artificial neural networks，ANNs) 技术。人工神经网络技术是一种模仿人脑神经元与网络功能建立起来的抽象化计算机学习型算法，其需要依赖具备"高级经验"的数据输入和算法感知精度，算法的精度和适用性受限于研究者对数据处理方法的理解程度[79-82]。与其他模拟技术不断修正的强势性发展历程不同，人工神经网络技术的发展经历了几次波折。1943 年，Mcculloch 和 Pitts 提出了神经元的 MP 模型，随后，Hebb、Rosenblatt、Widrow 和 Hoff 分别发展了神经元学习规则 (Hebbin 算法)、感知机模型 (人工神经网络模型) 和自适应线性元算法；但因 Minsky 和 Papert 在《感知机》(Perceptron) 专著内指出感知缺陷问题而陷入了近二十年的停滞期。20 世纪 80 年代初，Hopfield 和 Rumelhart 等发布的 PDP 报告提出人工神经网络技术存在着巨大潜力，这使得该技术重新回归到研究者的视线中。之后，出现了误差反传算法 (多层网络中隐节点问题)、反向误差传播模型 (实现多层网络学习的 BP 算法)、Hopfied 网络 (具有联想记忆的反馈网络)、Boltzmann 机和高阶 Boltzmann 机、SOM 自组织特征映射模型、ART 自适应共振理论、RBF 高斯径向基函数网络、动态 BP 网络、模糊人工神经网络等大量的模型和算法[82-84]。然而，随着向量机取代人工神经网络技术方案的提出，此技术再次进入了低潮期。

直到 2003 年，支持向量机的著名学者 Lin 再次指出最主流的分类工具仍然是决策树和神经网络。同时，伴随着各国资金投入的加大和计算机运算速度的提升，人工神经网络技术才最终得以进入主流模拟技术行列。其间，研究者已将人工神经网络技术应用于矿物勘探-鉴定[79]、选矿-浸矿路线分析、地震预测、地质测绘的权重分析[80]、质量平衡计算量化的火山岩中的热液蚀变[81]等矿物学相关领域，以及煤的微生物脱硫分析[82]、骨质矿物密度预测[83]、植物内矿物质含量分析[84]等矿物学交叉学科领域。

2.17.2　人工神经网络技术的基本思想

人工神经网络技术主要依赖于实用数据，并采用基于逻辑运算神经元和感知机的数学算法进行海量数据训练。此技术具有非线性数据处理、分布处理、学习并行、自适应、多变量处理等特点，可归纳为计算矿物学中的"高级经验性"方法，且大多数实例仅针对已知数据库进行分类和反馈推算[85-86]。

人工神经网络技术主要的研究内容包括神经元模型、神经网络结构和学习方法。其中，人工神经元具有一阶特性[输入参数 $X=(x_1, x_2, \cdots, x_n)$、联接权 $W=(w_1, w_2, \cdots, w_n)^T$、网络输入参数 $net=\Sigma x_i w_i$ 和向量形式 $net=XW$]，进而通过响应函数(线性函数、非线性斜面函数、阈值函数、S 型函数等)、处理单元的 MP(McCulloch-Pitts)模型和拓扑特性进行网络联接，最终通过分层-循环、无导师/有导师的数据训练获得训练结果。对比无导师的简单数据学习训练方式，有导师的数据学习训练方式将输入量和输出向量组成一个训练对，通过抽取样本、计算实际输出、计算样本与输出值的误差、调整权矩阵重复上述过程直到误差不超过规定值为止。此外，人工神经网络技术需要存储与映射大量的训练数据，主要采用两种空间模式的存储方式处理计算机数据，即 CAM(content addressable memory)(将数据映射到地址，其中权矩阵为网络长期存储)和 AM 方式(associative memory)(将数据映射到数据，其中神经元状态模式为短期存储)。

2.17.3　方法分类

目前，人工神经网络模型和算法已有百余种。本节根据感知学习类型将此技术大致分为多层前馈网络(multilayer feed-forward network)、自组织网络(self-organized network)和学习矢量量化网络(learning vector quantization)三类[86]。

1. 多层前馈网络

Rosenblatt(1985)提出反向传播(BP)算法，随后研究者发展出了包含动量项 BP 算法、模拟退火二阶动量项 BP 算法、二次收敛或拟 Newton 算法、Kalman 滤波高阶学习算法、并行计算 Marquardt-Levenherg 最小二乘法、自适应变步长学习算法等[87-88]。反向传播网络(BP 网络)是一种对输入到输出的任意非线性可微分函数进行权重训练的多层网络，通过调整权重重复计算 S 型神经元变换函数逼近、模式识别和分类，以获得 0～1 连续输出量。该网络仅具有内插值特性，输入量和输出量的并行关系由各层连接的权重因子决定，没有固定算法。此类算法的学习次数越多，权重因子的信号调节就越合理；隐含层越多，输出数据的精度就越高，且个别损坏的权重因子不会严重影响输出值。

2. 自组织网络

自组织网络可以自动地向环境学习，不需要导师指导训练，其学习规则包括内星学习规则(训练某一神经元节点只响应特定的输入矢量，神经元联接强度变化与输出矢量成正比)、科荷伦学习规则(内星学习规则的简化学习策略)、外星学习规则(神经元联接强度变化与输入矢量成正比,响应函数满足线性关系,可学习回忆一个矢量)等[89]。与多层前馈网络相比,自组织网络对输入模式具有较高的自适应性、判断性和分类性,其需要训练自组织竞争网络(典型聚类特性的大数据识别)、Kohunen 网络(获得相似的权重值分布与输入量概率密度分布)、对传网络(进行图像处理、概率密度函数分析和统计最优化结果)和神经认知机,但不需要训练分类类型数量的自适应性。

3. 学习矢量量化网络

人工神经网络可分为有监督式学习矢量量化(有类别属性样本的聚类法)和无监督式学习矢量量化(无类别属性样本的聚类法)[90] 两种类型。在无监督自组织神经网络算法的基础上,Kohonen(1988)提出了一种适用于模式分类的监督式学习算法,它通过少量权向量表达数据的拓扑结构。监督式学习算法通过不断地调整神经元权向量(原型)的学习率,将不同类权向量间的边界收敛至 Bayes 边界,并通过评估输入样本和权向量键欧氏距离得到最优神经元(最近的权向量),这使得学习矢量量化网络的自适应性进一步提升,应用范围更广。但学习矢量量化网络在寻找最优 Bayes 边界时,没有充分地考虑权向量的收敛性,且寻找最优神经元过程的欧氏度量法仅假定各维属性具有相同的分类贡献。

参 考 文 献

[1] 张跃, 谷景华, 尚家香, 等. 计算材料学基础. 北京: 北京航空航天大学出版社, 2007.

[2] 周世勋. 量子力学教程. 北京: 高等教育出版社, 2008.

[3] 叶瓦列斯托夫. 固体量子化学. 北京: 世界图书出版公司, 2012.

[4] 福井谦一. 图解量子化学. 廖代伟, 译. 北京: 化学工业出版社, 1981.

[5] 张发爱, 赵斌. 计算机在材料和化学中的应用. 北京: 化学工业出版社, 2012.

[6] 周志敏, 孙本哲. 计算材料科学数理模型及计算机模拟. 北京: 科学出版社, 2013.

[7] 吕树申, 王晓明, 陈楷炫. 纳米材料热电性能的第一性原理计算. 北京: 科学出版社, 2019.

[8] 庞涛. 计算物理学导论. 2 版. 北京: 世界图书出版公司, 2011.

[9] 唐敖庆. 量子化学. 北京: 科学出版社, 1982.

[10] 徐光宪. 量子化学-基本原理和从头计算法. 北京: 科学出版社, 2008.

[11] 陈正隆. 分子模拟的理论与实践. 北京: 化学工业出版社, 2007.

[12] 陈敏伯. 计算化学从理论化学到分子模拟. 北京: 科学出版社, 2009.

[13] Bian L, Shu Y, Wang X. Sorption and permeation of gas molecules in amorphous and crystalline PPX C membranes: MD and GCMC simulation studies. Chinese Physics B, 2012, 21: 74208-74220.

[14] Bian L, Shu Y, Song M, et al. MD simulation and cluster analyses on the permeability of gases through parylene AF4 membranes. Journal of Molecular Structure, 2016, 1105: 142-151.

[15] 徐钟济. 蒙特卡罗方法. 上海: 上海科技文献出版社, 1989.

[16] 刘军. 科学计算中的蒙特卡罗决策. 北京: 高等教育出版社, 2009.

[17] 胡旭光, 蔡宇民, 李前树. 过渡态理论的发展(一). 西安石油学院学报, 1990, 5(4): 50-54.

[18] 胡旭光, 蔡宇民, 李前树. 过渡态理论的发展(二). 西安石油学院学报, 1991, 6(1): 55-59.

[19] 宝迪. 过渡状态理论的发展及应用综述. 内蒙古石油化工, 2006, 3: 51-52.

[20] 罗渝然. 过渡态理论的进展. 化学通报, 1983, 10: 8-14.

[21] Polanyi M. Resonance and chemical reactivity. Nature, 1943, 151: 96-98.

[22] Dove M T. Review: Theory of displacive phase transitions in minerals. American Mineralogist, 2015, 82: 213-244.

[23] Warren P B. Dissipative particle dynamics. Current Opinion in Colloid & Interface Science, 1998, 3: 620-624.

[24] Carpenter M A, Salje E. Time-dependent Landau theory for order/disorder processes in minerals. Mineralogical Magazine, 1989, 53: 483-504.

[25] Carpenter M A, Domeneghetti M C, Tazzoli V. Application of landau theory to cation ordering in omphacite II: kinetic behavior. European Journal of Mineralogy, 1990, 2: 19-28.

[26] Carpenter M A. Mechanisms and kinetics of Al-Si ordering in anorthite: II. Energetics and a Ginzburg-Landau rate law. American Mineralogist, 1991, 76: 120-1133.

[27] Furstoss J, Bernacki M, Ganino C, et al. 2D and 3D simulation of grain growth in olivine aggregates using a full field model based on the level set method. Physics of the Earth and Planetary Interiors, 2018, 283: 98-109.

[28] Cordier P, Amodeo J, Carrez P. Modelling the rheology of MgO under earth's mantle pressure, temperature and strain rates. Nature, 2012, 481: 177-180.

[29] Wendler F, Becker J K, Nestler B, et al. Phase-field simulations of partial melts in geological materials. Computers & Geosciences, 2009, 35: 1907-1916.

[30] Baur W H. Computer simulation of crystal structures. Physics and Chemistry of Minerals, 1977, 2: 3-20.

[31] Trommsdorff V, Connolly J A D. Constraints on phase diagram topology for the system $CaO-MgO-SiO_2-CO_2-H_2O$. Contributions to Mineralogy and Petrology, 1990, 104: 1-7.

[32] Keller L M, Holzer L, Wepf R, et al. 3D geometry and topology of pore pathways in opalinus clay: implications for mass transport. Applied Clay Science, 2011, 52: 85-95.

[33] Zuluaga C A, Stowell H H, Tinkham D K. The effect of zoned garnet on metapelite pseudosection topology and calculated metamorphic P-T paths. American Mineralogist, 2005, 90: 1619-1628.

[34] White R W, Powell R, Holland T J B, et al. New mineral activity-composition relations for thermodynamic calculations in metapelitic systems. Journal of Metamorphic Geology, 2014, 32: 261-286.

[35] Barron L M. A linear model and topology for the host-Inclusion mineral system involving diamono. The Canadian Mineralogist, 2005, 43: 203-224.

[36] Ghanbari A M, Ndoro T V, Leroy F, et al. Interphase structure in silica–polystyrene nanocomposites: a coarse-grained molecular dynamics study. Macromolecules, 2012, 45: 572-584.

[37] Suter J L, Anderson R L, Greenwell H C, et al. Recent advances in large-scale atomistic and coarse-grained molecular dynamics simulation of clay minerals. Journal of Materials Chemistry, 2009, 19: 2482-2493.

[38] King M, Pasler S, Peter C. Coarse-grained simulation of $CaCO_3$ aggregation and crystallization made possible by nonbonded three-body interactions. The Journal of Physical Chemistry C, 2019, 123: 3152-3160.

[39] Jansson M. Evaluation of the tactoid formation in clay. Lund: Lund University Publications, 2019.

[40] Minerva G M, Estela M, Zquez V, et al. Electrostatic interactions in dissipative particle dynamics using the Ewald sums. Journal of Chemical Physics, 2006, 125(22): 2241071-2241078.

[41] Hagita K, Shudo Y, Shibayama M. Two-dimensional scattering patterns and stress-strain relation of elongated clay nano composite gels: Molecular dynamics simulation analysis. Polymer, 2018, 154: 62-79.

[42] Suter J L, Groen D, Coveney P V. Mechanism of exfoliation and prediction of materials properties of clay-polymer nanocomposites from multiscale modeling. Nano Letters, 2015, 15: 8108-8113.

[43] Zhang H, Luo X, Lin X, et al. Polycaprolactone/chitosan blends: simulation and experimental design. Materials & Design, 2016, 90: 396-402.

[44] Wang X, Xiao S, Zhang Z, et al. Displacement of nanofluids in silica nanopores: influenced by wettability of nanoparticles and oil components. Environmental Science: Nano, 2018, 5: 2641-2650.

[45] Liang C, Sun W, Wang T, et al. Rheological inversion of the universal aging dynamics of hectorite clay suspensions. Colloids and Surfaces A: Physicochemical and Engineering Aspects, 2016, 490: 300-306.

[46] Scocchi G, Posocco P, Fermeglia M, et al. Polymer-clay nanocomposites: a multiscale molecular modeling approach. The Journal of Physical Chemistry B, 2007, 111: 2143-2151.

[47] Kibanova D, Cervini-Silva J, Destaillats H. Efficiency of clay-TiO$_2$ nanocomposites on the photocatalytic elimination of a model hydrophobic air pollutant. Environmental Science Technology, 2009, 43: 1500-1506.

[48] 何东. 晶粒组织演化的元胞自动机模拟. 哈尔滨: 哈尔滨工业大学, 2007.

[49] Forrest S B, Haff P K. Mechanics of wind ripple stratigraphy. Science, 1992, 255: 1240-1243.

[50] Pineau A, Guillemot G, Tourret D, et al. Growth competition between columnar dendritic grains-cellular automaton versus phase field modeling. Acta Materialia, 2018, 155: 286-301.

[51] Song X, Yang J, Zhao M, et al. Heuristic cellular automaton model for simulating soil organic carbon under land use and climate change: a case study in eastern China. Agriculture, Ecosystems & Environment, 2019, 269: 156-166.

[52] Brouwers H J H, Korte A C J. Multi-cycle and multi-scale cellular automata for hydration simulation (of Portland-cement). Computational Materials Science, 2016, 111: 116-124.

[53] Robin V, Wild B, Daval D, et al. Experimental study and numerical simulation of the dissolution anisotropy of tricalcium silicate. Chemical Geology, 2018, 497: 64-73.

[54] Guimarães C, Durão F. Application of a cellular automata based simulation model of size reduction in mineral processing. Minerals Engineering, 2007, 20: 541-551.

[55] Ding H L, He Y Z, Liu L F, et al. Cellular automata simulation of grain growth in three dimensions based on the lowest-energy principle. Journal of Crystal Growth, 2006, 293: 489-497.

[56] Scalise D, Schulman R. Emulating cellular automata in chemical reaction-diffusion networks. Natural Computing, 2016, 15: 197-214.

[57] Heureux I L, Katsev S. Oscillatory zoning in a (Ba,Sr)SO$_4$ solid solution: macroscopic and cellular automata models. Chemical Geology, 2006, 225: 230-243.

[58] Livesley R K. Finite elements: an introduction for engineers. Cambridge: Cambridge University Press, 1983.

[59] Box J C, Prosser A P. A general model for the reaction of several minerals and several reagents in heap and dump leaching. Hydrometallurgy, 1986, 16: 77-92.

[60] McDonald M G, Harbaugh A W. A modular three dimensional finite difference ground water flow model. U.S. Geological Survey, 1988.

[61] Schwarz M P. Flow simulation in minerals engineering. Minerals Engineering, 1991, 4: 717-732.

[62] Engesgaard P, Kipp K L. A geochemical transport model for redox-controlled movement of mineral fronts in groundwater flow systems: A case of nitrate removal by oxidation of pyrite. Water Resources Research, 1992, 28: 2829-2843.

[63] Huiskes R, Ruimerman R, Lenthe G H, et al. Effects of mechanical forces on maintenance and adaptation of form in trabecular bone. Nature, 2000, 405: 704-706.

[64] Tai K, Dao M, Suresh S, et al. Nanoscale heterogeneity promotes energy dissipation in bone. Nature Materials, 2007, 6: 454-462.

[65] Balieu R, Lauro F, Bennani B, et al. A fully coupled elastoviscoplastic damage model at finite strains for mineral filled semi-crystalline polymer. International Journal of Plasticity, 2013, 51: 241-270.

[66] Knowles N K, Reeves J M, Ferreira L M. Quantitative Computed Tomography (QCT) derived Bone Mineral Density (BMD) in finite element studies: a review of the literature. Journal of Experimental Orthopaedics, 2016, 3: 36-61.

[67] Gerke K M, Vasilyev R V, Khirevich S, et al. Finite-difference method Stokes solver (FDMSS) for 3D pore geometries: Software development, validation and case studies. Computers & Geosciences, 2018, 114: 41-58.

[68] Gray F, Cen J, Boek E S. Simulation of dissolution in porous media in three dimensions with lattice Boltzmann, finite-volume, and surface-rescaling methods. Physcial Review E, 2016, 94: 43320-43327.

[69] Yu X, Regenauer-Lieb K, Tian F B. A hybrid immersed boundary-lattice Boltzmann/finite difference method for coupled dynamics of fluid flow, advection, diffusion and adsorption in fractured and porous media. Computers & Geosciences, 2019, 128: 70-78.

[70] Imseeh W H, Alshibli K A. 3D finite element modelling of force transmission and particle fracture of sand. Computers and Geotechnics, 2018, 94: 184-195.

[71] Levenson Y, Emmanuel S. Pore-scale heterogeneous reaction rates on a dissolving limestone surface. Geochimica et Cosmochimica Acta, 2013, 119: 188-197.

[72] Masi M, Paz-Garcia J M, Gomez-Lahoz C, et al. Modeling of electrokinetic remediation combining local chemical equilibrium and chemical reaction kinetics. Journal of Hazardous Materials, 2019, 371: 728-733.

[73] Peruffo M, Mbogoro M M, Adobes-Vidal M, et al. Importance of mass transport and spatially heterogeneous flux processes for in situ atomic force microscopy measurements of crystal growth and dissolution kinetics. The Journal of Physical Chemistry C, 2016, 120: 12100-12112.

[74] Schwarz M P, Koh P T L, Verrelli D I, et al. Sequential multi-scale modelling of mineral processing operations, with application to flotation cells. Minerals Engineering, 2016, 90: 2-16.

[75] Hu J, Sharp T G. Back-transformation of high-pressure minerals in shocked chondrites: low-pressure mineral evidence for strong shock. Geochimica et Cosmochimica Acta, 2017, 215: 277-294.

[76] Gerya T V, Yuen D A. Characteristics-based marker-in-cell method with conservative finite-differences schemes for modeling geological flows with strongly variable transport properties. Physics of the Earth and Planetary Interiors, 2003, 140: 293-318.

[77] Lamy-Chappuis B, Yardley B W D, He S, et al. A test of the effectiveness of pore scale fluid flow simulations and constitutive equations for modelling the effects of mineral dissolution on rock permeability. Chemical Geology, 2018, 483: 501-510.

[78] Zhao C, Hobbs B E, Ord A. Effects of acid dissolution capacity on the propagation of an acid-dissolution front in carbonate rocks. Computers & Geosciences, 2017, 102: 109-115.

[79] Brown W M, Gedeon T D, Groves D I, et al. Artificial neural networks: a new method for mineral prospectivity mapping. Australian Journal of Earth Sciences, 2000, 47: 757-770.

[80] Corsini A, Cervi F, Ronchetti F. Weight of evidence and artificial neural networks for potential groundwater spring mapping: an

application to the Mt. Modino area (Northern Apennines, Italy). Geomorphology, 2009, 111: 79-87.

[81] Trépanier S, Mathieu L, Daigneault R, et al. Precursors predicted by artificial neural networks for mass balance calculations: Quantifying hydrothermal alteration in volcanic rocks. Computers & Geosciences, 2016, 89: 32-43.

[82] Jorjani E, Chelgani S C, Mesroghli S. Prediction of microbial desulfurization of coal using artificial neural networks. Minerals Engineering, 2007, 20: 1285-1292.

[83] Yu X, Ye C, Xiang L. Application of artificial neural network in the diagnostic system of osteoporosis. Neurocomputing, 2014, 214: 376-381.

[84] Suchacz B, Wesołowski M. The recognition of similarities in trace elements content in medicinal plants using MLP and RBF neural networks. Talanta, 2006, 69: 37-42.

[85] 马锐. 人工神经网络原理. 北京: 机械工业出版社, 2010.

[86] Rodriguez-Galiano V, Sanchez-Castillo M, Chica-Olmo M, et al. Machine learning predictive models for mineral prospectivity: An evaluation of neural networks, random forest, regression trees and support vector machines. Ore Geology Reviews, 2015, 71: 804-818.

[87] Thompson S, Fueten F, Bockus D. Mineral identification using artificial neural networks and the rotating polarizer stage. Computers & Geosciences, 2001, 27: 1081-1089.

[88] Singh V, Rao S M. Application of image processing and radial basis neural network techniques for ore sorting and ore classification. Minerals Engineering, 2005, 18: 1412-1420.

[89] Baykan N A, Yılmaz N. Mineral identification using color spaces and artificial neural networks. Computers & Geosciences, 2010, 36: 91-97.

[90] Abdollahi H, Noaparast M, Shafaei S Z, et al. Prediction and optimization studies for bioleaching of molybdenite concentrate using artificial neural networks and genetic algorithm. Minerals Engineering, 2019, 130: 24-35.

第 3 章 矿物晶格结构的模拟

3.1 矿物晶格的能量

1979 年，Levy 提出所有的基态性质都是电荷密度的函数，即总能量 $E_{t[\rho]}=T_{[\rho]}+U_{[\rho]}+E_{xc[\rho]}$。其中，$T_{[\rho]}$ 表示电荷密度为 ρ 的非相互作用粒子系统的动能；$U_{[\rho]}$ 表示库仑相互作用的经典静电能；$E_{xc[\rho]}$ 表示对所有多体贡献的总能量，特别是交换及相关能量。晶格能的计算原理：在局域密度近似(LDA)条件下，以 Kohn-Sham 方程为基础，建立循环直至自洽，最终根据晶体结构的总能量(E)判定晶格的稳定性，见式(3.1)～式(3.5)[1-2]。其中，E_{ks} 表示 Kohn-Sham 能。因此，在人工合成微量元素掺杂晶体实验中，总合成时间(t)由系统的生成焓(E)和实验热传递效应共同控制，见式(3.6)。当微量元素掺杂晶格样品的 E 增加时，其合成时间随之增加。特别应该注意的是：应先确定实验技术所涉及的传热量和传热速率，然后按一定的比例延长合成时间、加热温度、样品受热面、外界压力等，即可合成类似结晶尺寸的微量元素掺杂晶格样品[3-4]。

有效势的定义：

$$V_{\text{eff}(r)} = V_{(r)} + \frac{\partial J_{[\rho]}}{\partial \rho_{(r)}} + \frac{\partial E_{xc[\rho]}}{\partial \rho_{(r)}} \tag{3.1}$$

交换相关势：

$$V_{xc(r)} = \frac{\partial E_{xc[\rho]}}{\partial \rho_{(r)}} \tag{3.2}$$

运动方程：

$$\left[-\frac{1}{2} + V_{\text{eff}(r)} \right] \varphi_i = \varepsilon_i \varphi_i \tag{3.3}$$

$$\rho_{(r)} = \sum \sum \left| \varphi_{(r,s)} \right|^2 \tag{3.4}$$

式中，$E_{xc[\rho]}$ 表示交换相关能；φ_i 表示单电子哈密顿量的 N 个本征态。

$$E = E_{ks} - TS \tag{3.5}$$

$$t = t_R + \xi(E - E_R) / \Delta E \tag{3.6}$$

式中，t 表示总合成时间；t_R 表示前期实验已确定的晶核形成时间；ζ 表示晶体结晶时间，常为固定值(对应某一晶粒尺度)；E 表示掺杂体系的生成焓；E_R 表示未掺杂体系的生成焓；ΔE 表示初定的某一掺杂体系与未掺杂体系的晶体结晶能量差。

本节采用经典的 DFT 理论计算出金红石晶体赋存 13 种稀土元素的晶格能，如图 3.1 所示。根据晶格能计算结果，通过调控胶溶回流法的给热时间，补充合成晶体所需要的能量，首次在 85～95℃条件下合成了高温金红石赋存稀土的人工粉体，并且获得了类似的结晶度和粉体粒度。因此，此方法可帮助实验工作者改进常规方法，以获得理想样品。

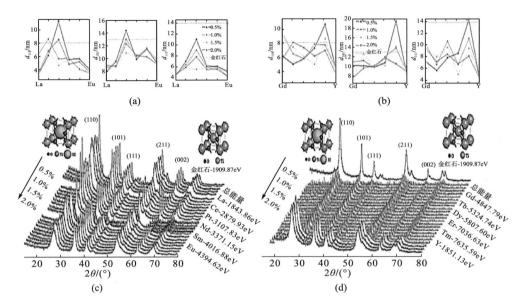

图 3.1　13 种稀土(La~Eu,Gd~Y)掺杂金红石相 TiO₂ 结构分析

注：(a)和(b)为 13 种稀土掺杂金红石的特征衍射峰(d_{110}、d_{101}、d_{111})变化图；

(c)和(d)为理论计算 13 种稀土掺杂金红石的 XRD 图

3.2　矿物晶格的动力学静态性能

结构和热力学的静态平衡性质不涉及时间演化过程，静态平衡性质研究常加入实验值和模拟值的对比分析，用于估算模拟精度。静态性能通常包括温度、能量和压力三个部分，它们由模拟设定的初始值决定，并考虑体系变化的微涨落过程，通常计算软件可直接给出模拟结果[5-9]。

3.2.1　温度影响

在正则系综 NVT 和等压等温系综 NPT 中，温度是初始设定的常数值；但在微正则系综 NVE 中，温度将随体系粒子运动发生相应的涨落。因此，其与系综动能的关系式为

$$E_K = \sum_{i=1}^{N} \frac{|p_i|^2}{2m_i} = \frac{k_B T}{2}(3N - N_C) \tag{3.7}$$

式中，p_i 表示质量为 m_i 的粒子的动量；N_C 表示系综受限自由度数目，通常为 3。在计算机模拟过程中，温度的涨落由体系的动量决定，温度会在平衡温度(初始温度)附近出现波动[10-13]。例如，在蒙脱石层间赋存微量元素的 NPT 和 NPH 动力学弛豫过程中(图 3.2)，NPT 设定的温度由于压力作用迅速回归到稳定值，而 NPH 无初始温度设定，其温度一直处于波动状态。

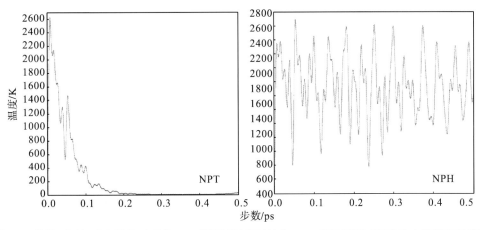

图 3.2 蒙脱石层间赋存微量元素的 NPT(等温等压系综)和 NPH(等压等焓系综)动力学温度弛豫图

3.2.2 能量影响

体系的热力学总能量常由动能(E_k)和势能(U)组成，其系综平均式为

$$E = E_k + U = \frac{1}{2}\sum_i m_i v_i^2 + \sum_i U_i \tag{3.8}$$

能量是判定结构稳定性的主要标准，其短时间内逼近结构最优能量值，并在原子占位和结构弛豫过程中出现波动，直到达到动力学计算设定的总步长为止。例如，图 3.3 反映出 NPT 和 NPH 两种系综弛豫蒙脱石层间赋存微量元素的能量波动情况基本类似，当温度不确定时，能量都出现了一定的波动。同时，平衡热力学过程模拟与热力学导数有关，具体观察微观动态变量函数沿轨迹值的时间变化，如比热或热温压缩等。总能量为动能、势能和非键能之和，一阶属性用于计算比热、热膨胀和体积信息等，二阶属性用于计算恒定压力或恒定体积下的比热[14-18]。因此，在执行微正则系综模拟时应考虑研究体系计算方法的适用性。

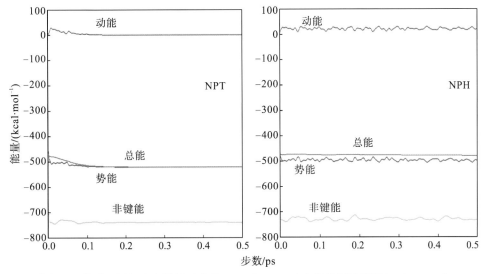

图 3.3 蒙脱石层间赋存微量元素的 NPT 和 NPH 动力学能量弛豫图(1cal=4.184J)

3.2.3 压力影响

压力通常根据虚功原理($W=-3Nk_BT$，在理想气体中，$W=-3PV$)模拟获得；其中，虚功为所有粒子坐标(x_i)与作用力(p_i)的乘积之和($W = \sum x_i p_i$)[4, 18-20]。因此，考虑到实际体系的虚功是理想气体的虚功与粒子间相互作用虚功之和，根据虚功原理和理想气体的虚功公式可推导出压力公式为

$$P = \frac{1}{V}\left[Nk_BT - \frac{1}{3}\sum_{i=1}^{N}\sum_{j=i+1}^{N} r_{ij}f_{ij} \right] \tag{3.9}$$

然而，实际的计算机模拟常通过体系结构信息反映压力对体系的弛豫作用，如 NPT 动力学模拟中体系的晶格长度、键角和密度信息(图 3.4)反映压力促使体系稳定的过程。

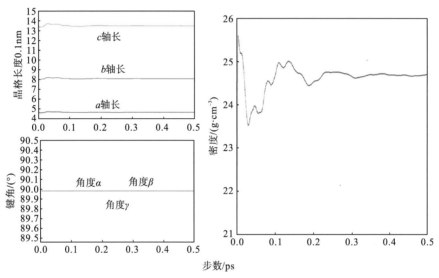

图 3.4 蒙脱石层间赋存微量元素的 NPT 动力学体系结构弛豫图

3.3 矿物晶格的动力学径向分布函数和静态结构因子

3.3.1 径向分布函数

在任意参考系统的原点存在原子的情况下，原点处的原子和距离 r 处的原子可以是不同的化学类型(如 α 和 β)，α 距离 r 时找到 β 的概率函数可写为 $g_{\alpha\beta(r)}$。Hansen 和 McDonald 采用径向分布函数(radial distribution function)(或称为"相对函数"，pair correlation function)给出了一个概率的度量[21-23]，其函数形式见式(3.10)。当径向分布函数大于 0.5nm 且小于 5.5nm 时，蒙脱石层间氧原子与微量元素的长程结合键信息如图 3.5 所示。径向分布函数所标定的原子间的距离可与 X 射线衍射、TEM、中子衍射等的实验值进行比对。

$$\chi_\alpha \chi_\beta \rho g_{\alpha\beta(r)} = \frac{1}{N}\left\langle \sum_{i=1}^{N_\alpha}\sum_{i=1}^{N_\beta} \delta(r-r_i-r_j) \right\rangle \tag{3.10}$$

式中，χ 表示原子的摩尔分数；N 表示化学类型的原子数；ρ 表示总密度。

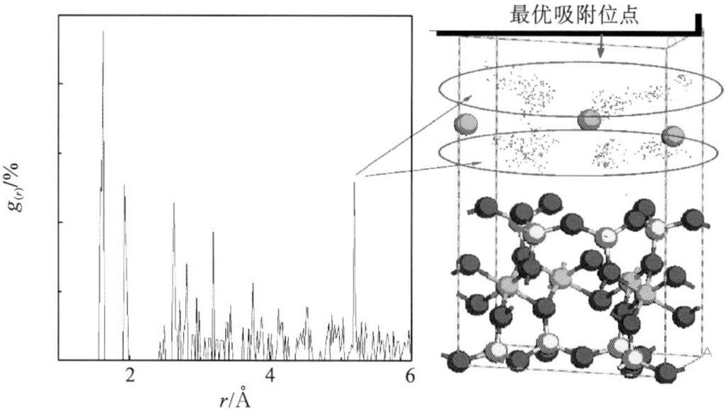

图 3.5 蒙脱石层间赋存微量元素的径向分布函数

3.3.2 静态结构因子

静态结构因子(static structure factor)是判断结构无序程度的物理量，其表达式见式(3.11)。

$$S(\boldsymbol{K}) = \frac{1}{N}\left|\sum_{j=1}^{N}\exp(\mathrm{i}\boldsymbol{K}\cdot\boldsymbol{r}_j)\right| \tag{3.11}$$

式中，$\boldsymbol{K}$ 表示倒格矢；$\boldsymbol{r}_j$ 表示 j 原子的位置矢量。

静态结构因子常用于研究晶体的熔化、相变以及晶体和流体的转变过程，其对应傅里叶红外光谱获得径向分布函数(RDF)的反向傅里叶变换推导结果 $\{S(\boldsymbol{K})-1=\int\exp(\mathrm{i}\boldsymbol{K}\cdot\boldsymbol{r})\rho[g(\boldsymbol{r})-1]\mathrm{d}\boldsymbol{r}\}$、X 射线衍射分析的散射结果[根据静态结构因子与 X 射线衍射数据计算结构因子的拟合公式为 $S(Q)=\dfrac{I(Q)}{Nf^2(Q)}$；其中，$Q$ 表示波矢函数，$I(Q)$ 表示散射强度，$f(Q)$ 表示原子散射强度的原子因子；N 表示散射中心数]等。

3.4 矿物晶格赋存元素模拟的经典蒙特卡罗法

3.4.1 附着位置和附着能

众所周知，直接计算和抽取单个原子的占位将产生巨大数量的微扰结构和待评判结构。经典的蒙特卡罗法将原子占位、动能和势能归纳为能量数据，多用于纳观尺度的吸附过程研究[21]。例如，根据总能量的计算公式[式(3.12)]并结合最低能量原理，可以推断自由体积内小分子的附着位置取决于体系的整体能。因此，可以通过控制初始模型的结构、温度、压力等条件计算体系的总能量，并经过反复判定和抽取最低能量模型作为下一帧模型，最终获得矿物结构或表界面区域赋存原子-分子的最优占位和最优概率。

$$E = E^{\mathrm{SS}} + E^{\mathrm{SF}} + U^{\mathrm{S}} \tag{3.12}$$

式中，E 表示整体能；U^{S} 表示分子内能；E^{SS} 表示分子间能；E^{SF} 表示反应能。

此方法主要用在模型构建和吸附结构优化等方面。例如，本节采用 10,000,000 步的

Metropolis-巨正则蒙特卡罗法(GCMC)模拟了宽温度范围(298~698K)内 4f(或 5f)原子的平均吸附位置和容量;其中,利用 Andersen caldarium 实现温度控制,使用 Verlet 算法计算运动方程。图 3.6 显示了在 Ca-Mt 层间自由体积描述的 4f(或 5f)原子所有可能的吸附位点,Ca 原子接近 4f(或 5f),吸附过程中 4f(或 5f)原子与表面 O 原子之间的主要作用能属于短程范德瓦耳斯能,最大吸附容量分别为 252.0~291.0mg·g^{-1}(5f) 和 154.2~194.2mg·g^{-1}(4f),与实验结果一致。

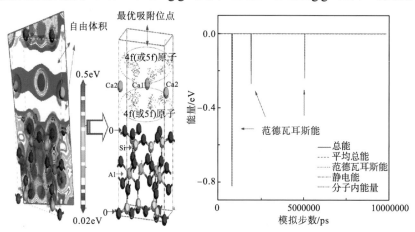

图 3.6　蒙脱石层间自由体积内微量元素的附着位置与能量关系

　　在每帧抽样过程中,应注意不同系综(NVE、NVT、NPT 和 NPH)内的温度和压力将直接影响整体结构的总能量和稳定性,即温度决定了体系结构内的静态相互作用能和势能,压力决定了体系结构内的原子运动和原子间络合作用。例如,联通自由体积内气体小分子的附着位置遵循最低能量原则[22-24]。如图 3.7 所示,气体小分子的附着能包括短程的范德瓦耳斯能和长程的静电作用。由于电荷和粒子距离随温度的升高而增大,因而气体小分子的附着能趋于能量零点,其附着过程由氢键(物理)附着转变为(纯)物理附着。

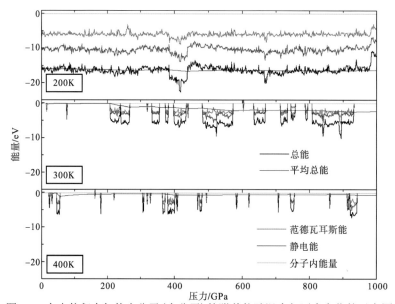

图 3.7　自由体积内气体小分子(水分子)的附着能随温度与压力变化的示意图

3.4.2 温度和压力影响平均附着量

根据自由体积理论,联通自由体积内气体小分子的最可几分布随自由体积的增大而升高。由上述结论可知,体系的自由体积随外环境因素(如温度、压力等)的变化而变化,气体小分子的附着量受温度(倒易温度标定)和压力(逸度因子标定)条件限制,相关的附着量表达式见式(3.13)和式(3.14)。

$$F = [(\beta fV)^N / N!]\exp[-\beta N u_{intra}] \tag{3.13}$$
$$\rho_m = C \cdot \exp(-\beta E_m) \tag{3.14}$$

式中,F 表示逸度因子;u_{intra} 表示分子内的化学势;N 表示附着量;C 表示归一化常数;β 表示倒易温度;ρ_m 表示 m 结构的概率;E_m 表示整体能。

由于温度和压力作用可构成相互交叉的数据组,因此可借助 Matlab 软件将获得的温度、压力和相关的平均吸附量绘制为三维平面数据图。例如,图 3.8 表明当升高温度或降低压力时,联通自由体积内气体小分子的平均附着量降低,直到室温和常压条件下稳定为止;而截断自由体积内的气体小分子几乎不发生明显的吸附现象。此方法可用于可视化地判定环境影响因素(如温度、压力、光照、相变等)的直观作用[25-26]。

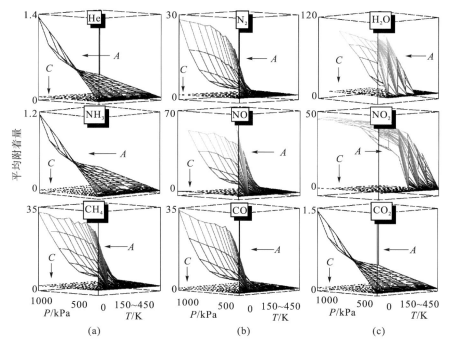

图 3.8 局域联通自由体积(A)和截断自由体积(C)内含氮和碳类气体分子的附着量

注:(a)He、NH_3、CH_4 的附着量;(b)N_2、NO、CO 的附着量;(c)H_2O、NO_2、CO_2 的附着量

3.4.3 矿物晶格赋存元素的模拟实例

$f^n \rightarrow f^{n-1}$d 壳层电子对沸石电子跃迁影响的计算研究[26]如下。

1. 研究方法

(1)利用巨正则蒙特卡罗法(GCMC)和分子动力学方法，通过对自由体积的测定确定 4f(或5f)电子最可能的吸附位点。

(2)结合密度泛函理论计算 4f(或5f)电子对沸石内结合键转变的影响。

2. 研究背景

自20世纪以来，沸石在污染物管理中被作为用于放射性废物处理的一种潜在矿物，其吸附准确度对环境风险评估至关重要。Langmuir 等温线模型和热动力学研究表明，沸石具有较强的吸附性能，笼内和表面会产生众多的吸附位点，这有助于抑制非均质表面构型对金属离子吸附行为的影响。然而，由于基于平衡的表面络合模型不能准确地描述反应机理，因此研究者使用 XPS、TRLFS 和 EXAFS 来确定吸附位点，相应的电子跃迁通常由镧系元素/锕系元素的f能级电子被诱导激发后转移到较低能级的振动态所致。目前，越来越多的研究关注电子损伤模拟，通过解释吸附过程说明实验现象。需要注意的是，较低浓度放射性废物中处于激发态的f-壳层电子对沸石的电子转移具有复杂的影响。因此，目前主要利用巨正则蒙特卡罗法(GCMC)和分子动力学方法并通过对自由体积的测定确定 4f(或5f)电子最可能的吸附位点，同时结合密度泛函理论推导 4f(或5f)电子诱导沸石结合键转变的规律。

3. 结果与讨论

在研究 $f^n \rightarrow f^{n-1}d$ 对电子交换相互作用的影响之前，首先确定沸石内孔中 f-壳层电子的吸附位置和数量。MD 计算出的范德瓦耳斯相互作用证实结合能(BE)基本保持不变(图3.9)，由于f-壳层电子-沸石的热稳定性较差，因而其构型难以被破坏。物理吸附机理表明，f壳层电子(静电势：5f——300~380eV；4f——240~450eV)仅位于沸石氧环状结构内(静电势：340eV；Si：150eV)。这些电子占据部分的自由体积(从 0.401nm³ 减小到 0.388nm³)，因此可以在 438.3~336.0mg·g⁻¹(5f) 和 244.6~134.1mg·g⁻¹(4f) 范围内观察到相应的平均吸附量(图3.10)，且最大平均吸附量与实验数据较吻合。

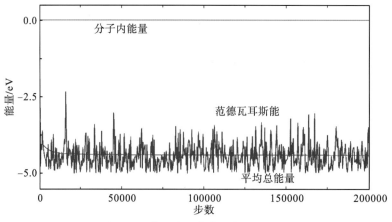

图3.9　f-壳层电子在沸石中的吸附能

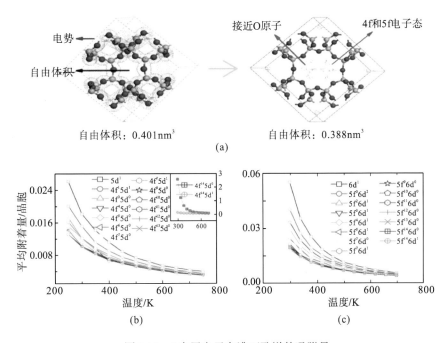

图 3.10　f-壳层电子在沸石孔道的吸附量

注：(a)沸石吸附前后自由体积的变化；(b)和(c)分别为 4f 和 5f-壳层电子在沸石孔道的吸附量

f-壳层电子的电离效应随跃迁电子数量的增加而变化。额外的电离损耗形成了能级间隙缺陷(V)和空型缺陷(V_n)，构成了 V-O 的空隙(O_i)和 V_n-O_i 混合态。然而，吸附模型忽略了 f-壳层电子的电离作用，这可以用 f-壳层电子和 O-p 轨道之间的范德瓦尔斯作用进行解释。对于较大的空隙，f 轨道电子切断了 O—O 键间的弱的范德瓦尔斯键和长程 O—O p-p σ 型成键轨道。f-壳层电子诱导 O-$2p^4$ 电子跃迁到空 d^0 轨道，创建两个 2p 空位缺陷。此外，Si-$3d^0$ 空轨道参与形成两个不稳定的混合 p-d sp^3d π 型成键轨道，其削弱了 Si—O 键，表面电势从 0.3 eV 减小到 0.25 eV。因此，图 3.11 显示在长程 Si—Si p-p 轨道中，两个高能电子轨道相互靠近，导致在内部孔隙中 Si—Si 键收缩。

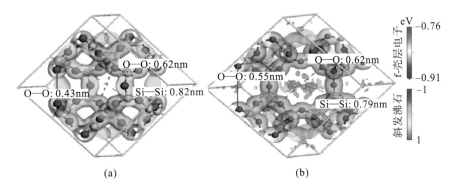

图 3.11　沸石表面电位及其吸附结构

注：(a)吸附前沸石表面电位及其结构；(b)吸附 f-壳层电子后表面电位及其结构

本节采用 DFT 法计算沸石的原子位移和扩散系数。通过结构变化分析，4f 层和 5f 层电子的活化能和扩散系数相似。在沸石中加入一定含量的 f-壳层电子后，f-壳层电子占据邻近的 O 原子扩散路径。降低的扩散路径增加了电子交换的概率，从而加速了 O 原子 $(0.8×10^{-11}m^2 \cdot s^{-1})$ 和 Si 原子 $(0.2×10^{-11}m^2 \cdot s^{-1})$ 的扩散，这与实验结果一致。由于 O 原子的扩散速度大于 Si 原子的扩散速度，因此虽然有序介孔配位数较高，但孔结构仍然会收缩，如图 3.12 所示。同时，低表面电位的 f-壳层电子被内孔的 Si-p 轨道明显吸附，Si—Si 键从 0.82nm 缩短到 0.79nm。因此，硅氧四面体在均匀晶格变换中变成了一个扭曲的构型。

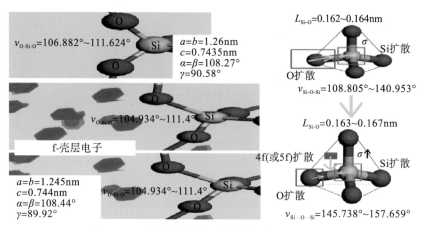

图 3.12　f-壳层电子-沸石的结构扭曲和原子跃迁

4. 结论

综上所述，本节提出了一种基于定量模型控制局域 p-p 和 d-p 电子跃迁的可行方法。采用巨正则蒙特卡罗法(GCMC)和分子动力学方法，通过对自由体积的测定确定 4f(或 5f)电子最可能的吸附位点主要集中在沸石笼内区域。同时，采用 MD-DFT 和 2D-CA 技术研究了 $f^{n} \rightarrow f^{n-1}d$ 对沸石电子跃迁的影响，发现硅氧四面体结构随着内部孔隙的收缩而变形。

参 考 文 献

[1] 陈正隆. 分子模拟的理论与实践. 北京: 化学工业出版社, 2007.

[2] 陈敏伯.计算化学从理论化学到分子模拟. 北京: 科学出版社, 2009.

[3] Ma Z, Gamage R P, Rathnaweer T, et al. Review of application of molecular dynamic simulations in geological high-level radioactive waste disposal. Applied Clay Science, 2019, 168: 436-449.

[4] Galli G, Martin R M, Car R, et al. Melting of diamond at high pressure. Science, 1990, 250: 1547-1549.

[5] Aggarwal V, Chien Y Y, Teppen B J. Molecular simulations to estimate thermodynamics for adsorption of polar organic solutes to montmorillonite. European Journal of Soil Science, 2007, 58 (4): 945-957.

[6] Binder K, Heermann D W. Monte Carlo simulation in statistical physics. Berlin: Springer-Verlag, 1984.

[7] Chang F R C, Skipper N T, Sposito G. Computer-imulatison of interlayer molecular-structure in sodium montmorillonite hydrates. Langmuir, 1995, 11 (7): 2734-2741.

[8] Chang F R C, Skipper N T, Sposito G. Monte Carlo and molecular dynamics simulations of interfacial structure in lithium-montmorillonite hydrates. Langmuir, 1997, 13（7）: 2074-2082.

[9] Chang F R C, Skipper N T, Sposito G. Monte Carlo and molecular dynamics simulations of electrical double-layer structure in potassium-montmorillonite hydrates. Langmuir, 1998, 14（5）: 1201-1207.

[10] Osman M A, Ernst M, Meier B H, et al. Structure and molecular dynamics of alkane monolayers self-assembled on mica platelets. Journal of Physical Chemistry B, 2002, 106（3）: 653-662.

[11] He H P, Galy J, Gerard J F. Molecular simulation of the interlayer structure and the mobility of alkyl chains in HDTMA$^+$/montmorillonite hybrids. Journal of Physical Chemistry B, 2005, 109（27）: 13301-13306.

[12] Park S H, Sposito G. Do montmorillonite surfaces promote methane hydrate formation? Monte Carlo and molecular dynamics simulations. Journal of Physical Chemistry B, 2003, 107（10）: 2281-2290.

[13] Pospisil M, Capkova P, Merinska D, et al. Structure analysis of montmorillonite intercalated with cetylpyridinium and cetyltrimethy lammonium: molecular simulations and XRD analysis. Journal of Colloid and Interface Science, 2001, 236（1）: 127-131.

[14] Pospisil M, Capkova P, Weiss Z, et al. Intercalation of octadecylamine into montmorillonite: molecular simulations and XRD analysis. Journal of Colloid and Interface Science, 2002, 245（1）: 126-132.

[15] Pospisil M, Kalendova A, Capkova P, et al. Structure analysis of intercalated layer silicates: combination of molecular simulations and experiment. Journal of Colloid and Interface Science, 2004, 277（1）: 154-161.

[16] Suter J L, Coveney P V, Greenwell H C, et al. Large-scale molecular dynamics study of montmorillonite clay: emergence of undulatory fluctuations and determination of material properties. Journal of Physical Chemistry C, 2007, 111（23）: 8248-8259.

[17] Tambach T J, Hensen E J M, Smit B. Molecular simulations of swelling clay minerals. Journal of Physical Chemistry B, 2004, 108（23）: 7586-7596.

[18] Tambach T J, Boek E S, Smit B. Molecular order and disorder of surfactants in clay nanocomposites. Physical Chemistry Chemical Physics, 2006, 8（23）: 2700-2702.

[19] Titiloye J O, Skipper N T. Computer simulation of the structure and dynamics of methane in hydrated Na-smectite clay. Chemical Physics Letters, 2000, 329（1-2）: 23-28.

[20] Toth R, Ferrone M, Miertus S, et al. Structure and energetic of biocompatible polymer nanocomposite systems: a molecular dynamics study. Biomacromolecules, 2006, 7（6）: 1714-1719.

[21] Karaborni S, Smit B, Heidug W, et al. The swelling of clays: molecular simulations of the hydration of montmorillonite. Science, 1996, 271: 1102-1104.

[22] Bian L, Shu Y, Song M, et al. MD simulation and cluster analyses on the permeability of gases through parylene AF4 membranes. Journal of Molecular Structure, 2016, 1105: 142-151.

[23] Bian L, Xu J, Song M, et al. Effects of halogen substitutes on the electronic and magnetic properties of BiFeO$_3$. RSC Advances, 2013, 3: 25129-25135.

[24] Bian L, Shu Y, Wang X. A molecular dynamics study on permeability of gases through parylene AF8 membranes. Polymers for Advanced Technologies, 2012, 11: 1520-1528.

[25] Bian L, Shu Y, Wang X, et al. Computational investigation on adsorption and diffusion of 4 gas molecules in high pressure PPX structure. Integrated Ferroelectrics, 2011, 127: 83-90.

[26] Dong F, Bian L, Song M, et al. Computational investigation on the f^n→f^{n-1}d effect on the electronic transitions of clinoptilolite. Applied Clay Science, 2016, 119: 74-81.

第 4 章　矿物晶格的光电特性模拟

4.1　矿物晶格的电子转移过程

4.1.1　Mulliken 布居分布

原子电荷是描述化学体系电荷分布最简单的方法之一。其中，最为著名的 Mulliken 布居分布表示各原子轨道上的电子分布，用于了解分子表面的轨道耦合和成键情况[1-2]。为了弥补平面波(plane wave, PW)基组基态的离域性质不提供系统中电子定位信息的缺点，研究者采用原子轨道线性组合(LCAO)基组提供了几种指定数量的自然方式，如原子电荷、键群、电荷转移等[3-5]。Mulliken 布居分析包括三项(图 4.1)：原子布居($\phi_i = \sum_A \sum_\mu C_{A\mu i} \chi_{A\mu}$)、轨道布居[原子

轨道上的电荷：$n(A) = \sum_\mu n(A\mu)$]和键布居[两原子间的电荷：$n(A,B) = 2\sum_\lambda^B \sum_\mu^A n(A\mu)S_{A\mu,B\lambda}$]。

其中，A，B，…，为标记的 N 个原子；n 表示电子体系；μ 和 λ 分别表示 A 原子和 B 原子的轨道，A 原子轨道上的电荷分布为 $n(A)$，A 原子和 B 原子轨道间的电荷分布为 $n(A,B)$；$S_{A\mu,B\lambda}$ 表示 A 原子和 B 原子 μ、λ 轨道间的重叠度。

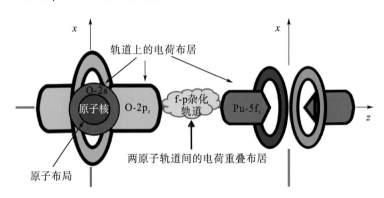

图 4.1　Mulliken 布居分布示意图

尽管量化软件广泛使用 Mulliken 电荷的计算方法，但存在一定的不足：①计算的电荷值高度依赖于所选用的基组，其原子电荷的绝对大小仅是相对意义上的；②电荷平均分配的方式不适合具有明显离子特征的体系；③负值没有物理意义。因此，除 Mulliken 布居分析外，研究者还扩展出了多种原子体系的计算方法。例如，卢天[6]系统地介绍了 12 种原子电荷的计算原理和特点，并根据不同实际体系的需求将原子电荷的计算方法分为三类：①基函数与原子轨道有明确的对应关系——自然布居分析(NPA 或 NBO)[7]、分子环境中的原子轨道布居分析(AOIM)[8]、Hirsheld 布居分析[9]；②考虑原子偶极矩——原子偶

极矩校正的 Hirsheld 布居(ADCH)[10]、分子中的原子布居分析(AIM)[11];③考虑电荷校正——近似计算静电势电荷法(AM1-BCC)[12-13]、Merck[14-15]、电荷模型(CM)[16]、轨道电负性部分均衡法(Gasteiger)[17]、电荷均衡法(QEq)[18]等。

对常规原子电荷计算方法的选择应考虑计算体系(如药物、分子对接、高分子、多糖等)的电负性相关性、偶极矩以及静电势的重现性、基组、计算精度和时间等实际因素。然而,矿物及其表界面体系很少涉及大有机分子间的偶极矩和长程静电势,计算方法仍考虑采用 Mulliken 布居分析。例如,本节计算了蒙脱石层间赋存 f-壳层电子的 Mulliken 布居电荷(表 4.1),结果表明 f-壳层电子能级主要与蒙脱石中的 Ca、O 和 Al 原子能级简并,小幅度地降低了原电荷的分布情况。其中,应注意"–"号仅为区分负价原子的电荷分布,并非负分布情况。

表 4.1　蒙脱石层间赋存 f-壳层电子的 Mulliken 布居分析结果[19]　　　(单位: eV)

原子	纯蒙脱石	蒙脱石层间赋存 5f-壳层电子	蒙脱石层间赋存 4f-壳层电子
Ca	0.47~0.49	0.14~0.2 (A); 0.4~0.46 (B)	0.4~0.46
O	−0.31~−0.24	−0.28~−0.15 (A); −0.31~−0.23 (B)	−0.3~−0.18
Si	0.51	0.51	0.51
Al	0.4~0.41	0.35~0.39 (A); 0.4~0.41 (B)	0.38~0.4

注: "A"为 f^n 中 $n<7$ 的区域, "B"为 f^n 中 $n>7$ 的区域。

4.1.2　前线轨道

20 世纪 50 年代,日本理论化学家福井谦一提出前线轨道理论,将分子周围分布的电子云根据能量细分为不同能级的分子轨道:①没有被电子占据的分子轨道——在一定环境激发下的轨道外电子可跃迁进入没有电子占据的轨道,再次释放电子后放出光子,可通过光谱实验进行反应过程的测试;②能量最高的分子轨道(最高占据轨道:HOMO)——其轨道上的电子能量最高,受束缚作用最小,容易提供活性电子;③能量最低的分子轨道(最低未占轨道:LUMO)——未占据轨道的能量最低,容易接受部分活性电子。因此,LUMO 与 HOMO 共同决定分子活性基团表面的电子得失和转移能力[20]。前线轨道理论认为各原子上的电荷密度分布情况影响原子间的亲电和亲核反应强度,即亲电反应最易发生在 HOMO 最大电荷密度的分布区域,亲核反应强度顺序由 LUMO 最大电荷密度分布决定。为了解析前线轨道上电子密度强度的具体值,Parr 将电负性 dE 的全微分形式:

$$f(r) = \left[\frac{\delta u}{\delta V(r)}\right]_N = \left[\frac{\partial \rho(r)}{\partial N}\right]_V \tag{4.1}$$

定义为 Fukui 函数,其电负性归一化(体系化学活性)公式为

$$\int f(r) = \int\left[\frac{\delta u}{\delta V(r)}\right]_N dr = \left[\frac{\partial \int \rho(r)dr}{\partial N}\right]_V = 1 \tag{4.2}$$

根据分子轨道理论的定义,电子在基态能级间发生转移,即 HOMO 的 $f^+(r)$ 到 LUMO 的 $f^-(r)$ 的变化可能是不连续的,其符合:

$$f^0(r) = \frac{1}{2}[f^+(r) + f^-(r)] \tag{4.3}$$

式中，$f^+(r)$趋近于 LUMO 电荷密度值时增加电荷，它标志着体系对亲核试剂的敏感度；$f^-(r)$趋近于 HOMO 电荷密度值时增加电荷，它标志着体系对亲电试剂的敏感度。例如，图 4.2 反映了蒙脱石的电子能级、电子轨道和前线轨道间的相互关系。

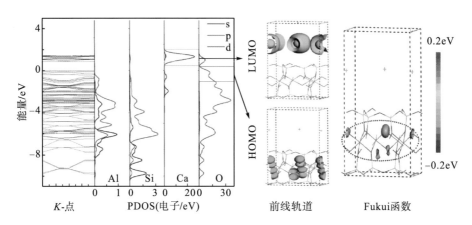

图 4.2   蒙脱石的电子能级、电子轨道、前线轨道和 Fukui 函数

4.1.3   电子能级和有效电子/空穴

能级理论认为电子受限于原子核的引力-斥力、电子能量、电子自旋状态等，其在特定且不连续状态的轨道上运动，各轨道上的电子具有非连续状态的能量值，即电子能级。矿物能带中的能级可包含自旋相反的两个电子。然而，研究者注意到矿物内杂质能级上的电子占据概率不能用费米分布函数解析，杂质能级上最多只能容纳一个具有某自旋方向的电子。

电子占据施主能级的概率：

$$f_D(E) = \cfrac{1}{1 + \cfrac{1}{g_D(E)} e^{(E_D - E_F)/k_0 T}} \tag{4.4}$$

受主能级的概率：

$$f_A(E) = \cfrac{1}{1 + \cfrac{1}{g_A(E)} e^{(E_F - E_A)/k_0 T}} \tag{4.5}$$

式(4.4)和式(4.5)中，$g_D(E)$ 和 $g_A(E)$ 表示施主和受主基态简并度。对应施主能级上的电子浓度为 $n_D = N_D f_D(E)$，受主能级上的空穴浓度为 $p_A = N_A f_A(E)$。因此，可根据矿物结构内某一施主和受主能级的简并度计算有效电子质量和有效空穴质量，如图 4.3 所示。例如，在蒙脱石赋存 $4f^n$ 和 $5f^n$ 原子的费米点附近选择性地进入氧原子和铝原子的施主和受主电子能级位置，可以明显地改变蒙脱石的有效电子质量和有效空穴质量，见表 4.2。

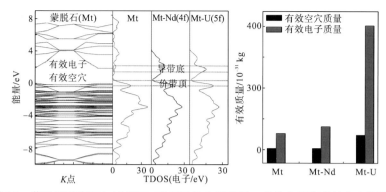

图 4.3　蒙脱石赋存 Nd-4f" 和 U-5f" 原子的电子能级、有效电子和有效空穴关系图

表 4.2　蒙脱石赋存 4f" 和 5f" 原子的有效电子质量及有效空穴质量（单位：10^{-31}kg）

	$m_{空穴}$	$m_{电子}$
纯蒙脱石	2.86	51.3
蒙脱石赋存核素(5f")	45.9~45.86 (A) 45.75~45.83 (B)	1316.47~968.72 (A) 599.5~403.01 (B)
蒙脱石赋存稀土(4f")	2.87~2.86	74.14~82.84

注："A" 表示 5f"($n<7$)壳层电子，"B" 表示 5f"($n>7$)壳层电子。

4.1.4　能态密度

1. 不考虑自旋的能态密度

原子表面电子本征态的分布对应各能级的能量。相同或相近轨道上的电子运动会产生微能量变化，形成准连续分布的电子能级，通过采用能态密度[或简称为"态密度"，$N_{(E)}$]的概念描述电子能级的分布[21-22]，即 ΔE 能量范围内电子能态数目（ΔZ）的比值：

$$N_{(E)} = \lim_{\Delta E \to 0} \frac{\Delta Z}{\Delta E} \tag{4.6}$$

能态密度包括总态密度（DOS）、局域态密度（LDOS）和投影态密度（PDOS）三个类型。总态密度，即各能带的态密度之和：

$$N = \int_{-\infty}^{E_F} N_{(E)} \mathrm{d}E \tag{4.7}$$

式中，E_F 表示费米能级。

众所周知，严格周期性格点排列晶体的电子运动是公有化的，相应的 Bloch 波函数扩展在整个晶体，即扩展态。P.W. Anderson 发表了《某些无规点阵中不存在扩散》，证明足够大的势场无序度将限定电子的运动区域由整个固体区域转变为局域范围，即扩展态转变为定域态的 Anderson 转变。N.F. Mott 将经过 Anderson 转变的紧束缚模型扩展到无序体系，提出了"无序结构的局域态"的概念，发展了局域态 Anderson 转变的适用范围。1979 年，E. Abraham 提出将有限系统的电导作为唯一标度量的标度理论，证实二维无序体系中不存在扩展态。因此，电子波函数不再扩展到整个晶体，而是在空间中按指数形式衰减，即局域态密度变化。局域态密度，即各原子的电子态对能态密度各局域能量区域的贡献：

$$N_{L(E)} = \sum_{L} N_{B(E)} \tag{4.8}$$

式中，L 表示某一轨道的局域能量区域。通常，为了标定矿物结构内可赋存离子或小分子的位置、强度、总能隙或电子跃迁激发能、结构稳定性等直观信息，需要划分局域态密度和总态密度。例如，如图 4.4 所示，蒙脱石层间低能量区域的总态密度主要由总 s 轨道提供，蒙脱石结构内高能量区域的总态密度主要由总 p 和总 d 轨道提供。

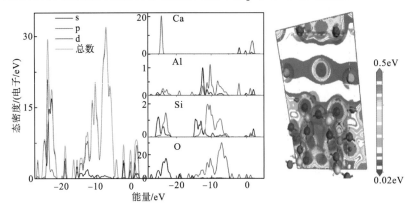

图 4.4　蒙脱石的总态密度、局域态密度和表面电荷密度关系图

投影态密度，即基于 Mulliken 分析，指定每个原子轨道对应的能带加权后得到的态密度：

$$N_{B(E)} = \sum_B N_{n(E)} \tag{4.9}$$

式中，B 表示某一特定轨道 s、p、d 或 f；$N_{n(E)}$ 表示第 n 个能带的态密度，即

$$N_{n(E)} = \frac{N\Omega}{4\pi^3} \int_{BE} \mathrm{d}k \delta[E - E_n(k)] \tag{4.10}$$

式中，Ω 和 N 分别表示原胞体积和总数。通常，根据投影态密度分析电子供体和受体位置、轨道贡献、能级转移等信息。例如，蒙脱石层间赋存核素(5f)或稀土(4f)的 PDOS 结果表明(图 4.5)，纯蒙脱石内硅氧四面体的 $O-2s^2$ 和 $Si-3p^2$ 分别对应价带(VB)底部和导带(CB)顶部的电子能级，当 f-壳层电子与 $O-2s^2$ 轨道电子发生耦合时，部分活性电子跃迁并占据 Al-p 和 $O-2p^4$ 高能量轨道的空位[19]。因此，$Al-2p^1$ 和 $O-2p^4$ 轨道电子重新组成 p-p σ成键轨道，这证明了层间 f-壳层电子主要破坏铝氧八面体位置。

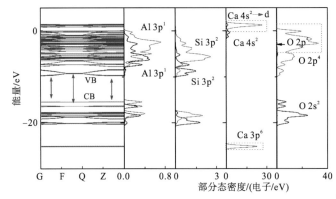

图 4.5　蒙脱石(黑色曲线)与其层间赋存 f-壳层电子(红色曲线)的电子能级和投影态密度图

注：VB 为价带顶，CB 为导带底

2. 自旋的能态密度

在极化体系中，电子具有不同的自旋方向（自旋向上的 α 电子和自旋向下的 β 电子），其能量具有正值和负值两类，对应态密度 $N_{(E)}\uparrow$ 和 $N_{(E)}\downarrow$ 的总和为总态密度，总态密度的差值 $[N_{(E)}\uparrow - N_{(E)}\downarrow]$ 为自旋态密度（SDOS）。特别是对于含铁、锰、钴等的磁性矿物体系，不同电子的自旋态密度是不完全对称的[21]。例如，在计算钙钛矿型铁酸铋的 SDOS 前，需要首先采用 LDA+U 法定义 Fe 的 U 值。如图 4.6 所示，在铁磁（FM）体系中，Fe-3d 轨道的态密度（SPDOS）主要由自旋向下的 β 电子的态密度提供，这与软磁性现象一致。随着温度升高，自旋向下的 β 电子逐步反向旋转为自旋向上的 α 电子，Fe-3d 轨道的 SPDOS 劈裂呈现出对称性，即反铁磁性（AFM）。这与高温退磁化现象一致，可用于温度敏感结构、矿物磁性转变、相变等领域的研究[23]。

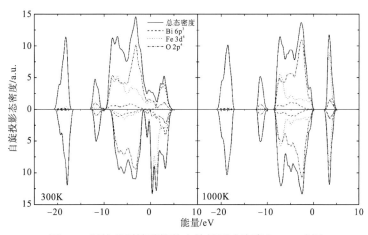

图 4.6　钙钛矿型铁酸铋的自旋投影态密度（SPDOS）图

4.2　矿物晶格的光电特性

4.2.1　能隙和吸收波长的关系

在光激发条件下，结构表界面入射光的能量满足 $E_c = h\nu = hc/\lambda$。其中，λ 表示入射光波长，h 表示普朗克常量，ν 表示入射光频率，c 表示入射光速。然而，应该注意并非所有的光子都能被结构表界面完全吸收。能带理论表明原子核上的电子运动时，电子可以吸收一定的能量并在不同的轨道间跃迁，随之向外辐射光子；但只有入射光的能量大于结构的能隙时才能激发活性电子跃迁，结构能隙（E_g，也称为"带隙"或"能带隙"）和所需激发光最大波长值（λ_g）的经验关系式满足 $\lambda_g = 1240/E_g$。因此，计算出理论电子能级分布和能隙值后，即可反推出漫反射实验对应的吸收波长。

然而，计算模型是理想的晶体结构且未考虑微量元素掺杂量的影响，电子的转移间距小于实际情况，相应的能隙较小。因此，直接计算能隙求得的吸收波长较大，与实验值不符。本节考虑微量元素占位对原晶格有畸变影响，采用半经验公式，式（4.11）和式（4.12）

将畸变因子和理论-实验比例进行常数化，拟合得到光吸收波长，其可对应于漫反射(DRS)的实验值。

$$A_{g1} = E_{g0} - A \cdot (E_{g0} - E_{g1}) \cdot x \tag{4.11}$$

式中，E_{g0} 表示未掺杂晶格的能隙；E_{g1} 表示微量元素掺杂晶格的能隙；x 表示掺杂比例；A 表示畸变等因素对未掺杂晶格能隙值的影响因子。

$$A_{g2} = A_{(x)} \cdot A_{g1} \tag{4.12}$$

式中，A_{g2} 表示微量元素掺杂晶格的实验能隙值；$A_{(x)}$ 表示未掺杂晶格能隙的实验值与计算值的比例。

4.2.2　介质折射指数

利用密度泛函理论可计算出电子跃迁产生的光学信息，通常先解析介质折射指数（$N=n+\mathrm{i}k$：n 表示折射率，k 表示折射指数的虚部）。因此，可以推导出光学中的吸收系数和反射系数。吸收系数 η 反映波穿透单位厚度介质的能量损失，其与 k 的关系式为 $\eta=2k\omega/c$；其中，ω 表示波矢的函数。反射系数 $R=[(n-1)^2+k^2]/[(n+1)^2+k^2]$。

能量损失函数 $\left[\mathrm{Im}\left(\dfrac{-1}{\varepsilon(\omega)}\right)\right]$ 用于描述均匀介质内一个电子进行穿透时所造成的能量损失，其可根据复介电常数（$\varepsilon = \varepsilon_1 + \mathrm{i}\varepsilon_2 = N^2$，实部和虚部分别为 $\varepsilon_1 = n^2 - k^2$ 和 $\varepsilon_2 = 2nk$）获得[24]。在矿物学计算研究中，研究者多关注于如何采用介电常数来描述电子跃迁过程。例如，在分析蒙脱石赋存核素(5f)或稀土(4f)的介电常数时(图 4.7)，根据晶体场理论可知，未满的 $\mathrm{f}^{5/2}$ 自旋轨道电子可跃迁进入空的 d 轨道，并分裂为二重简并态 $(\mathrm{e_g})$ 和三重简并态 $(\mathrm{t_{2g}})$，形成的 f-Ca s-d π 杂化轨道削弱了蒙脱石内长程 Ca—Ca p-p σ 键的强度。当 $5\mathrm{f}^n$-壳层电子的 $n < 7$ 时，不稳定的 $\mathrm{f}^{5/2}$ 态会导致 $6\mathrm{d}_{z2}$ 轨道退化为部分 $\mathrm{Ca}\text{-}4\mathrm{s}^2$ 轨道，产生一个空的 $\mathrm{Ca}\text{-}\mathrm{d}^0$ 轨道。O—Ca 电子转移过程从 $\mathrm{O}\text{-}2\mathrm{p}^4 \rightarrow \mathrm{Ca}\text{-}3\mathrm{p}^6$ 变为 $\mathrm{O}\text{-}2\mathrm{p}^4 \rightarrow$ 空的 $\mathrm{Ca}\text{-}\mathrm{d}^0$，这种电荷转变现象与阳离子交换实验结论一致。

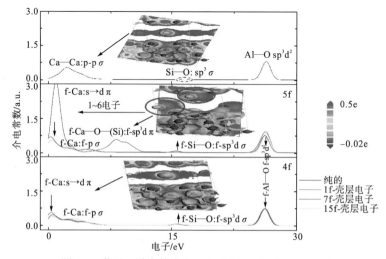

图 4.7　蒙脱石赋存核素(5f)或稀土(4f)的介电常数图

4.3 矿物晶格光电特性的模拟实例

稀土/金红石相 TiO_2 的密度泛函研究[25]如下。

1. 研究方法

(1)采用密度泛函理论定性地计算 17 种稀土/金红石相 TiO_2 的态密度和理论能隙,并拟合理论吸收波长。

(2)基于晶格能计算结果一步实验合成 17 种稀土/金红石相 TiO_2,测定实验吸收波长与理论吸收波长并进行对比和分析。

2. 研究背景

随着工业进程的迅猛发展,环境污染问题日益严重,水生态环境危机日益突出。在众多的污水处理技术中,二氧化钛(TiO_2)光催化技术具有不可比拟的应用前景,天然金红石相 TiO_2 具有优良的光催化活性。该技术具有价格低廉、节约能源、处理效率高、重复利用率高和无二次污染物等特点,部分研究成果已经工业化;但 TiO_2 的能隙为 $3.00\sim3.20eV$,仅能在紫外光的作用下被激发。因此,如何促使 TiO_2 吸收带向可见光方向移动,即"红移"现象成为研究热点之一。大量的实验研究证实,稀土元素具有复杂的能级状态和活泼的化学性质等特点,将稀土元素掺入 TiO_2 可以达到较好的"红移"效应,这是提高 TiO_2 光催化活性的重要方法之一。本节借助理论模拟技术计算稀土/金红石相 TiO_2 能隙和拟合理论吸收波长,并预测晶格能协助低温"一步法"合成稀土/金红石相 TiO_2 粉体,最后比对理论与实验吸收波长。

3. 结果和讨论

在金红石相 TiO_2 的模型中,Ti 原子 3d 轨道和 O 原子 2p 轨道构成导带和价带,Ti 原子 3d 轨道包含 t_{2g} 和 e_g 两部分。其中,价带和能量较高的导带部分主要由 Ti-3d 的 e_g 态和 O-2p 态构成,能量较低的导带部分主要由 Ti-3d 的 t_{2g} 轨道和 O-2p 轨道构成;计算得到的金红石相 TiO_2 的能隙为 2.06eV。在稀土/金红石相 TiO_2 的模型中,稀土原子占据 TiO_2 晶体中心的 Ti 原子位置,相似的稀土原子半径引起金红石相 TiO_2 结构的硬畸变(c 轴的改变量相同,$a=b$ 轴不变)。以 La、Gd 和 Yb 离子/金红石相 TiO_2 为例(图 4.8),稀土离子 $4f^n6s^2$(或 $4f^{n-1}5d6s^2$)态直接引起金红石相 TiO_2 p 轨道态密度和能隙宽度的显著变化,稀土离子的 f 轨道作用于能隙的内部。稀土离子的 s、d 轨道结构相对稳定,对金红石相 TiO_2 能隙的影响不大。

根据 DFT 分析结果,稀土中复杂的电子组态易同时出现在禁带中靠近价带和导带的多个位置,并与金红石相 TiO_2 产生多个能隙。根据稀土/金红石相 TiO_2 能隙的掺杂方式(图 4.9)进行划分,Sm、Eu、Pm、La、Pr 和 Ce 为浅能级掺杂,即电子由价带转移到稀土能级位置;Nd、Ho、Tm、Yb、Er 为深能级掺杂,即稀土能级转移到导带位置;Gd、Tb、Nd、Dy 具有两种掺杂形式,均可参与光催化反应过程。

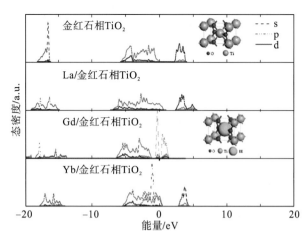

图 4.8　纯金红石相 TiO₂、La/金红石相 TiO₂、Gd/金红石相 TiO₂ 和 Yb/金红石相 TiO₂ 的态密度

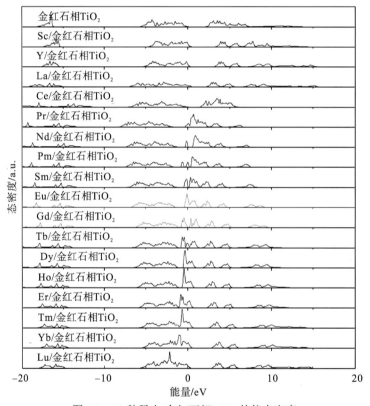

图 4.9　17 种稀土/金红石相 TiO₂ 的能态密度

　　图 4.10 表示计算能隙的规律图。其中，● 表示相应稀土/金红石相 TiO₂ 的能隙宽度；■表示其 CV 和 BV 的位置。光谱学表明"红移"效应的产生与稀土/金红石相 TiO₂ 的能隙变化相联系。当 RE-4f^n 态或 RE-4f^{n-1} 态的 n=2～11 时，相应稀土/金红石相 TiO₂ 的能隙具有规律性变化，即随着态电子数的增加，其能隙的宽度先降低、后增大。Gd 和 Tb 电子的稳定性较差，能较明显地改善金红石相 TiO₂ 的能隙。然而，并非所有的稀土元素均能够降低金红石相 TiO₂ 的能隙，Lu、Y、Yb 和 Sc 会引起能级"蓝移"效应。

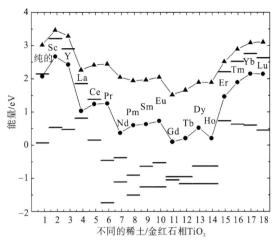

图 4.10 纯金红石相 TiO$_2$ 和 17 种稀土/金红石相 TiO$_2$ 的能隙图

由于计算模型为理想的晶体结构且未考虑稀土掺杂量的影响，因此直接计算能隙求得的吸收波长较大，吸收波长的范围为 469.10～5919.64nm，与实验值不符。在预测稀土/金红石相 TiO$_2$ 吸收波长的实际值时，吸收波长与能隙间存在如式(4.11)所示的关系，且利用式(4.12)能够更明确地表征出稀土改善金红石相 TiO$_2$ 吸收波长的能力。其中，A 表示畸变等因素对 TiO$_2$ 能隙值的影响因子，设为常数 1/100；$A_{(x)}$ 表示 TiO$_2$ 实验值与计算值的比例，设为 1.46；将稀土掺杂量 x 设为物质的量浓度 0.50%。其预测的波长吸收范围为 361.55～818.71nm，如图 4.11 中 "●" 所示。除 Lu、Y、Yb 和 Sc 外，其余 13 种稀土/金红石相 TiO$_2$ 的吸收波长均达到较好的 "红移" 效果；其中，Gd、Tb 对金红石相 TiO$_2$ 能隙的改善最为明显。该结果与 Liu[26]、Hiroshi[27]、Xu[28]、Yan[29]等的实验结论相吻合。

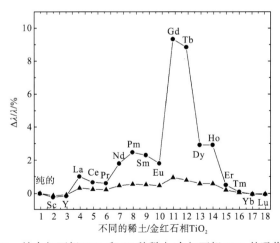

图 4.11 纯金红石相 TiO$_2$ 和 17 种稀土/金红石相 TiO$_2$ 的吸收波长

DRS 结果包括初始吸收位置和吸收波长。由图 4.12 可知，电子从 RE-4f^n（或 RE-4f^{n-1}）被激发到 O-2p 轨道，吸收波长随着稀土/金红石相 TiO$_2$ 的降低而增加。除 Ce 和 Nd 外，稀土改善了吸收波长的 "红移" 效应，其带隙与 DFT 的计算结果相似。相应的掺杂剂最优质量分数为 1.5%，其粒径小于其他的掺杂元素。通常情况下，由于 Ti-3d 轨道与 O-2p 轨道的作用影响 Gd(Tb)-4f 轨道对导带底或价带顶的贡献，导致 Gd(Tb)/金红石相 TiO$_2$ 的最低带隙宽度可能因太小而无法被表征。从图 4.12 中可以看出，Pr、Sm、Er 和 Eu 产生双等电点，增加了与表面缺陷相关的粒径均匀性。稀土元素 La、Ce、Dy、Gd、Tb、Tm、Y 等将金红石相 TiO$_2$ 的双等电点特异性降低为单点，提高了有机物与金红石相 TiO$_2$ 表面的吸附作用。其中，Ce (Dy, Gd 和 Tb)/金红石相 TiO$_2$ 等电点向酸性方向移动、La(Tm 和 Y)/金红石相 TiO$_2$ 等电点向碱性方向移动，这可以由 Zeta 等电点实验证实。

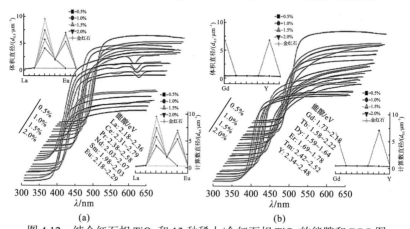

图 4.12　纯金红石相 TiO$_2$ 和 13 种稀土/金红石相 TiO$_2$ 的能隙和 DRS 图

注：(a)La~Eu/金红石相 TiO$_2$ 的能隙和 DRS 图；(b)Gd~Y/金红石相 TiO$_2$ 的能隙和 DRS 图(图中百分数均为质量分数)

4. 结论

本节利用第一性原理计算了金红石相 TiO$_2$ 和 17 种稀土/金红石相 TiO$_2$ 的电子态密度和能带结构。结果表明，除 Sc、Y、Yb 和 Lu 外，其余 13 种稀土均能够降低金红石相 TiO$_2$ 的能隙。通过拟合成实际晶体，本节预测了 17 种稀土/金红石相 TiO$_2$ 的吸收波长，其结论表明多数稀土元素能使金红石相 TiO$_2$ 发生"红移"效应。

参 考 文 献

[1] Segall M D, Pickard C J, Shah R, et al. Population analysis in plane wave electronic structure calculations. Molecular Physics, 1996, 89: 571-577.

[2] Segall M D, Shah R, Pickard C J, et al. Population analysis of plane-wave electronic structure calculations of bulk materials. Physical Review B, 1996, 54: 16317-16320.

[3] Sanchez-Portal D, Artacho E, Soler J M. Projection of plane-wave calculations into atomic orbitals. Solid State Communications, 1995, 95: 685-690.

[4] Handler G S. Interaction of an electron with a physical dipole. Journal of Chemical Physics, 1955, 23(10): 1977-1978.

[5] Davidson E R, Chakravorty S. A test of the Hirshfeld definition of atomic charges and moments.Theoretica Chimica Acta, 1992, 83(5-6): 319-330.

[6] 卢 天, 陈飞武. 原子电荷计算方法的对比. 物理化学学报, 2012, 28 (1): 1-18.

[7] Reed A E, Weinstock R B, Weinhold F. Natural population analysis. Chemical Physics, 1985, 83 (2): 735-746.

[8] Lu H, Dai D, Yang P, et al. Atomic orbitals in molecules: general electronegativity and improvement of Mulliken population analysis. Physical Chemistry Chemical Physics, 2006, 8 (3): 340-346.

[9] Magnusson E. Electronegativity equalization and the deformation of atomic orbitals in molecular wavefunctions. Australian Journal of Chemistry, 1988, 41 (6): 827-837.

[10] Li T, Hassanali A A, Kao Y T, et al. Hydration dynamics and time scales of coupled water-protein fluctuations. Journal of the American Chemical Society, 2007, 129 (11): 3376-3382.

[11] Bader R F W. Virial field relationship for molecular charge distributions and the spatial partitioning of molecular properties. Journal of Chemical Physics, 1972, 56 (7): 3320-3320.

[12] Jakalian A, Bush B L, Jack D B, et al. Fast efficient generation of high-quality atomic charges. AM1-BCC Model: I. Method. Journal of Computational Chemistry, 2000, 21 (2): 132-146.

[13] Jakalian A, Jack D B, Bayly C I. Fast, efficient generation of high-quality atomic charges. AM1-BCC model: II. Parameterization and validation. Journal of Computational Chemistry, 2002, 23 (16): 1623-1641.

[14] Senderowitz H, Rosenfeld R. Design of structural combinatorial libraries that mimic biologic motifs. Journal of Receptor and Signal Transduction Research, 2001, 21 (4): 489-506.

[15] Deng Q, Frie J L, Marley D M, et al. Molecular modeling aided design of nicotinic acid receptor GPR109A agonists. Bioorganic and Medicinal Chemistry Letters, 2008, 18 (18): 4963-4967.

[16] Li J, Zhu T, Cramer C J, et al. New class IV charge model for extracting accurate partial charges from wave functions. Journal of the American Chemical Society, 1998, 102 (10): 1820-1831.

[17] Gasteiger J, Marsili M. Iterative partial equalization of orbital electron egativity-a rapid access to atomic charges. Tetrahedron, 1980, 36 (22): 3219-3228.

[18] Rappe A K, Goddard W A. Charge equilibration for molecular dynamics simulations. Journal of Physical Chemistry, 1991, 95 (8): 3358-3363.

[19] Bian L, Song M, Dong F, et al. DFT and two-dimensional correlation analysis for evaluating the oxygen defect mechanism of low-density 4f (or 5f) elements interacting with Ca-Mt. RSC Advances, 2015, 5: 28601-28610.

[20] Mulliken R S. Electronic Population analysis on LCAO[single bond]MO molecular wave functions. I and II. The Journal of Chemical Physics, 1955, 23 (10): 1833-1846.

[21] Bian L, Dong F, Song M, et al. DFT and two-dimensional correlation analysis methods for evaluating the Pu^{3+}-Pu^{4+} electronic transition of plutonium-doped zircon. Journal of Hazardous Materials, 2015, 294: 47-56.

[22] Dong F, Bian L, Song M, et al. Computational investigation on the $f^n \rightarrow f^{n-1}d$ effect on the electronic transitions of clinoptilolite. Applied Clay Science, 2016, 119: 74-81.

[23] Li W, Dong F, Bian L, et al. Phase relations, microstructure, and valence transition studies in $CaZr_{1-x}Ce_xTi_2O_7$ $(0.0 \leqslant x \leqslant 1.0)$ system. Journal of Rare Earths, 2018, 36: 1184-1189.

[24] Bian L, Xu J, Song M, et al. First principles simulation of temperature dependent electronic transition of FM-AFM phase BFO. Journal of Molecular Modeling, 2015, 21: 2583-2590.

[25] Bian L, Song M, Zhou T, et al. Band gap calculation and the photocatalytic activity of rare earths doped rutile TiO_2. Journal of Rare Earths, 2009, 27: 461-467.

[26] Liu Z, Zhang J, Han B, et al. Solvothermal synthesis of mesoporous Eu_2O_3-TiO_2 composites. Microporous and Mesoprous

Matericals, 2005, 81 (1-3): 169-174.

[27] Hiroshi T, Tomohiko S, Kenichi K, et al. Surface modification of TiO_2 (rutile) by metal negative ion implantation for improving catalytic properties. Surface and Coating Technology, 2002, 208: 158-159.

[28] Xu W, Schierbaum K D, Goepel W. Ab initio study of the effect of oxygen defect on the strong-metal-support interaction between Pt and TiO_2 (Rutile) (110) surface. Journal of Solid State Chemistry, 1995, 119: 237-245.

[29] Yan Q, Su X, Huang Z, et al. Sol-gel auto-igniting synthesis and structural property of cerium-doped titanium dioxide nanosized powders. Journal of the European Ceramic Society, 2006, 26 (6): 915-921.

第5章　矿物晶格内的物质传输模拟

5.1　矿物晶格分子动力学的动态性能

5.1.1　关联函数

在模拟运行期间，原子运动轨迹上的邻近点是串联相关的。在 t_K+t 和 t 相关时刻处体系属性 $x(t)$ 的关联函数为

$$C(t) = \frac{\sum\limits_{K}^{L}\left(x(t_K)-\langle x\rangle\right)\left(x(t_K+t)-\langle x\rangle\right)}{\sum\limits_{K}^{L}\left(x(t_K)-\langle x\rangle\right)^2} \tag{5.1}$$

$C(t)$ 的初始值为 1（完全相关），随后衰减为 0，即关联性减弱。然而，在串联时间短的系统（通量不规则系统）中，测量的非随机性和统计偏差出现最小化。与动力学时间有关的性质常通过时间关联函数 ［correlation functions，$C(t)$］来计算[1]。考虑体系属性 $x(t)$ 是两个时间相关信号 $A(t)$ 和 $B(t)$，则关联函数可改写为

$$C(t) = \lim_{T\to\infty}\frac{1}{T}\int_0^T A(t_0)B(t_0+t)\mathrm{d}t_0 \tag{5.2}$$

式中，A 表示在时间原点采样；B 表示在延迟时间 t 后采样；$C(t)$ 取决于时间延迟，该方程的平均时间为 $C(t)=\langle A(t_0)B(t_0+t)\rangle$。当 A 和 B 是不同量时，$C(t)$ 称为"相互关联函数"。当 A 和 B 是相同量时，$C(t)$ 称为"自关联函数"（或"速度自关联函数"），可表达为 $\Psi(t)=\langle v_i(t_0)\cdot v_i(t_0+t)\rangle$；其中，$v_i$ 表示 i 原子的速度。因此，速度自关联函数可用于推导自扩散系数 D（self diffusion coefficient），其表达式为

$$D = \frac{1}{6}\lim_{t\to\infty}\int_0^\infty\langle v_i(t)\cdot v_i(0)\rangle\mathrm{d}t \tag{5.3}$$

应注意此函数是一个与单粒子相关的量，整个系统的相关函数应该由其他单粒子属性求和后的体系属性之和的时间关联函数标定。

5.1.2　输运性质

输运性质是指物质在不同区域流动的现象，如扩散性、黏滞性、热传导性等。此过程一般为非平衡态，即体系内的力场和运动状态发生转变，而计算模拟法仅适用于非平衡态中短期弛豫过程的平衡态体系，想要实现非平衡态过程就需要计算多步平衡态体系的 DFT 和 MD 过程。现已发展出第一性原理分子动力学、量子力学-分子动力学联用法（QM-MD）等技术，其核心思想均为划分出非平衡态体系中已变化的位置并重新构建平衡体系，进而重新对新平衡体系进行分子动力学计算[2-3]。因此，平衡体系的输运性质计算是非平衡体

系的计算基础，本节重点介绍平衡体系的输运性质。

根据 Fick 第一定律可知，扩散的通量表达式为 $J_z = -D(dN/dz)$。其中，J_z 表示单位时间内通过单位面积的物质的数量；D 表示扩散系数；N 表示粒子密度；负号表示物质从高浓度向低浓度输运[3]。根据 Fick 第二定律可知，扩散的时间演化行为表达式为 $\partial N(z,t)/\partial t = D\partial^2 N(z,t)/\partial^2_z$；其中，可根据爱因斯坦关系式计算三维结构中平均平方位移 $2Dt$ 的 D 值，即

$$3D = \lim_{t \to \infty} \frac{\left\langle \left| r(t) - r(o) \right|^2 \right\rangle}{2t} \tag{5.4}$$

但此方程仅在时间 t 趋于无穷值时才成立(经典和修正的爱因斯坦扩散分析方法在下一节介绍)。根据爱因斯坦关系式也可推导出其他的输运性质，如剪切黏滞系数、体黏滞系数、热传导系数等，其表达式为

$$\eta_{xy} = \frac{1}{Vk_B T} \lim_{x \to \infty} \frac{\left\langle \left(\sum_{i=1}^{N} m\, x(t)y_i(t) - \sum_{i=1}^{N} m\, y(t)x_i(t) \right)^2 \right\rangle}{2t} \tag{5.5}$$

式中，η 表示一个包括体系中所有原子函数 η_{xy}、η_{yx}、η_{xz}、η_{zx}、η_{yz}、η_{zy} 的张量[4-6]。但在处理周期性边界条件时，微扰作用限制了此方法的应用，大多采用自关联函数法处理此部分内容[7]。

5.2　矿物晶格内小分子的扩散

5.2.1　矿物晶格内的自由体积

目前，小分子扩散研究趋于利用自由体积理论解释扩散机理和行为。这是因为结构疏松的孔状/层状矿物体的总体积(total volume，V_t)包括占有体积(occupied volume，V_o)和自由体积(free volume，V_f)[8]；其中，自由体积是小分子占据和扩散的必要空间，它决定了小分子附着的位置和数量以及扩散概率的大小等[9]。因此，在研究小分子的附着和扩散过程前，应先确定体系的自由体积：

$$P \approx (n_p k_B T)/(p_{ip} V_p) \approx [(n_g + n_p)k_B T]/(V_g + p_{ip}V_p) \tag{5.6}$$

式中，p_{ip} 表示探针在矿物内可能的分布概率；n_p 表示矿物内探针的数量；V_p 表示矿物的自由体积；V_g 表示探针体积。

应注意自由体积不是固定值，它仅表示某一时间点体系内的空位状态，其随体系内的分子运动和振动变化，如图 5.1 所示。自由体积值的波动范围受结构内可伸缩或弯曲振动的内表面分子键影响，分子键越弱，自由体积值的波动越强[10-12]。因此，在 MD 模拟中，应充分考虑层状/孔状矿物内表面的结合键状态(如羟基、羧基等)、被吸附小分子的运动方式和内结合键状态(如振动、伸缩等)、内表面-小分子间的络合键状态等信息，这是矿物表/界面模拟的必备条件。

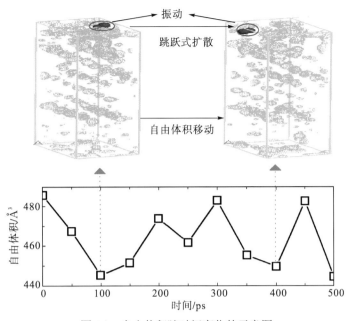

图 5.1　自由体积随时间变化的示意图

5.2.2　经典的爱因斯坦扩散

扩散研究多应用恒温巨正则系综的 MD-NPT 和 NVT 法处理系统的力、位势和焓等。NPT 系综根据位置、体积和偏速度计算粒子位势、速度和压强等参数；NVT 系综从位置和速度出发，引用标度因子 β 修正所有速度，从而得到扩散系数、热力学参数等[2]。在确立初期模型时，常混合使用 NPT 和 NVT 法平衡系综的总能量与空间构型，以满足后期计算的需要[9]。在确定 MD 初始构型后，不同系综的计算结果均包含了粒子运动过程的位移参数。为了考虑时间影响，采用均方位移(mean square displacement，MSD)曲线表示每一时间点的粒子运动距离，见式(5.7)[13]。因此，经典的爱因斯坦方程是通过拟合 MSD 曲线得到连续自由体积内的粒子扩散系数(D_0)，见式(5.8)；其中，logMSD/log$t$ 的斜率近似于1，如图 5.2 所示。

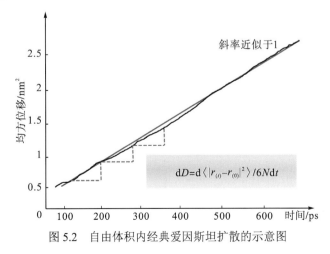

图 5.2　自由体积内经典爱因斯坦扩散的示意图

$$\text{MSD} = \left\langle \left| r_{(t)} - r_{(0)} \right|^2 \right\rangle \tag{5.7}$$

$$D_0 = \lim_{t \to 0} \mathrm{d} \sum_{i=1}^{N} \left\langle \left| r_{(t)} - r_{(0)} \right|^2 \right\rangle / (6N\mathrm{d}t) \tag{5.8}$$

式中，t 表示运动时间；$r_{(t)}$ 和 $r_{(0)}$ 表示某一粒子在 t 时刻和初始时刻的空间位置；N 表示运动粒子数。

5.2.3　非爱因斯坦扩散

根据流体力学的概念，均相致密模型的自由体积极小且自由体积间的联通性较差，气体分子很难在截断的自由体积间扩散[13]。因此，均相致密模型自身含有气孔时[式(5.9)～式(5.11)]，可忽略气体可溶性、外界压力和压塑作用、渗透率等参数随温度改变而产生的小幅度变化。此时，渗透率主要取决于模型自身的致密度，截断自由体积内小分子的扩散行为属于此范畴[9, 14-15]。因此，孔状/层状矿物的致密度越大，结构内的自由体积越小，结构单元间的联通性越差，小分子越难进行"跳跃"式扩散。

$$\ln P = \ln P_0 - E_\mathrm{p}/RT \tag{5.9}$$

$$P = P_0 \exp(-E_\mathrm{p}/RT) + A^1/T \tag{5.10}$$

$$P = P_0 \exp(-E_\mathrm{p}/RT) + A^2/T^{1/2} \tag{5.11}$$

式(5.9)～式(5.11)中，P 表示渗透率，P_0 表示标准渗透率，均与压力相关；E_p 表示外观反应活化能；A^1 和 A^2 表示模型参数。

爱因斯坦扩散方程仅适合连续自由体积内的扩散方式。因此，不连续自由体积内小分子的"跳跃"式扩散行为应考虑扩散方向、局域扩散与振动、跳跃扩散等(图5.3)[13]。根据式(5.12)，当 $n<1$ 时，截断自由体积内直径较小的小分子属于正常扩散；反之，不连续自由体积内的小分子属于非正常扩散($n>1$)，小分子受强氢键作用的影响，仅在稳定位置附近做自振动，其跳跃扩散需满足式(5.13)。

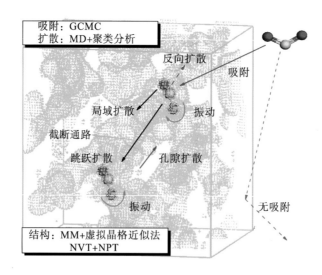

图 5.3　自由体积内的非爱因斯坦扩散

$$n = \lg \text{MSD} / \lg t \tag{5.12}$$

$$\Delta E = \pi d^2 \lambda / 4 \tag{5.13}$$

式中，MSD 表示均方位移；t 表示扩散时间；d 表示小分子直径；λ 表示扩散过程中每帧的步长。

5.3 往返式扩散数据分析方法

5.3.1 聚类法分析小分子的扩散系数

考虑到扩散方向和跳跃方式，本节首先选取聚类分析法降低自振动和扩散方向对小分子扩散系数的影响；其中，MSD 的修正度取决于线性相关系数(R)，且扩散方向分为正、反两类[5]。如图 5.4 所示，R 的值越大，不连续自由体积内小分子的运动行为越趋于"跳跃"式扩散，自相关速度越趋于零点。然后，依据爱因斯坦方程拟合 MSD 以得到小分子的"跳跃"扩散系数（正向扩散系数 D_0^+ 和反向扩散系数 D_0^-）。

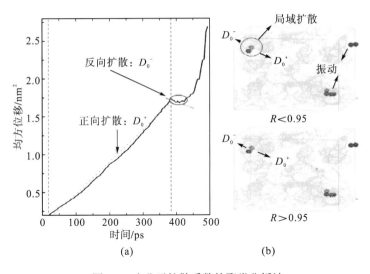

图 5.4 小分子扩散系数的聚类分析法

注：(a)利用聚类分析方法分析小分子的均方位移(MSD)获得扩散系数(正向扩散系数：D_0^+，

反向扩散系数：D_0^-)；(b)小分子扩散行为与 R 值的关系示意图($R>0.95$，扩散越接近于跳跃式扩散)

5.3.2 扩散率与渗透率的拟合法

为了将微观扩散与宏观渗透相结合，本节综合考虑了小分子的附着量与扩散系数，并通过计算得到了渗透率(P)。其中，致密孔状/层状矿物内小分子的渗透率借助溶解度参数(S)和正扩散系数的拟和值(D)进行求解，见式(5.14)[1-2]。D 根据式(5.15)和式(5.16)求解，其主要取决于扩散系数(D_0)和活化能(E_a)。目前，小分子在聚合物中的溶解度(S)常通过亨利法求解[式(5.17)]，其为共聚能密度(E_{CED})的平方根。高 E_{CED} 对应于孔状/层状矿物内小分子的强范德瓦耳斯力[16-18]。在考虑 D 和 S 后，孔状/层状矿物内小分子的渗透性参数近似于实验值，此计算法的精度满足理论与实验拟合的需要[19-22]。

$$P = D \cdot S \tag{5.14}$$

$$D = D_0 \exp[-E_a / k_B T] \tag{5.15}$$

$$E_a = \mathrm{d}(\log D) / \mathrm{d}(1000 / T) \tag{5.16}$$

$$S = E_{\mathrm{CED}}^{\frac{1}{2}} \tag{5.17}$$

例如，蒙脱石赋存核素(5f)或稀土(4f)时，4f(或 5f)-壳层电子占据相邻 Ca 原子的扩散路径，促使低势能的 Ca 原子($\sim$-0.02eV)与内层表面的原子 O($\sim$-0.01eV)紧密结合形成 Ca-4s^2-O-2p^4 杂化轨道，诱导 Ca 原子和 O 原子彼此接近(Ca—O 键长：0.62nm$\rightarrow$0.43nm)。从而，Ca 原子的相对扩散系数降低(7.8×10^{-9}m$^2\cdot$s$^{-1}\rightarrow$5f: $1.1\sim4.4\times10^{-9}$m$^2\cdot$s^{-1}；4f: $1.1\sim2.4\times10^{-9}$m$^2\cdot$s^{-1})，相应的渗透率也随之降低，见表 5.1。因此，层间钙有助于缓冲核素/稀土离子和稳定蒙脱石结构[23]。

表 5.1　蒙脱石赋存核素(5f: A)或稀土(4f: B)的扩散系数 D、活化能 E 和渗透率 P

	5f-壳层电子			4f-壳层电子		
	D/(m$^2\cdot$s^{-1})	E/eV	P/(cm·cm$^{-2}\cdot$s^{-1})	D/(m$^2\cdot$s^{-1})	E/eV	P/(cm·cm$^{-2}\cdot$s^{-1})
Ca	$3.7\sim4.4\times10^{-9}$ (A) $1.1\sim2.3\times10^{-9}$ (B)	$39.95\sim40$ (A)； $0.64\sim2.25$ (B)	$147.82\sim176\times10^{-9}$ (A) $0.7\sim5.18\times10^{-9}$ (B)	$1.1\sim2.4\times10^{-9}$	$0.88\sim1.1$	$0.97\sim2.64\times10^{-9}$

应注意，静态和动态数据的准确性完全依赖于 MD 建模和计算方法的合理性；然而，MD 法自身也存在一定的误差，如电势截断引入了能量的涨落、近似式包含误差、未考虑电子和刚体等前期约束条件等。因此，在分子动力学研究过程中，需要将不含时的蒙特卡罗法(MC)等作为辅助手段。若计算条件允许，则应进一步引入 DFT 进行表面电子密度模拟研究。

5.3.3　自由体积赋存小分子的扩散与聚类分析模拟实例

自由体积内气体分子的 MD 模拟及聚类分析[24]如下。

1. 研究方法

(1)利用 MD 和 GRS 方法构建非截断和截断的自由体积通道。

(2)采用聚类分析方法，对自由体积中气体分子的运动轨迹进行分析。

2. 研究背景

在利用爱因斯坦扩散方程计算相应的气体扩散系数时，由于气体在非正态扩散过程中振动并跃过截断自由体积，因而在分子水平上求解爱因斯坦流体方程可能会产生误差。因此，为了描述气体的运动轨迹，本节分析了自由体积内气体的均方位移(MSD)，并研究了气体小分子的扩散轨迹。

3. 结果与讨论

本节通过描述相应的自由体积确定气体小分子的扩散路径。通常，在截断自由体积内部没有有利于气体分子转移的路径。考虑到载体对气体的吸附量，将初始自由体积定义为基本气体行走路径。然而，截断自由体积的内部区域几乎不存在气体扩散路径，大部分的自由体积由模型内的链端部分构成，如图 5.5 中红线内的部分所示，这表明气体分子仅能在非截断自由体积内部和截断自由体积链端处进行扩散。

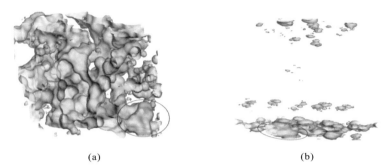

(a) (b)

图 5.5　非截断(a)和截断(b)的自由体积

注：(a)为非截断的自由体积；(b)为截断的自由体积。

蓝色代表自由体积，红色内为最可几气体分子的附着位置和扩散路径

非截断自由体积是气体附着与扩散的基本通道，且自由体积会发生局域弛豫，如图 5.6 所示；同时，它会随时间的变化转移气体，即气体分子交替"跳跃"运动，且部分气体分子向各方向扩散逸出。这与气体分子的附着量结论吻合。

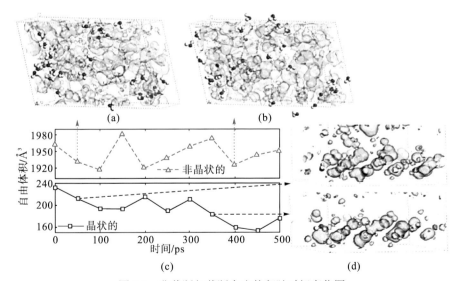

图 5.6　非截断与截断自由体积随时间变化图

注：(a)和(b)分别为 50ps 和 400ps 时非截断自由体积；(c)非截断与截断自由体积随时间变化；

(d)50ps 和 350ps 时截断自由体积

截断自由体积内的气体分子属于非正常扩散,其反向扩散的 n 值约等于正向扩散,即截断自由体积对气体分子具有较强的阻隔性,可采用聚类分析法优化气体分子的振动行为。气体分子在稳定位置附近做自振动,且在自由体积间"跳跃"扩散。截断自由体积内气体分子的振动作用较强,其 R 取值为 0.8。当 R 大于 0.8 时,自振动趋于不计,气体分子只进行"跳跃"扩散,这可以较好地满足爱因斯坦方程。用聚类法处理后得到的非截断自由体积内的气体分子呈常规的"跳跃"扩散,其扩散方向为任意方向(非截断自由体积)和 y 轴(截断自由体积)。

考虑到气体的吸附位点和吸附率,本节计算了三种可能的扩散行为:振动扩散、局域扩散和跳跃扩散,且气体在扩散过程中保持振动状态,这个振动可以用于描述微气体扩散。为了确定气体在局域和连通自由体中的扩散行为,本节通过分析 MSD 曲线的线性回归线来区分气体的行走轨迹,线性回归的精度取决于线性相关系数(R)。如图 5.7 所示,当 $R>0.8$ 时,说明气体扩散与时间呈较强的线性相关关系。气体沿正、负方向前后行走,以保持系统能量最小。正方向为渗透方向,气体通过增加扩散能的作用回到初始位置,其扩散系数可分为正方向和负方向。在计算扩散系数时,考虑 MSD 曲线的每一个扩散步长,这种方法称为"聚类分析";其中,正扩散系数和负扩散系数根据气体的行走轨迹确定。因此,在总扩散系数中考虑气体弹回初始位置的扩散系数。由正扩散系数与负扩散系数的差值可以看出,扩散过程为静态正扩散过程。当气体在局域自由体积中来回扩散时,正、负方向上行走轨迹的绝对值几乎相等,这降低了线性回归的准确性,产生了一个低的 R 值(<0.8)。当 R 的值增大时,轨迹的精度增大,说明气体的扩散行为在连通自由体积内转变为"跳跃"扩散,体系的自相关函数也收敛到零点。

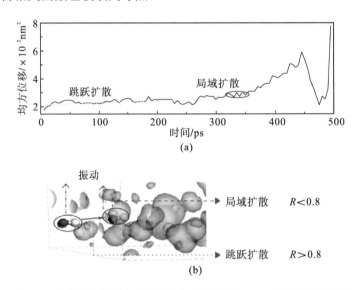

图 5.7 非截断和截断自由体积内气体分子的 MSD 曲线和扩散行为

非截断和截断自由体积内气体分子的 MSD 属于非线性关系,且扩散系数受温度和压力的影响较小。因此,本节利用聚类分析法将气体分子在常温和常压条件下的扩散系数分为正扩散系数和反扩散系数。扩散系数与分子直径成反比,分子直径越大,扩散系数越低

（图 5.8）。大尺寸气体分子(含氮、碳类气体分子)的正扩散系数均略大于其反扩散系数，且均沿非截断和截断自由体积的渗透方向做往返式"跳跃"扩散。

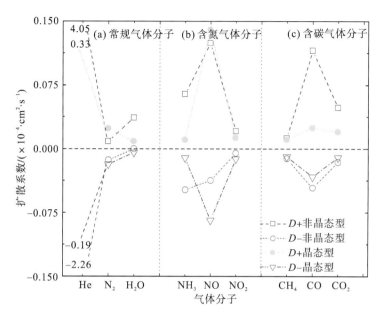

图 5.8　聚类分析法得到的非截断和截断自由体积内气体分子的扩散系数(D)

注：+为正向扩散；−为反向扩散

表 5.2　非截断和截断自由体积内气体分子的渗透率[5]　　　　　　　(单位：e)

气体分子	非截断			截断			P_{Exp}
	E_a/eV	S/ [cm³(STP)·cm⁻³(atom)]	P_{calc}/ [10⁻¹²cm³(STP)cm·cm⁻²·s⁻¹]	E_a/eV	S/ [cm³(STP)·cm⁻³(atom)]	P_{calc}/ [10⁻¹²cm³(STP)cm·cm⁻²·s⁻¹]	
He	0.18	4.91×10^{-4}	1988	0.14	4.27×10^{-6}	1.41	-
N_2	0.62	0.01	65.77	0.49	3.99×10^{-9}	9.53×10^{-5}	4.8
H_2O	0.43	0.03	1091	0.62	6.84×10^{-3}	60.19	-
NH_3	0.36	0.02	128	0.59	5.01×10^{-3}	53	-
NO	0.27	0.04	521	0.26	2.95×10^{-6}	0.41	-
NO_2	0.51	0.05	1281	0.57	1.92×10^{-5}	0.24	-
CH_4	0.57	0.09	1098	0.59	7.56×10^{-7}	8.01×10^{-3}	-
CO	0.28	0.01	1038	0.48	7.28×10^{-9}	1.77×10^{-4}	-
CO_2	0.40	0.10	482	0.51	3.27×10^{-3}	60.09	95.4

非截断和截断自由体积内气体分子的活化能为 0.14～0.62eV，则 $\exp[-E_a/k_BT]\approx1$，相关的 $D\approx D_0$。自由体积内气体分子的溶解度和渗透率见表 5.2。结果表明，截断自由体积内气体分子的渗透率远低于非截断自由体积，这说明其对内层气体分子的缓冲作用和对外层气体分子的阻滞作用均较强。特别地，极性水分子的溶解度较高，多个水分子相互交替运动，计算出的水分子渗透率高于实验值，因此可较好地应用于水分子选择性透过膜的相关领域。

4. 结论

自由体积是气体分子主要的扩散通路，自由体积自身的截断和非截断特征直接影响气体分子的扩散速率和扩散方式等。此外，自由体积并非定值，其随载体内的分子振动发生相应的改变，进而直接影响气体分子的扩散过程。

参 考 文 献

[1] 陈敏伯. 计算化学从理论化学到分子模拟. 北京: 科学出版社, 2009.

[2] 陈正隆. 分子模拟的理论与实践. 北京: 化学工业出版社, 2007.

[3] Bian L, Xu J, Song M, et al. Effects of halogen substitutes on the electronic and magnetic properties of $BiFeO_3$. RSC Advances, 2013, 3: 25129-25135.

[4] Fortin J B, Lu T M. Ultraviolet radiation induced degradation of poly-para-xylylene (parylene) thin films. Thin Solid Films, 2001, 379: 223-228.

[5] Lu C H, Ni S J, Chen W K, et al. A molecular modeling study on small molecule gas transportation in poly (chloro-p-xylylene). Computational Materials Science, 2010, 49: 565-569.

[6] Gu Q ,Schiff E A,Grebner S, et al. Non-gaussian transport measurements and the einstein relation in amorphous silicon. Physical Review Letters, 1996, 76(17): 3196-3199.

[7] Pavel D, Shanks R. Molecular dynamics simulation of diffusion of O_2 and CO_2 in blends of amphous poly (ethylene terephthalate) and related polyesters. Polymer, 2005, 46: 6135-6147.

[8] Bian L, Shu Y, Wang X. A molecular dynamics study on permeability of gases through parylene AF8 membranes. Polymers for Advanced Technologies, 2012, 11: 1520-1528.

[9] Heuchel M, Fritsch D, Budd P M, et al. Atomistic packing model and free volume distribution of a polymer with intrinsic microporosity (PIM-1). Journal of Membrane Science, 2008, 318(1-2): 84-99.

[10] Fox T G, Flory P J. Second-order transition temperatures and related properties of polystyrene. I. Influence of Molecular Weight. Journal of Applied Physics, 1950, 21: 581-591.

[11] Tamai Y, Fukuda M. Nanoscale molecular cavity in crystalline polymer membranes studied by molecular dynamics simulation. Polymer, 2003, 44(11): 3279-3289.

[12] 陶长贵, 冯海军, 周健, 等. 氧气在聚丙烯内吸附和扩散的分子模拟. 物理化学学报, 2009, 25(7): 1373-1378.

[13] Bian L, Shu Y, Wang X, et al. Computational investigation on adsorption and diffusion of 4 gas molecules in high pressure PPX structure. Integrated Ferroelectrics, 2011, 127: 83-90.

[14] Tanioka A, Fukushima N, Hasegawa K, et al. Permeation of gases across the poly (chloro-p-xylylene) membrane. Journal of Applied Polymer Science, 1994, 54(2): 219-229.

[15] Metzen R P, Egert D, Ruther P, et al. Diffusion limited tapered coating with parylene C. IFMBE Proceedings, 2009, 25: 96-99.

[16] Yang L J, Lin W Z, Yao T, et al. Photopatternable gelatin as protection layers in low-temperature surface micromachinings. Sensors and Actuators, 2003, A103: 284-290.

[17] Monk D J, Toh H S, Wertz J. Oxidative degradation of parylene C 〔poly (monochloro-para-xylylene)〕 thin films on bulkmicromachined piezoresistive silicon pressure sensors. Sensors and Mater, 1997, 9(5): 307-319.

[18] Meng E, Li P, Tai Y C. Plasma removal of parylene C. Journal of Micromechanics and Microengineering, 2008, 18: 1-13.

[19] Tung K L, Lu K T, Ruaan R C, et al. MD and MC simulation analyses on the effect of solvent types on accessible free volume and gas sorption in PMMA membranes. Desalination, 2006, 192 (1-3): 391-400.

[20] Tung K L, Lu K T. Effect of tacticity of PMMA on gas transport through membranes: MD and MC simulation studies. Journal of Membrane Science, 2006, 272 (1-2): 37-49.

[21] Memari P, Lachet V, Rousseau B. Molecular simulations of the solubility of gases in polyethylene below its melting temperature. Polymer, 2010, 51 (21): 4978-4984.

[22] Tsujita Y. Gas sorption and permeation of glassy polymers with microvoids. Progress in Polymer Science, 2003, 28 (9): 1377-1401.

[23] Bian L, Song M, Dong F, et al. DFT and two-dimensional correlation analysis for evaluating the oxygen defect mechanism of low-density 4f (or 5f) elements interacting with Ca-Mt. RSC Advances, 2015, 5: 28601-28610.

[24] Bian L, Shu Y, Song M, et al. MD simulation and cluster analyses on the permeability of gases through parylene AF4 membranes. Journal of Molecular Structure, 2016, 1105: 142-151.

第6章 矿物-小分子的表面化学反应和界面电子转移

6.1 矿物表/界面模拟方法简介

近年来，随着科学研究的不断深入，为了结合矿物的优势性能、提高矿物的应用前景，物质间的多相复合成为研究复合体系的一种手段。复合材料的性能优势体现在很多方面，如热学、光学、电学、力学、磁学、催化等[1]。复合材料的表界面具有特殊的结构与性质，是电子转移与能量交换的重要区域，也是各类物理与化学反应的主要场所。这些结构与性质成为物理、化学、生物、材料、地质和纳米等科学研究领域的重要课题。不过，由于其表/界面具有二维的结构特征，纳米级别的空间尺度给传统的实验研究方法在合成、分析等方面带来了诸多困难。计算模拟方法兴起后，能够有效地克服和解决传统实验方法的不足。它可以从微观角度展示吸附过程中吸附结构的变化，探究物质表面吸附的分子构型，进而解释吸附过程中的吸附机制与吸附特性，为吸附体系提供较准确的热力学与动力学信息。因此，研究表面化学结构以及形貌特征与界面间的耦合作用和电子转移，不仅成为研究矿物复合物性能的重要方向，而且成为研究矿物迁移、转化、演化的重要手段[2]。

表/界面指两种不同的相态相互接触后形成的接触面，是两相之间的过渡区域。不同的矿物具有不同的晶体结构和结构参数，可分为特征晶面和功能性(如氧化、还原等)晶面，同时不同的矿物表面具有不同的缺陷(如氧空位、位错、层错、吸附杂质原子等)、活性位点和活性功能基团(如羟基、Si/Al—O 和 Si/Al—OH 活性官能团等)，这使得不同的表面具有不同的结构和性能，研究不同的功能性表/界面要使用不同的建模方法。一般情况下，对于不同矿物的复合，不仅要根据矿物的晶体结构和结构参数来判断晶格匹配度的大小(一般不得高于 20%)，而且要考虑不同特征晶面复合的差异性；对于矿物表面与小分子(如气体、生物小分子、有机小分子等)，既要考虑由不同晶面构成的表面的活性位点对小分子吸附性能的影响，还要考虑活性官能团对不同吸附机制的贡献以及不同缺陷对最终产物形成的影响；对于矿物表面与大分子(如生物大分子、有机大分子等)，在由不同晶面构成的矿物表面能够充分赋存大分子的前提下，既要考虑表面缺陷对大分子的分解缩合、氧化还原作用，还要考虑表面的官能团和活性位点对分子吸附的差异性[3]。

众多理论从不同的角度解析了模型结果，理论研究者应充分认识到建模的重要性，即"计算开始就是计算结束"，矿物表/界面建模直接决定了最终计算结果的可靠性。本章将矿物表/界面模型分为表面赋存小分子、矿物表面赋存小分子、矿物界面、矿物界面赋存小分子、有机界面赋存小分子[3-6]，见表 6.1。

表 6.1 矿物表/界面电子转移模拟方法

模型	建模方法	考虑内容
表面赋存小分子	MD	吸附、构型转变
矿物表面赋存小分子	GCMC-MD-DFT	吸附、扩散、相互作用
矿物界面	TST-DFT	吸附、扩散
矿物界面赋存小分子	DFT-2D-CA	吸附影响因素
有机界面赋存小分子	GCMC-MD-DFT	电子转移、轨道杂化、界面耦合

6.2 矿物表面赋存小分子的模拟

6.2.1 矿物表面的建模方法

表面建模作为计算表/界面性质的前提，通常为表面赋存离子或小分子以及无机、有机界面建立的合理性(不同的晶面、表面厚度和角度)和准确性做准备。建模一般包含以下四个步骤，以图 6.1 中的 $Fe_3O_4(111)$ 表面为例。

(1)建立结构模型。不仅可以通过程序自带的各种晶体及在有机模型中导入体系的晶胞建模，还可以手动建模(通过查询晶体的结构参数和晶胞参数进行建模)。

(2)建立表面。根据不同晶体的特征晶面，通过晶面指数(hkl)建立具有不同特征晶面的表面(不仅可以选择建立晶面的位置，还可以根据实际需求建立不同的晶面层数和角度)，如 $Fe_3O_4(111)$ 晶面。

(3)建立超晶胞。最初建立的表面仅仅是一个晶胞晶面，因此根据实际需求在 x、y 或 z 方向上扩大 n 倍，得到一个周期性超晶胞结构表面模型，如建立 $x=y=2$ 的超晶胞表面。

(4)建立真空层(通常选择 10Å 以上)。在周期性超晶体结构表面模型的 x、y 或 z 方向上建立真空层(一般为 z 方向)，即可得到一个周期性的表面结构模型。如图 6.1 所示，建立真空层为 15Å 的 2×2 $Fe_3O_4(111)$ 的超晶胞表面模型。

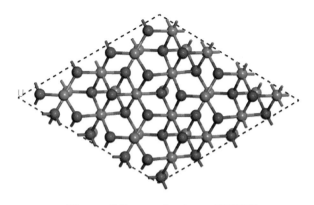

图 6.1 矿物 $Fe_3O_4(111)$ 2×2 表面模型

6.2.2 矿物表面赋存离子或小分子的建模方法

1. 矿物表面赋存小分子的建模方法

矿物表面赋存小分子的建模方法主要包含以下四个步骤,以建立图 6.2 中的 RGD 与 BFO(111)表面模型为例。

(1)通过前面所述的方法建立一个周期性表面结构模型,如图 6.2 所示,建立 BFO (111)表面结构模型。

(2)根据实际需求建立赋存离子或小分子的结构模型。如图 6.2 所示,通过查询精氨酸-甘氨酸-天冬氨酸(RGD)的结构模型,建立 RGD 的结构模型。

(3)利用蒙特卡罗法将赋存的离子或小分子吸附在真空层内,或者直接将离子或小分子复制粘贴到所建立的表面的真空层内。如图 6.2 所示,通过蒙特卡罗法将 RGD、H_2O、$CaCl_2$吸附在真空层内。

(4)选择表面的部分原子,定义最适合平面和选择合适赋存离子或小分子到最适合平面的距离,即可得到表面赋存离子或小分子的结构模型。此外,赋存离子还可以被考虑为外环境因素,以一定的浓度根据随机性原理添加在周期性表面结构的真空层内。如图 6.2 所示,通过定义表面的 Fe 原子,在考虑层间吸附 H_2O、$CaCl_2$的情况下,计算对 RGD 在 BFO (111)表面吸附作用的影响(静电相互作用和水桥作用)[7]。

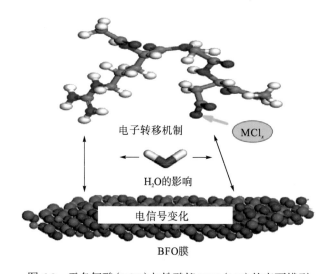

图 6.2 天冬氨酸(RGD)与铁酸铋 BFO(111)的表面模型

2. 表面过渡态的建模方法

表面过渡态的建模方法主要包含以下四个步骤[8]。

(1)通过前面所述的方法建立一个周期性的表面赋存小分子的表面结构模型,如图 6.3 所示,建立 LZS (100)表面结构模型。

(2)根据可能的化学反应路径确定产物的结构式,利用同样的方法建立反应产物的表面结构模型。图 6.3 (b) 为 LZS (100) 表面吸附 CO_2 的模型，以及 LZS (100) 表面吸附 CO 和 H_2O 的模型。

(3) 通过匹配反应物和生成物的对应原子，确定不同化学反应的反应路径。图 6.3 中主要匹配所建立的反应物和生成物中的 H、C、O 原子。

(4) 通过过渡态理论计算，确定化学反应路径中存在的过渡态结构模型。例如，图 6.3 (c) 是 LZS 表面 $^*HO_{(LZS)} + CO_2 = CO + H_2O$ 化学反应过程的过渡态结构和对应的反应能量。

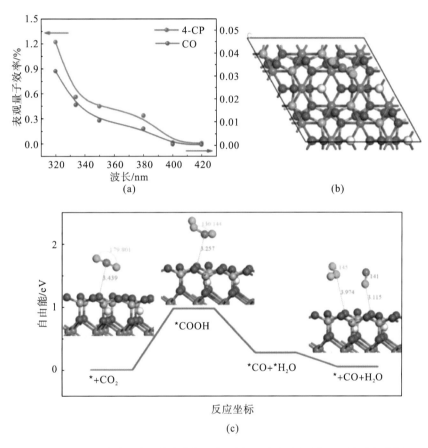

(c)

图 6.3　层状硅酸盐 (LZS) 光降解 4-氯酚 (4-CP) 和光还原 CO_2 的反应过程

注：(a) 不同入射光下层状硅酸盐 (LZS) 上的光降解 4-氯酚 (4-CP) 和光还原 CO_2 的量子产额；

(b) LZS 表面吸附 CO_2 的俯视图；(c) 在 LZS 表面 CO_2 还原为 CO 的过渡态结构和对应自由能图

6.2.3　矿物表面赋存小分子的模拟方法

1. 过渡态分析法

表/界面计算数据分析对于解释和分析表面吸附作用力、电子转移以及界面间的耦合作用和轨道耦合机制具有重要意义。不同的界面在吸附和复合过程中具有不同的作用，在分析时要有不同的侧重点和方法。例如，对于赋存离子或小分子的表面，主要考虑表面对赋存离子或小分子的吸附过程，以及赋存离子或小分子对其他分子与表面间相互作用的影响，表面的吸附位点、活性功能基团和表面缺陷是重点考虑因素；对于无机界面，晶格匹配是首先要考虑的问题，其分析的侧重点主要是界面间的耦合作用和轨道耦合机制；对于有机或无机界面，既要考虑表面的吸附作用力，还要考虑界面间的耦合作用，综合无机材料的功能性特征晶面、表面缺陷、活性位点和活性功能基团对有机或无机界面间相互作用的影响。

过渡态分析法主要涉及反应路径中的能量变化、结构变化和过渡态形成的机理以及反应机制。例如，羟基化金红石相 $TiO_2(110)$ 表面与 NO 反应生成 NH_3 和 H_2O 的机理[8]。首先，确定 NO 在羟基化金红石相 $TiO_2(110)$ 表面最稳定的吸附结构（$N_{ads}O$），以形成最稳定的结构；其次，探索 NO 在羟基化金红石相 $TiO_2(110)$ 表面的催化反应途径，以及如何生成 NH_3 和 H_2O 的过程；最后根据过渡态计算，将总催化反应分为两个阶段。第一阶段，吸附在羟基金红石相 $TiO_2(110)$ 表面的 NO 分子被激活；第二阶段，产生中间体 HN+O 和 HNOH，最终生成产物 NH_3 和 H_2O。

2. 蒙特卡罗法

蒙特卡罗法主要涉及矿物对重金属以及无机和有机小分子的吸附量和吸附状态。图 6.4 采用蒙特卡罗法模拟和预测了斜发沸石对 Sr 的吸附状态和吸附量。首先，确定 Sr 在斜发沸石结构内的吸附量；其次，探索不同吸附量的 Sr 在斜发沸石中的吸附状态。

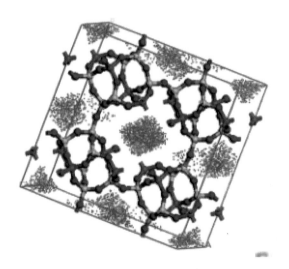

图 6.4　斜发沸石赋存重金属离子 Sr 的 GCMC 图

3. 分子动力学法

分子动力学法主要涉及相互作用的动态分析以及原子动态扩散、原子相互作用的变化过程。图 6.5 表示钙钛矿表面与氨基酸分子的相互作用过程。首先，通过矿物-小分子界面的建模方法建立甘氨酸、丝氨酸、谷氨酸、精氨酸在 $BiFeO_3$ 表面赋存的界面结构模型[9]，将该结构优化后进行动力学计算（主要计算和分析静电相互作用和范德瓦耳斯力的变化过程，解析主要的氨基酸被吸附在 BFO 表面是通过静电相互作用还是范德瓦耳斯力）；然后，通过原子径向分布函数分析静电相互作用和范德瓦耳斯力主要由哪些原子间的相互作用引起，从而得到氨基酸与 BFO 表面相互作用的机制。

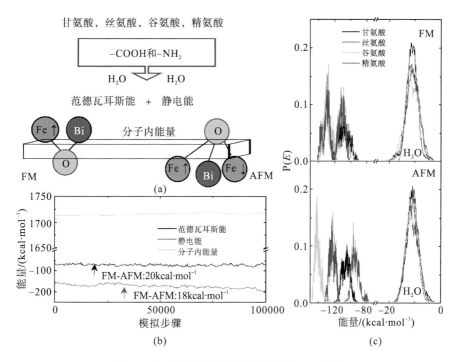

图 6.5　钙钛矿表面赋存氨基酸的相互作用图

注：(a)钙钛矿表面吸附氨基酸的示意图；(b)相互作用力的变化；(c)径向分布函数

6.3　矿物表面赋存小分子的模拟实例

6.3.1　矿物表面赋存多肽小分子电子转移的 MD 模拟实例

将可生物降解的羧甲基菊粉作为方解石晶体生长的阻垢剂[10]。

1. 研究方法

(1)采用 MD 结合 COMPASS 力场的方法计算方解石表面羧甲基菊粉(CMI)的结构、取向、相互作用等。

(2)研究 CMI 抑制方解石生长的强相互作用。

2. 研究背景

碳酸钙具有三种常见晶型：方解石型、菱型和多晶型。其中，有研究表明有机聚合物易于调控方解石的成核和生长。迄今为止，广泛用于水系统的阻垢剂主要是丙烯酸聚合物、马来酸聚合物和膦酸酯。这些试剂因其优异的阻垢性能而被广泛使用，如良好的溶解度阈值效果、低剂量效果和高温耐受性。与亚甲基膦酸、1-羟基乙烷-1、1-二膦酸酯相比，CMI

对方解石晶体的生长具有良好的抑制作用。它是一种可以从菊粉根中分离出来的多糖,不含氮和磷且水生毒性非常低,是一种有效的环保型方解石晶体生长抑制剂。然而,目前研究界对 CMI 和方解石晶体之间的相互作用情况尚不清楚。

3. 结果和讨论

为了研究 CMI 对方解石的抑制作用,通过使用 MD 的总能量公式计算 CMI 分子与方解石表面之间的相互作用能,并优化方解石和 CMI 的最优几何构型,如图 6.6 所示。CMI 分子与 4 个方解石表面的相互作用能表明方解石 (012) 表面的总能量比其他 3 个方解石表面高出 2~3 倍且总能量随着 CMI 重复单元数的增加而增加,说明 CMI 与方解石 (012) 表面的结合能力是 4 个方解石表面中最强的。

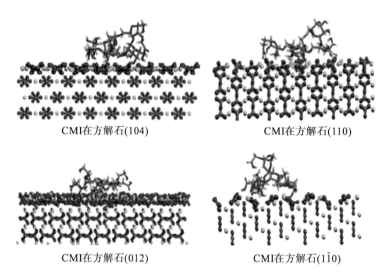

CMI在方解石(104)　　　　　　　　　　CMI在方解石(110)

CMI在方解石(012)　　　　　　　　　　CMI在方解石(1$\bar{1}$0)

图 6.6　DP=3 时 CMI-方解石的优化几何形状

方解石的晶体生长通常存在于水性环境,可以在方解石表面吸附 CMI 的过程中假定这种环境。为了确保模拟系统对于实际应用的有效性,本节使用了一种方法来研究水环境的影响:在方解石中添加厚度为 0.5nm 的含 CMI 分子 $(n=5)$ 的水层,并进行 50ps 的 MD 弛豫计算。相应的能量结果表明,方解石 (012) 表面与 CMI 分子的最大相互作用约为 $-77eV$,而其他方解石表面 (104)、(110) 和 (1$\bar{1}$0) 的吸附能量在 $-12\sim-5eV$ 变化。

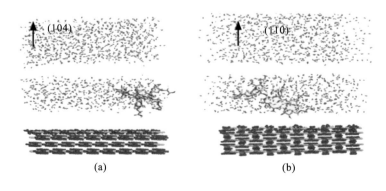

(a)　　　　　　　　　　　　　　　　(b)

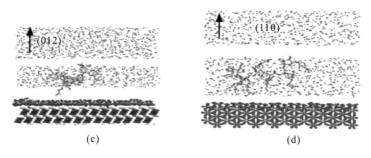

图 6.7 水环境中 CMI-方解石形成最佳几何构型的 MD 模拟

注：(a)CMI 在方解石(104)几何构型；(b)CMI 在方解石(110)几何构型；

(c)CMI 在方解石(012)几何构型；(d)CMI 在方解石(110)几何构型

图 6.8 反映了 CMI 与方解石表面分子间的相互作用，在 CMI 的氢(H)原子与方解石表面的 O 原子之间可以找到许多氢键。CMI 的 O 原子与方解石表面 Ca 原子之间的距离在 0.24~0.26nm，其与方解石晶体的距离也非常相似。因此，CMI 和方解石表面之间的相互作用主要由氢键和其他静电相互作用组成，这对方解石有极好的抑制作用。随着温度升高，CMI 与方解石之间的相互作用结果与实验研究结论一致：在 25℃下只能发现方解石，但在 80℃下碳酸钙晶体由纯方解石变为球文石和方解石；同时，由于存在 CMI，因而碳酸钙晶体从纯方解石变为球文石和方解石的混合物。

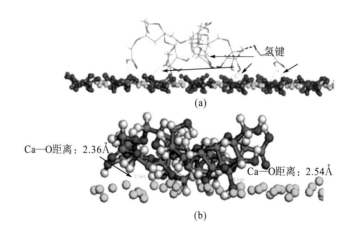

图 6.8 CMI 与方解石(012)表面之间的相互作用机理

注：(a)CMI 的 H 原子与方解石 O 原子之间的氢键；(b)CMI 的 H 原子与方解石 Ca 原子之间的距离

4. 结论

通过分子动力学模拟，仔细研究不同聚合度(DP)的 CMI 和不同方解石晶体之间的相互作用。研究表明，CMI(DP = 1、3 和 5)分子可以与(012)、(104)、($1\bar{1}0$)和(110)的方解石晶体表面发生紧密的相互作用，从而影响方解石晶体的生长，具有优异的抑制性能。对于不同的聚合度(DP = 1、3 和 5)，CMI 抑制方解石晶体生长的能力不同，CMI(DP = 5)、CMI(DP = 3)、CMI(DP = 1)分别用于方解石(104)、($1\bar{1}0$)和(110)表面。对于方解石(012)

表面，CMI(DP = 1)与CMI(DP = 5)和CMI(DP = 3)的抑制能力非常相似。CMI和方解石(012)表面之间的相互作用随着温度的升高而增强。相关函数证实吸附能主要包括范德瓦耳斯分子间相互作用、带电原子间的静电相互作用和氢键相互作用方面。在与方解石表面相互作用期间，CMI的结构会发生变形。CMI与方解石表面之间的相互作用明显大于其与球文石之间的相互作用，这表明在CMI存在的情况下，球文石更容易形成。换句话说，CMI可以通过其与方解石表面之间的强相互作用有效地抑制方解石的生长，而球文石在热力学上是不稳定的。

6.3.2 矿物表面赋存多肽小分子电子转移的GCMC-MD-DFT模拟实例

钙钛矿BFO(111)表面赋存GSH的模拟研究[11]如下。

1. 研究方法

(1)采用GCMC+MD方法计算BFO (111)表面赋存GSH的动力学过程。
(2)通过DFT研究相互作用机制。

2. 研究背景

谷胱甘肽(GSH)是一种特殊的水溶性肽，也是许多生理过程中重要的抗氧化剂。在体内使用的还原型谷胱甘肽几乎是还原状态,这在各种分子反应中具有重要的作用。近年来，还原型RGD修饰的量子点是利用微生物方法来制备选择性的电化学发光，这能够抵抗活性氧(ROS)的攻击；然而，这些量子点界面的光稳定性差。同时在溶液中，氧化型谷胱甘肽(·GS)的—SH基团的氢原子能够清除短暂形成的氧化物或氢过氧自由基。由于水环境中活性氧猝灭的影响，探测器很难获得一个氧化-还原反应的双响应电子信号。谷胱甘肽与铁的络合物可以创造新的荧光猝灭，其他常见的金属离子和活性氧不会造成干扰。因此，铁的氧化物在GSH检测领域具有潜在的应用价值。目前,铋铁氧体(BFO)提供了一种GSH检测方法。与半导体和有机薄膜相比，反铁磁相的BFO膜具有突出的特点：①高剩余极化($58.9\mu C\cdot cm^{-2}$)和抗老化性能(4.6×10^{7}周期)；②二价铁为还原剂，可以捕获活性谷胱甘肽组，如羧基(—COO^{-})和巯基(—SH)等。这些优点使BFO (111)表面在生物标记和生物传感应用领域具有较好的应用前景。

3. 结果和讨论

通过计算扫描隧道显微镜(STM)的结果，如图6.9所示，检测到电压降低了～−7mV(K^{+}和Sr^{2+})或～−6mV(Rb^{+}和Ca^{2+})，可作为谷胱甘肽的反馈信号源(或GS·)。虽然信号反馈是彼此相似的，但由于不同阳离子的络合形式(盐)不同，因此电子传递机制是不同的。在1mV时，可以区分两个相同结构之间的关系，这可能与GSH(还原型)和·GS(氧化型)吸附构型有关。BFO表面的两个结合位点分别为Fe(O)—M—OCO和Fe(O)—SH。为了揭示这个传导机制，我们计算了介电常数。结果表明：对于反铁磁相BFO，[Fe^{3+}(↑)和Fe^{2+}(↓)]的不对称诱导二重简并轨道(e_g)上的自由电子从O-$2p^4$↑轨道跃迁到Fe^{3+}-$3d^6$↑(或Bi^{3+}↑)轨道。更重要的是，GSH(或GS·)修饰改性的BFO(111)表面具有高度选择性。通过分析电子自旋密度，发现 GSH 表面—COO⁻基团的电子优先转移到 K⁺和 Sr²⁺轨道(39.92~40.02kJ·mol⁻¹)。这些高能 M—OCO 电子云可以从 BFO 表面捕捉活性 Fe-3d 电子，形成对称的 O-O 自旋态(0.38ℏ，-0.32ℏ)。一个氯离子和水分子结合后形成一个稍微扭曲的四边形结构，为保证几何距离相等的 O—Fe²⁺键，弱化的 Fe—O spd³ 杂化轨道导致 Fe 原子和 O 原子的结合力降低，由此增加了 Fe—O 键(0.26nm 和 0.32nm)和 S—O 键(0.28nm 和 0.32nm)。这种杂化轨道不仅增强谷氨酸侧链上 Fe²⁺↓离子的吸附作用，还增强界面间的亲水相互作用。相反，当 Rb⁺(或 Ca²⁺)离子修饰羧基时，GSH 被氧化成氧化型 GSH(GS·)，GS·诱导极化的 O—O 键从 BFO 表面捕获一个自旋电子(-1.29ℏ 和-0.99ℏ)。这些结果可以用于解释 GSH-GS·的电子转移机理差异。

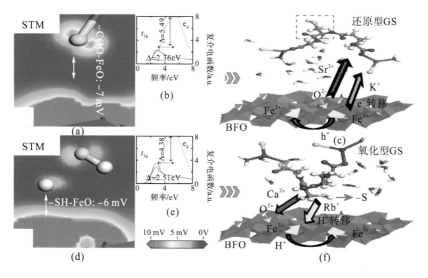

图 6.9　铁酸铋表面附着谷胱甘肽的相互作用

注：(a)—COO⁻附着在 BFO 表面 FeO 的表面电势；(b)—COO⁻附着在 BFO 表面 FeO 的介电常数；
(c)—COO⁻附着在 BFO 表面 FeO 的表面电子密度图；(d)—SH⁻附着在 BFO 表面 FeO 的表面电势；
(e)—SH⁻附着在 BFO 表面 FeO 的介电常数；(f)—SH⁻附着在 BFO 表面 FeO 的表面电子态密度图

通过分析轨道变化，解释阳离子对电子转移机制的影响(图 6.10)。阳离子通过—COOH 基团附着于甘氨酸或谷氨酸的羧基，价电子(—COO⁻)可以直接跃迁到 M-s 的空轨道，与 pᵧ 和 p𝓏 轨道重叠形成两个新 π 键。同时，阳离子引起费米点附近 Fe²⁺↓高自旋轨道产生简并作用，相应的 Fe—OCO p-d 轨道杂化后形成了五重和六重简并结构。

为了更好地了解 GSH-BFO 界面结合机制，计算了水分子的电子结构。图 6.11 描述了 GSH-KCl-BFO 体系中水桥的存在，说明两孤对电子可以直接跃迁到 GS·基团。同时，自由水的孤对电子可以在相邻的自由水分子之间进行交换和补偿。重组的氢键增强了水的流动性，表现出较大的扩散系数。同时，发现羧基官能化钾离子(K⁺)增强表面电位(39.92~40.02kJ·mol⁻¹)，并创建了一个水桥。因此，在 GSH-BFO 层间存在一个倒置的马蹄形结构的配位键，例如，Fe-H₂O-M-COO⁻(甘氨酸)和 Fe-H₂O-M-COO⁻(谷氨酸)。

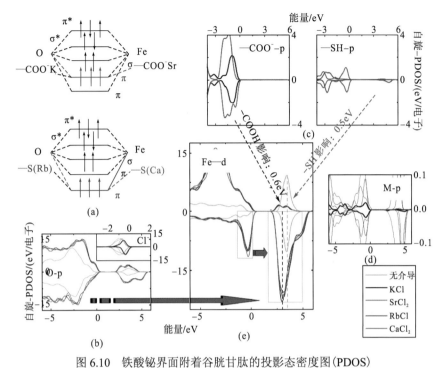

图 6.10   铁酸铋界面附着谷胱甘肽的投影态密度图（PDOS）

注：（a）杂化轨道电子占位示意图；（b）O-p 和 Cl-p 轨道的 PDOS；（c）—COO⁻-p 与—SH-p 轨道的 PDOS；

（d）M-p（M=K⁺、Sr²⁺、Rb⁺、Ca²⁺）轨道的 PDOS；（e）Fe-3d 轨道的 PDOS

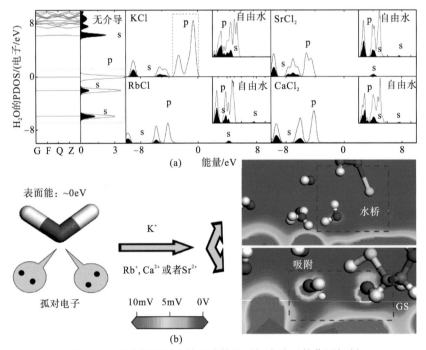

图 6.11   铁酸铋界面附着谷胱甘肽层间水分子的作用机制

注：（a）铁酸铋-GSH 层间水分子的投影态密度图；（b）不同阳离子存在环境中

铁酸铋-自由水-GSH（谷胱甘肽）的相互作用示意图

4. 结论

本节通过建立 GSH 小分子赋存于矿物铁酸铋 BFO (111)表面的结构模型，计算了有机小分子与矿物表面的相互作用和反应性。结果表明，分子内通过静电作用(GSH-层间阳离子-Fe 原子)和水桥作用($O-H_2O$ 和 H_2O-NH_2)促进了 GSH 在 BFO(111)表面的吸附。结构变化和电子转移对相互作用的影响归因于阳离子价态转变。层间阳离子和水分子与 BFO (111)表面 Fe 原子的相互作用是 GSH 与 BFO 形成紧密结构的主要原因，解释了有机小分子与矿物表面间的相互作用机制。

6.3.3 矿物表面赋存有机小分子的 TST-DFT 模拟实例

二维层状硅酸锌催化有机污染物和 CO_2 转化的研究[12]如下。

1. 研究方法

(1)利用硅酸锌(LZS)纳米片$[Mg_{0.1}Zn_6(Si_{7.9}A_{10.1})O_{20}(OH)_4 \cdot nH_2O]$组成新型层状结构的光催化剂。

(2)采用过渡态理论并结合密度泛函思想解析 LZS 催化 CO_2 还原为 CO 的机理。

2. 研究背景

在各种无机光催化剂中，二维纳米片状材料作为新型的光催化剂(特别是那些具有层状结构的材料)，具有表面体积比高、光激发载流子的跃迁转移相对容易、表面活性位点丰富、与其他材料能够发生层间交换作用等多种优势。层状硅酸盐作为典型的二维无机材料，其成本低、储量丰富，在催化剂载体和吸附剂等方面得到了广泛应用。与粉末状光催化剂相比，它们都有利于光催化反应，但由于具有光惰性，因而其光催化性能一直被人们忽视。对于天然层状硅酸盐-黏土矿物(如蛭石、蒙脱石等)，它们的晶体结构由两层硅氧四面体组成，这两层硅氧四面体与铝氧(或氢氧化铝)八面体片镶嵌在一起。合成的层状硅酸盐中八面体位置的铝可与过渡金属置换，使得层状结构的金属硅酸盐具备了作为硅酸盐基光催化剂的可能。

氧化锌(ZnO)作为一种宽带隙半导体，已在光催化降解中得到了广泛的应用。从晶体学的角度来看，二价锌可以被置换到硅酸盐的八面体中。当二价过渡金属锌处于明确的结构位置时，所获得的层状硅酸锌有望克服 ZnO 在水体系中的不稳定性并保持其光催化活性。因此，从天然黏土矿物中提取的二维 SiO_2 (四面体 SiO_4 单元)可以用作硅的来源，其在水热条件下与 ZnO 通过外延生长、合成能够制备高性能的层状硅酸锌(LZS)光催化纳米片，以用于有机污染物的去除和 CO_2 的还原研究。

3. 结果和讨论

X 射线衍射图和化学分析表明 LZS 粉末的主要成分是锌和硅的层状硅酸盐相，且具有天然层状硅酸盐蛭石的三八面体结构——由夹在两个 Si-O 四面体之间的 Zn-O 八面体构成。LZS 薄膜的 SEM 图像清楚地表明，高密度的纳米片均匀地生长在 SiO_2 衬底上。LZS

由5~8层组成，厚度分布约为8~15nm。通过模拟计算锌和硅的层状硅酸盐相LZS的晶格参数表明，LZS属于单斜晶系(空间群$C2/m$)。呈六边形排列的空间点阵证实LZS具有单晶的性质和典型的六边形结构，这与蛭石典型的六角形结构非常一致(图6.12)。

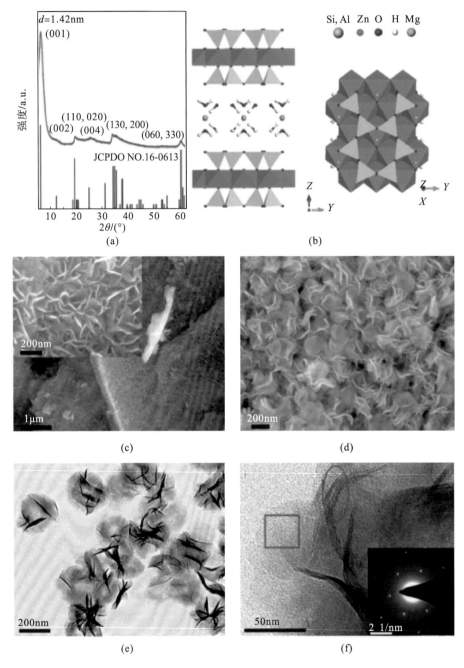

图6.12 层状硅酸盐(LZS)纳米片的结构和形貌

注：(a)LZS纳米片的XRD；(b)LZS(100)和(001)晶面方向的结构模型；(c)~(e)LZS纳米片的SEM；

(f)LZS纳米片的HTEM图和选区电子衍射(SAED)

图 6.13 中的紫外-可见漫反射光谱表明，LZS 的吸收边为 355nm。根据 Kubelka-Munck 计算得到 LZS 的直接带隙约为 3.5eV。为了深入地理解 LZS 的电子结构，进行 DFT 计算。计算出电子能带结构、总态密度（TDOS）和局域态密度（PDOS）后，发现 LZS 的价带顶和导带底位于相同的 G 点，直接能隙约为 3.9eV，比实验值 3.5eV 更宽。PDOS 表明价带顶部主要由 Zn-3d 和 O-2p 轨道组成，导带底部主要由 O-2p 和 Zn-4s 轨道组成；然而，在导带底部有 Mg-3s 轨道产生的杂质能级出现。

为了对比 LZS 光催化还原 CO_2 的速率，将锌层状双氢氧化物和商用二氧化钛（P25）用作对比参考。在紫外可见光下用水蒸气对 CO_2 进行光催化转化，发现 CO 是主要的还原产物（图 6.14），这与之前的结论一致。在相同条件下，LZS 表现出了比 LDH（$11.2\mu mol \cdot g^{-1} \cdot h^{-1}$）和 P25（$42.7\mu mol \cdot g^{-1} \cdot h^{-1}$）高的光还原 CO_2 速率，为 $126.7\mu mol \cdot g^{-1} \cdot h^{-1}$。为进一步研究 LZS 表面的光还原 CO_2 过程，通过过渡态理论计算了光还原反应路径，如图 6.13 所示的化学反应过程 $HO_{(LZS)} + CO_2 = CO + H_2O$，从而解释了高光还原的作用机理和反应机制。

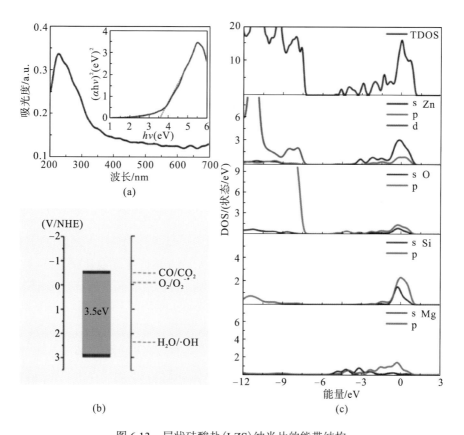

图 6.13　层状硅酸盐（LZS）纳米片的能带结构

注：（a）LZS 的紫外-可见吸收光谱图；（b）LZS 的能带结构示意图和 CO/CO_2，$O_2/O_2^{\cdot-}$，$H_2O/\cdot OH$ 的化学势；（c）LZS 的总态密度（TDOS）和 Zn、O、Si、Mg 的投影态密度（PDOS）

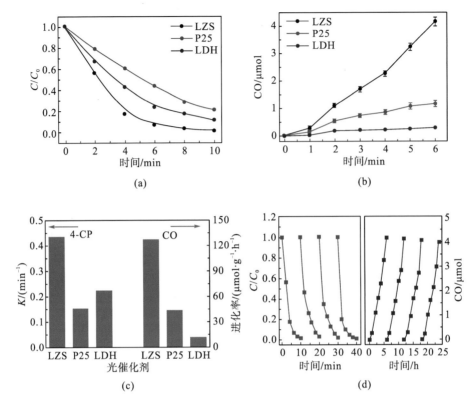

图 6.14 在紫外可见光下，层状硅酸盐(LZS)、锌层状双氢氧化物(LDH)
和商用二氧化钛(P25)用水蒸气光催化 CO_2 的速率

注：(a)和(b)为光照条件下 LZS、LDH 和 P25 的对 4-CP 和 CO_2 的催化还原过程和光催化效率；
(c)LZS、LDH 和 P25 还原 CO_2 的速率；(d)LZS 光降解 4-CP 和 CO_2 还原过程中的稳定性测试

4. 结论

本节介绍了一种以蛭石(层状硅酸盐黏土矿物)为晶格匹配基底和硅源，通过液相外延生长方法合成的层状硅酸锌(LZS)光催化二维材料。实验观察和密度泛函理论(DFT)的计算结果表明，二维结构可以使 LZS 表面具有较高的活性位点、较大的比表面积。对于较高的 VB 和较低的 CB 位置，能带的改变使其具有良好的带对准并产生很强的光氧化能力、·OH 自由基和光还原能力，在 CO_2 还原方面具有较高的光催化活性。这不仅证明层状硅酸锌体系可能是光催化中一个潜在的候选体系，而且还可能促进高性能二维催化纳米材料的发展和其他潜在的应用。

6.3.4 矿物表面赋存有机小分子的 MD-DFT-2D-CA 模拟实例

掺杂元素对高岭土 CO_2 捕集性能影响的第一性原理研究如下。

1. 研究方法

(1)利用计算吸附能和差分电荷密度的方法研究各个表面对 CO_2 的吸附强度，确定最

优吸附表面。

(2)利用 Bader 电荷和 DOS 分析研究体系的电子布局和态密度,以及掺杂吸附前、后体系电子结构的变化。

(3)利用二维相关分析联系体系的电子结构及物理结构与 CO_2 吸附强度之间的关系,指出影响吸附的关键因素。

2. 研究背景

温室气体(GHG)排放引起全球变暖作为近年来一个极具挑战性的环境问题,引起了科学界的广泛关注。CO_2 被认为是主要的减排目标,各种矿物和深盐渍含水层潜藏着巨大的 CO_2 储存容量,地质封存为减少 CO_2 排放提供了一条可行的途径。通过优良的 CO_2 矿物吸附剂存储 CO_2 具有成本低、操作简单、长期稳定等优点,被认为是一种很有前途的 CO_2 存储技术。在过去的几十年中,人们提出并开发各种类型的吸附剂,以实现 CO_2 的捕获和储存。这些吸附剂包括锂皂石、层状双氢氧化物和官能化的金属有机骨架(MOF)材料。此外,黏土矿物以其独特的层状结构、巨大的比表面积、化学稳定性等特点,在气体分离和吸附方面显示出诱人的应用前景。高岭土是最丰富的天然黏土矿物之一,被广泛应用于工业领域,可作为工程塑料、水泥、陶瓷、生物医药等领域的重要添加剂。近年来,高比表面积的层状结构使高岭土在 CO_2 的吸附和分离方面成为一个颇具前途的候选矿物。根据以往的研究,可以将元素掺入高岭土以取代 Al ,从而改变高岭土的理化性质。目前,用 Fe、Mn、Co 和 Ni 代替高岭土中的 Al 已在实验中实现。以往的研究是从吸附能的角度出发,从实验和理论上探讨高岭土对 CO_2 的吸附行为;但遗憾的是,人们对于掺杂原子对高岭土几何结构和电子结构变化的影响知之甚少,而这些对于明确调控影响 CO_2 吸附过程的核心因素至关重要。本节采用密度泛函理论(DFT)的计算方法,系统地研究了掺杂的元素对高岭土吸附 CO_2 的影响。

3. 结果与讨论

结合能的统计结果表明,从 Al 到 Si 掺杂体系的结合能线性增加,Si 掺杂体系的结合能远高于 Al、Mn、Fe、Co、Ni 掺杂体系的结合能。进一步分析差分电荷密度,从电荷的转移情况可以看出:在 Al、Mn、Fe、Co、Ni 掺杂体系中,CO_2 中的 C 与羟基上的 O 有电荷转移,而 O 又与羟基上的 H 有电荷转移;但只有在 Si 吸附中,CO_2 中的 C 才与另外一侧羟基上的 H 形成了强电荷转移(图 6.15),这说明两者吸附强度差距巨大是由吸附模式不同所造成的。吸附强度主要由表面羟基提供,为研究掺杂原子在其中的作用,本节提出了两种猜想:①掺杂原子通过改变表面羟基的电荷分布使表面羟基对 CO_2 具有更强的吸附作用;②掺杂原子因具有不同的原子半径而改变了体系的键长、键角,从而改变了表面羟基的相对位置,进而实现了对 CO_2 更强的吸附作用。为得出①、②哪个更接近真实情况,本节分别统计了掺杂体系吸附前、后键长与键角的变化,并分析了吸附 CO_2 时各个原子的电子布局情况,通过相关分析判断哪个因素占据主导地位(图 6.16)。

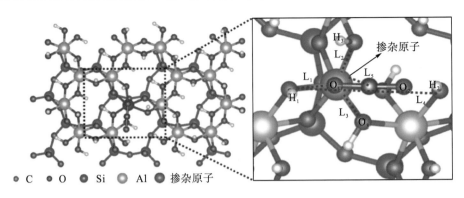

图 6.15　高岭土表面的晶体结构图（俯视图）

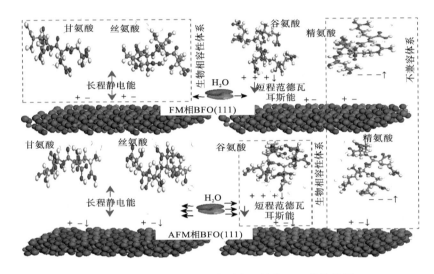

图 6.16　高岭土表面不同金属离子捕获 CO_2 的结构图

　　根据键长与键角的统计结果和电子布局分析结果，发现从 Mn 到 Si 的体系中，吸附前掺杂元素附近的键长 L_1、L_2、L_3、L_4 等有减小的趋势，而吸附后这种趋势变得更加明显，这跟结合能的变化趋势十分吻合。在原子的电子布局分析中，可以看到：随着吸附能变强，电子有从基底向 CO_2 转移的趋势，但是没有发现结合能与基底原子 Bader 电荷的相关性规律。因此，猜测键长变化引起的局域结构改变是影响掺杂元素吸附的重要因素。为定量地研究吸附能和电荷转移与键长及键角的变化规律，本节对吸附后的键长、Bader 电荷数据以及体系的结合能做了相关分析，如图 6.17 所示。在现有的数据下，L_4 这个距离对于结合能有最高的相关性，它正是吸附时距 CO_2 两端 O 原子最近的羟基的距离，这暗示羟基距离的减小导致了吸附的增强。另外，结合能与 CO_2 相互作用原子的 Bader 电荷的相关性明显低于其与键长之间的相关性，这证实了第②种猜想：掺杂原子导致基底的键长变短，与羟基的作用距离减小是影响结合能的主要因素。

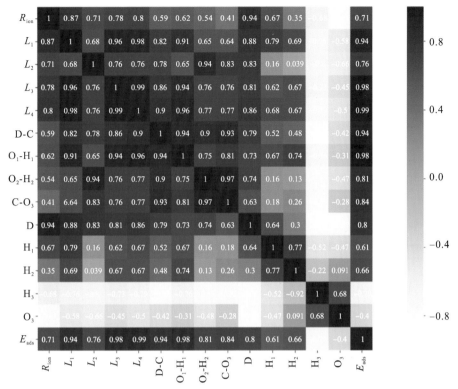

图 6.17　高岭土表面不同金属离子捕获 CO_2 的 Bader 电荷和结合能

4. 结论

本节用密度泛函理论研究了高岭土在 Mn、Fe、Ni、Co、Si 等元素取代 Al 后的电子结构变化以及作为天然的 CO_2 吸附剂的性能变化。不同类型的高岭土对 CO_2 的吸附强度取决于高岭土表面的羟基和掺杂原子的原子半径。除常规的计算和分析方法外，还可以利用 Pearson 相关系数确定控制 CO_2 与高岭土相互作用的关键因素。密度泛函理论计算表明，Si 掺杂使得 CO_2 与高岭土之间的相互作用最强，这是由于 Si 掺杂的原子半径或离子半径最小，从而使不同掺杂原子或离子(Mn、Fe、Co、Ni、Si)之间的 L_4 距离最短。该研究对高岭土-CO_2 相互作用的机理产生了新的见解，从而为 CO_2 吸附剂的设计开辟了潜在的新途径。

6.4　矿物界面赋存小分子的建模

6.4.1　无机复合矿物界面的建模方法

无机复合矿物界面的建模方法主要包含以下四个步骤[13-17]。

(1)建立两个物质的特征晶面表面结构。如图 6.18 所示，建立晶体特征为 $Fe_3O_4(311)$ 和 $BiFeO_3(110)$ 的晶面。

(2)搭建表面重构模型，晶格匹配度对界面模型的合理性有重要影响。通过调整不同晶面的表面矢量和计算重构晶格矢量，重新定义基矢量切割表面。图 6.18 中，由于 $Fe_3O_4(311)$

和 BiFeO$_3$(110)晶面的匹配度相对合理，因此可以直接建立界面。如果这两个晶面的匹配度不合理，那么就要对特征晶面进行重新定义和切割[这里就不一定是(311)和(110)晶面]。

(3)通过程序自带的功能将所建和重构的晶面进行复合或者直接将一个表面的结构复制到另一个表面的真空层。图 6.18 是 BiFeO$_3$(110)和 Fe$_3$O$_4$(311)晶面通过程序自带的功能建立起来的复合界面。

(4)根据实际需求调节两个晶面的间距，一般为 3Å(范德瓦耳斯力的作用范围在 3Å以内)，并在 x、y 和 z 方向上扩展，建立周期性的超晶胞模型，最终建立复合界面晶体结构。图 6.18 先将 BiFeO$_3$(110)和 Fe$_3$O$_4$(311)的晶面间距调节到 3Å 左右，然后计算经结构优化和分子动力学结构弛豫后的结构模型，最终计算界面间的相互作用。

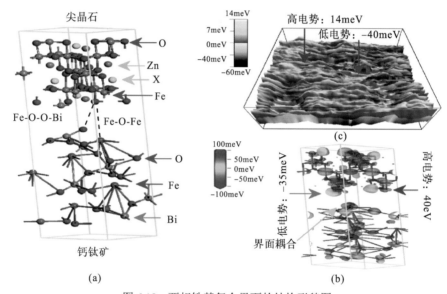

图 6.18　两相铁基复合界面的结构形貌图

注：(a)两相(XZnFe$_2$O$_4$-BiFeO$_3$)复合界面的结构示意图；(b)和(c)复合界面的表面电势能理论模拟图和实验图(AFM 测试)

6.4.2　矿物-小分子界面的建模方法

无机相和有机相在纳米范围内合成，两相的界面间存在着较强或较弱的化学键。有机相与无机相之间的界面性质(化学作用)是决定有机-无机纳米复合材料性质的关键因素[18-22]。随着复合材料向纳米层次推进，复合界面的重要性更加突出，复合界面成为当前十分活跃的研究领域。根据实际情况，建立有机-无机界面晶体结构主要包含以下四个步骤。

(1)通过前面所述的方法建立无机物特征晶面的表面结构。如图 6.19 所示，建立蒙脱石(110)表面。

(2)根据所需有机分子的结构式建立结构模型。通过氨基酸分子(如甘氨酸、丝氨酸、精氨酸、谷氨酸等)的结构式建立结构模型并优化。

(3)利用蒙特卡罗法将有机分子吸附在真空层内，或者直接将有机分子复制并粘贴到所建立的表面的真空层。在蒙脱石的真空层内通过优化氨基酸分子不同的吸附角度和结合位点建立最优的结构模型，并利用吸附能的大小确定最优的吸附结构模型，吸附能最小的则为最优吸附构型。

(4) 选择无机物表面的部分原子，定义最适合平面和选择合适有机分子的活性官能团到最适合平面的距离（一般为 3Å 以内）。定义表面的 O 原子(Al 和 Si 的共用氧)，保持氨基基团和羧基基团到蒙脱石表面 O 原子的距离为 3Å 左右，通过结构优化和动力学弛豫即可得到氨基酸与蒙脱石的复合界面结构模型(图 6.19)。计算并解释蒙脱石吸附氨基酸的机制(静电相互作用、阳离子交换作用和水合作用)以及两者间相互作用变化的原因。

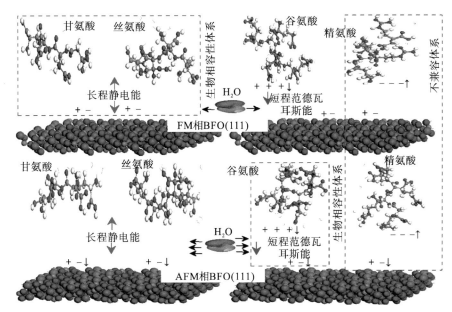

图 6.19　蒙脱石表面赋存氨基酸的模型示意图

6.4.3　矿物界面建模实例

密度泛函理论分析只涉及原子间的轨道杂化作用、电子转移机制、界面耦合、有效电子空穴质量等。图 6.20 表示 $(XZn)Fe_2O_4$-$BiFeO_3$ 界面耦合作用和轨道杂化作用的计算结果。首先，根据能量区域范围内不同原子的轨道分布情况，确定轨道杂化作用主要由原子的哪个轨道贡献，$(XZn)Fe_2O_4$-$BiFeO_3$ 界面相互作用主要涉及的是 Fe-d、O-p、X-d、Z-d 和 Z-p 轨道。然后，分析不同能量区域内原子轨道的重叠程度，确定不同原子轨道间的杂化机制，如 Fe-d-O-p 的 d-p 轨道杂化以及 O-p 和 Z-p 的 p-p 轨道杂化，由此说明原子间电子的跃迁机制和转移过程；同时结合复介电常数及电子结构分析电子转移和有效电子空穴质量，如导带之间 O-2p($BiFeO_3$) 和 Fe-3d[$(XZn)Fe_2O_4$] 对应的是电子转移、价带之间 O-2p[$(XZn)Fe_2O_4$] 和 Fe-3d($BiFeO_3$) 对应的是空穴转移。

众所周知，配位场分裂成二重 Fe-d 轨道($dx2$-$y2$)和三重轨道(dxy、dyz 和 dxz)。电子-电子相互作用通过漫反射曲线进行测试，如图 6.21 所示。在可见光波段所有的斜率(2.06eV)和紫外(3.35eV)区域都可以归因于赤铁矿和八面体 Fe^{3+}-O^2 轨道的电子跃迁。荧光的产生归因于表面近红外区(<1.8eV)的起源是 Fe^{2+}(或 X^{2+} 和 Zn^{2+})-O 轨道电荷转移，其

对应于二重简并轨道的 d_{z^2}-d_{z^2} 电子跃迁。新产生的三重简并轨道 t_{2g} 和二重简并轨道 e_{hg} 的状态将在 $NiZnFe_2O_4$ 和 d_{z^2}-d_{z^2} 杂化轨道形成，由此产生新的电子转移，形成 2 个间接带隙（实验数据：1.49eV 和 1.42eV，理论数据：1.52eV 和 1.49eV）。

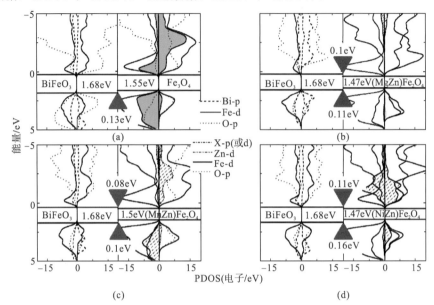

图 6.20 $BiFeO_3$-(XZn)Fe_2O_4 复合结构的表面电子结构图

注：(a) $BiFeO_3$-Fe_3O_4 电子结构；(b) $BiFeO_3$-(MgZn)Fe_2O_4 电子结构；

(c) $BiFeO_3$-(MnZn)Fe_2O_4 电子结构；(d) $BiFeO_3$-(NiZn)Fe_2O_4 电子结构

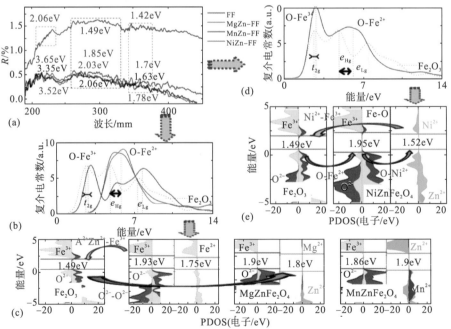

图 6.21   两相铁基复合材料的表面态密度图和紫外-可见漫反射图

注：(a) DRS 图；(b) 和 (d) 复介电函数图；(c) 和 (e) 投影态密度图

6.5　多尺度模拟联用技术在矿物界面电子转移过程中的应用

6.5.1　矿物界面电子转移过程的 GCMC-MD-DFT 模拟实例

赤铁矿-铁氧体界面(X=Cr、Mn、Co 或 Ni)的增强光电压响应研究[23]如下。

1. 研究方法

(1)通过使用 MR-1 的简易生物方法制备高荧光 p-X-铁氧体(FO-XFO, X = Fe、Cr、Mn、Co 或 Ni)。

(2)利用 Kramers-Kronig 变换，模拟电子空穴对的有效质量、介电函数(ε)和自旋局域态密度。

2. 研究背景

赤铁矿(Fe_2O_3)作为一种 N 型半导体，具有化学稳定性和较宽带隙(2eV)等特性，在光致发光和电子成像领域具有重要的应用价值。然而，少数电荷载流子的迁移率($0.2cm^2 \cdot v^{-1} \cdot s^{-1}$)和光生载流子的超快复合(约 10ps)限制了其作为高光稳定性荧光材料的应用。Fe_2O_3 与 P 型铁氧体(带隙 1.9～2.7eV)结合后，具有较低但相似的导带能级和合适的价带能级，能够抑制电子空穴的复合。通过在 Fe_2O_3 表面负载重金属离子(X)的 Fe_3O_4 磁性纳米晶体，不仅可以提高荧光强度，而且可以在中等磁场下通过磁选回收。本节设计了一种简便的方法来降低成分晶格失配的影响，即用腐败希瓦氏细菌 MR-1 直接合成 N 型赤铁矿上包覆的 P 型铁氧体。因此，XFe_2O_4 颗粒将直接从 Fe_2O_3 表面形成并构成 Fe_2O_3-XFe_2O_4 界面，从而提高表面的光电响应和荧光性能，因此可设计出新型的多功能传感器。

3. 结果与讨论

还原的 Fe^{2+} 沉淀物倾向于积聚在 MR-1 的细胞外聚合物物质细胞色素和[Fe]的氢化酶上，形成 Fe_3O_4 相(图 6.22)。当 pH=6 时，H^+离子作为电子供体可以介导 Fe^{2+} 和 X^{2+} 之间的电子转移，从而修饰 Fe_3O_4 表面，由此也证实 X 修饰的 Fe_3O_4 相和 Fe_2O_3 相共存。为了进一步理解 Fe_2O_3 的相互作用，本节测试了 Fe_2O_3-XFe_2O_4 异质结构的典型拉曼光谱。通过 F_{2g}、E_g 和 E_{2g} 模式下的拉曼带，分别反映四面体的平移振动、氧相对于金属离子的弯曲振动以及铁和氧的不对称伸缩振动。这些振动带证实表面的 Fe_2O_3 已被成功地还原为 Fe_2O_4，以及复合异质结 Fe_2O_3-XFe_2O_4 结构形成。

对比后发现，光电压响应性能的增强可归因于紫外和可见光区域的电子跃迁。Fe_2O_3-XFe_2O_4 电子转移增强的原因可以概括为：晶格中的不对称自旋变化和界面中的电子空穴复合。图 6.23 证实，经 X 离子修饰后，比 Fe_2O_3-XFe_2O_4 的平均荧光强度提高了 3.13～6.35 倍，其可归因于八面体中 Fe-O 间电荷的转移，即氧对金属 $2p(O^{2-}) \rightarrow 3d(Fe^{3+})$(左区：$Fe_2O_3$；中区：$XFe_2O_4$)发生电子跃迁，提高了电子转移的比例。$X^{2+}$作为受体会占据导带底部的四面体位置，从而提高了导带底部和价带顶部之间 Fe^{2+}(或

X^{2+})-O^{2-} 轨道间的电荷转移，为 Fe_2O_3-XFe_2O_4 界面中未配对的自旋极化电子提供了更多的活性电子气体。在 488nm 激光的激发下，其平均发光强度提高至 Fe_2O_3-Fe_3O_4 的 3.31～8.18 倍。

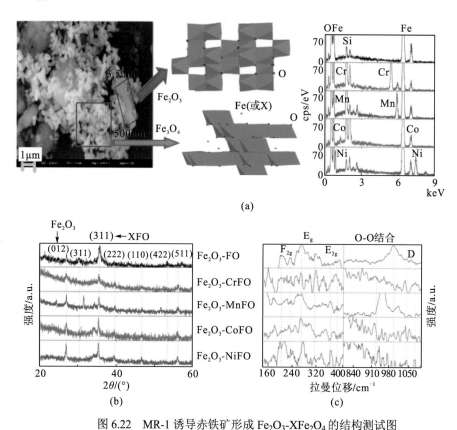

(a)

(b)   (c)

图 6.22   MR-1 诱导赤铁矿形成 Fe_2O_3-XFe_2O_4 的结构测试图

注：(a)Fe_2O_3-XFe_2O_4 的 SEM 光谱图、结构示意图和对应元素的 EDS 能谱图；(b)和(c)分别为 Fe_2O_3-Fe_3O_4、Fe_2O_3-$CrFe_2O_4$、Fe_2O_3-$MnFe_2O_4$、Fe_2O_3-$CoFe_2O_4$、Fe_2O_3-$NiFe_2O_4$ 的 XRD 光谱和拉曼光谱图

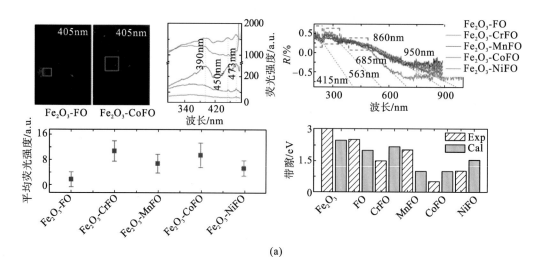

(a)

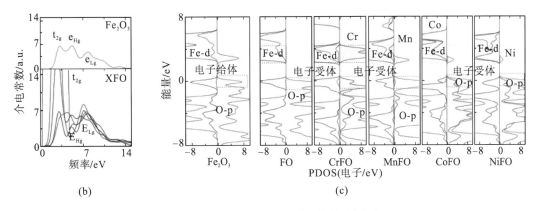

图 6.23　Fe_2O_3-XFe_2O_4 的荧光特性分析图

注：(a) 405nm 激光激发下 Fe_2O_3-XFe_2O_4 的倒置荧光图、FL 荧光光谱及其对应的荧光强度图，

Fe_2O_3-XFe_2O_4 实验和计算的带隙图；(b) 和 (c) Fe_2O_3 和 XFe_2O_4 的复介电函数图和投影态密度图(PDOS)

　　根据晶体场理论，Fe-3d 轨道将分裂为二重简并的 e_g 轨道(d_{z2} 和 d_{x2+y2})和三重简并的 t_{2g} 轨道(d_{xy}、d_{yz} 和 d_{xz})。一方面，高能 Fe-d_{x2+y2} 轨道(功函数 4.5eV)可以被 X-d_{x2+y2} 轨道修饰，其功函数较高(Co：4.7eV；Ni：4.6eV)。在高能轨道 Fe^{2+}-$3d^6 4s^2$ 与 Co^{2+}(或 Ni^{2+})Fe^{3+} 自旋向下的 d_{x2+y2} 界面耦合作用下，X 离子降低了八面体和四面体的表面电位(～0.7meV 和 10meV)。这不仅增强了正电位方向(极化角 5°～15°→60°～100°)，而且加速了电子-空穴的湮灭，提高了有效空穴质量(Fe_2O_3-$FeFe_2O_4$：17.23×10^{-31}kg；Fe_2O_3-$CoFe_2O_4$：3.93×10^{-31}kg；Fe_2O_3-$NiFe_2O_4$：11.59×10^{-31}kg)，如图 6.24 所示，本征主荧光峰蓝移到 785nm。另一方面，Fe-d_{z2}-p_{z2} 轨道可以被 X-d_{z2} 轨道(Cr：4.41eV；Mn：4.1eV)修饰。数据曲线表明，d_{z2}-p_{z2} 轨道的简并在低能量双简并的 1g 轨道上产生了一个弱的氧空位量子阱，用于长距离的电子跃迁[24]。根据电子有效质量(Fe_2O_3-$CrFe_2O_4$：4.2×10^{-31}kg；Fe_2O_3-$MnFe_2O_4$：11.73×10^{-31}kg)，下自旋的 p_{z2} 轨道改变为上自旋轨道，并呈现负的光电压响应信号(Cr：32.43meV，Mn：72.63meV)。因此，不同的光电压响应行为可用于设计重金属离子成像、氧化催化、生物分子等方面的高响应电子器件和荧光探针。

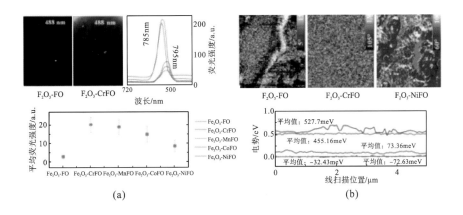

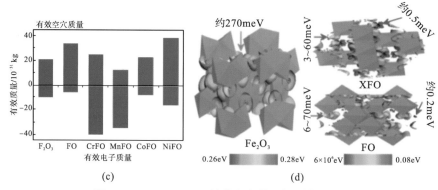

（c）　　　　　　　　　　　　（d）

图 6.24　Fe$_2$O$_3$-XFe$_2$O$_4$ 的荧光光谱和电子转移特性

注：（a）625nm 激光激发下 Fe$_2$O$_3$-XFe$_2$O$_4$ 的倒置荧光图、FL 荧光光谱及其对应的荧光强度图；
（b）Fe$_2$O$_3$-XFe$_2$O$_4$ 表面形貌图和表面电势图；（c）和（d）理论计算的 Fe$_2$O$_3$-XFe$_2$O$_4$ 间有效电子空穴质量和表面电势图

4. 结论

综上所述，本节提出了一种新的生物诱导相转变方法，制备了掺杂磁铁矿包覆赤铁矿的复合构型，解释了表面光电压响应和高光稳定性荧光的机理。其计算结果证实了未配对自旋 X^{2+}-Fe^{2+}-O^{2-} 轨道增强光电压响应信号的结论（理论数据：～200meV；实验数据：45～160meV），根据计算结果分离出高/低表面电位区（270meV/3～70meV）和有效电子空穴质量。这些研究成果为设计新的光致发光、电子顺磁成像和生物传感器提供了参考。为了更好地理解选择性荧光探针的应用，本节将进一步研究水环境中界面和重金属离子之间的电子转移过程。

6.5.2　矿物界面赋存小分子电子转移过程的 GCMC-MD-DFT 模拟

谷胱甘肽封装的 N 型赤铁矿-P 型 XZn 铁氧体（X=Mg、Mn 或 Ni）的自组装实验和理论研究[25]如下。

1. 研究方法

（1）利用一种简便的生物装置（GSH 封装）制备非荧光 Fe$_2$O$_3$-XZnFe$_2$O$_4$（X=Mg、Mn 或 Ni）赤铁矿-铁氧体核壳结构，并描述在赤铁矿铁氧体核壳纳米粒子上水溶性谷胱甘肽自组装过程。

（2）基于第一性原理，解释 X-Zn 共掺杂如何增强 Fe$_2$O$_3$-XZnFe$_2$O$_4$ 复合结构荧光响应强度变化的机制和界面耦合机制。

2. 研究背景

新型自组装体系结构是目前无模板自组装、量子点和纳米技术等领域的研究热点。氧化铁纳米颗粒具有生物相容性特点，可用于谷胱甘肽（GSH）封装半导体，由 GSH 的活性官能团硫醇基诱导 Fe—O 键驱动完成自组装过程。作为一种 N 型半导体，GSH 诱导赤铁矿（Fe$_2$O$_3$）纳米颗粒形成 GSH-Fe$_2$O$_3$ 量子点的核壳结构[26]。然而，载流子较小的迁移率

$(0.2\text{cm}^2\cdot\text{v}^{-1}\cdot\text{s}^{-1})$ 和光生载流子的超快重组（$\sim$10ps）限制了其作为高光稳定性荧光材料的应用，从而选择一种具有生物相容性的共轭 P 型半导体[27]。窄带隙（核 Fe_2O_3：2eV）周围的宽带隙（壳尖晶石铁氧体：1.9$\sim$2.7eV）半导体会导致电子空穴对分离。因此，用谷胱甘肽封装生物相容性 Fe_2O_3-Fe_3O_4 磁性纳米颗粒在自组装中具有潜在的应用前景。本节利用水溶性谷胱甘肽封装及诱导 Fe_2O_3-$XZnFeO_4$ 自组装过程，根据研究结果发现：①软磁 $XZnFeO_4$ 外壳作为一种有效的荧光屏障，可通过自组装的方式插入 Fe_2O_3 表面；②利用腐败希瓦氏细菌 MR-1 进行生物诱导还原，发现—SH 基团是诱导四面体氧轨道变化的主要原因；③在 X-Zn 共掺杂控制 FeO_6 八面体的电子跃迁过程中，未配对电子的自旋变化起着关键作用。

3. 结果与讨论

铁氧化物颗粒倾向于在细胞外的聚合体上积累细胞色素和 Fe 氢化酶。考虑到 Fe^{2+} 可以介导 MR-1 和 $X^{2+}Zn^{2+}$ 之间的电子转移，因此在还原分析实验中，赤铁矿可以作为电子穿梭体。本节使用铁锌比色法解释 Fe_2O_3-$XZnFe_2O_4$ 异质结构的形成，如图 6.25 所示。在 $X^{2+}Zn^{2+}$ 还原过程中，MR-1 可以根据 48h 后 pH=6 时的游离铁浓度（1.64mg·L^{-1}、2.69mg·L^{-1} 和 3.44mg·L^{-1}）还原赤铁矿，还原后的赤铁矿继续将电子转移到 $X^{2+}Zn^{2+}$。因此，该结构是由赤铁矿磁核和铁氧体壳组成的核壳结构，H^+ 离子作为电子供体加速 $X^{2+}Zn^{2+}$ 还原过程。

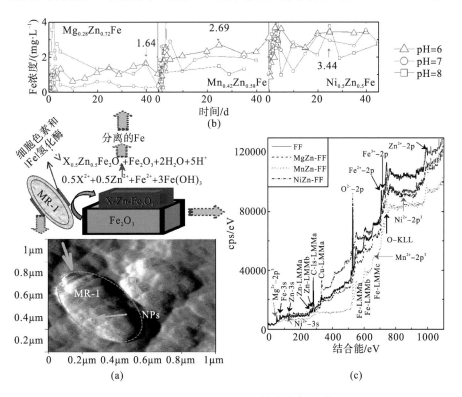

图 6.25　Fe_2O_3-$XZnFe_2O_4$ 的生物合成图

注：(a)MR-1 细胞的 AFM 图像；(b)铁锌含量分析；(c)Fe_2O_3-$XZnFe_2O_4$ 异质结构的 XPS 光谱

图 6.26 显示的是制备的 Fe_2O_3-$XZnFe_2O_4$ 纳米颗粒的 SEM 图像。很明显，Fe_2O_3-Fe_3O_4 颗粒是均匀的，可以在局部区域自由生长成纳米线、纳米片和纳米球。对于界面区域，核壳结构的粒子对应 Fe_3O_4(或 $XZnFe_2O_4$)粒子(浅色小粒子)包围的 Fe_2O_3 相(深色区域)，说明生成的 Fe_2O_3 表面粒子能与铁还原酶更好地匹配，有利于氧化还原。这表明表面局域化的 Fe_2O_3 粒子可以被还原为表面 Fe_3O_4 粒子，还原的 Fe_3O_4 颗粒(小球形颗粒)与 Fe_2O_3 颗粒(片状团聚)分离。应注意的是，Fe_2O_3(104)的最优生长晶面被还原为 Fe_3O_4(311)，复合界面中 Fe_3O_4(311) 和 Fe_2O_3(104)的晶格间距分别为 0.48nm 和 0.39nm。作为电子受体的 $X^{2+}Zn^{2+}$ 加速了 Fe_3O_4 粒子的离解过程、减小了 Fe_2O_3 粒子的尺寸，并产生了新的氧空位，从而优先结合 $XZnFe_2O_4$(311)。占四面体 Fe^{2+} 位置的 Zn^{2+} 会引起晶格膨胀，导致相邻的八面体 FeO_6 结构畸变。当 Zn 原子比在 0.4 以上时，四面体 Fe^{2+}-O 亚晶格具有更多的 Zn^{2+}，导致八面体 Fe^{3+} 位置处的 Zn^{2+} 增加。近红外区 t_{2g} 轨道会分裂并产生 $X^{2+}Zn^{2+}$-Fe^{2+} 双电荷转移带，八面体 Fe-O 晶格距离的晶格因失配改善而收缩[27]。因此，$XZnFe_2O_4$(311)-Fe_2O_3(110)界面可稳定地相互连接。

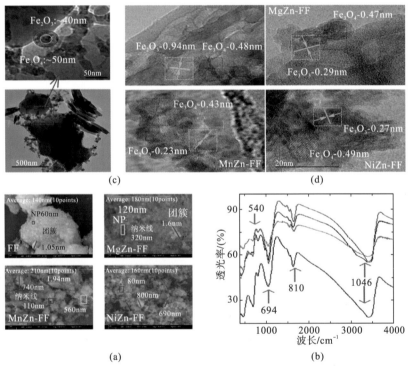

图 6.26　Fe_2O_3-$XZnFe_2O_4$ 异质结构的 SEM、FT-IR、TEM 和 HRTEM 图
注：(a)SEM 图；(b)FI-IR 图；(c)TEM 图；(d)HRTEM 图

为了验证合成复合界面的晶体结构，通过 XRD 和拉曼光谱进行分析(图 6.27)。通过对比 Fe_2O_3 和磁铁矿 $XZnFe_2O_4$ 的标准 PDF 卡片(NO 89-5892，JCPDS，1998)和(NO 19-0629，JCPDS，1967)，发现 Fe_2O_3-$XZnFe_2O_4$ 异质结构具有高度结晶性，如图 6.27 所示。根据该异质结构的典型拉曼光谱，205cm^{-1}、285cm^{-1} 和 346cm^{-1} 处的拉曼峰表明 Fe_2O_3 包含六角紧密堆积的 O_2 层，Fe^{3+} 填充 2/3 八面体空隙形成 FeO_6 八面体。$XZnFe_2O_4$

具有正尖晶石结构，在四面体位置有 X^{2+}（或 Zn^{2+}）、八面体位置有 Fe^{3+}。由此证实，Fe_2O_3 表面已被成功地还原为 $XZnFe_2O_4$ 尖晶石。

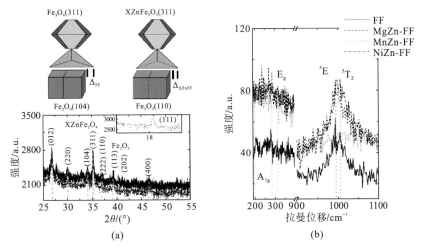

图 6.27　Fe_2O_3-$XZnFe_2O_4$ 异质结结构分析和拉曼光谱图

注：（a）XRD 图；（b）拉曼光谱图

图 6.28 表示通过漫反射曲线的斜率测试吸收带。在八面体场中，可见光范围内的吸收带可归因于金属 $2p(O^{2-}){\to}3d(Fe^{3+})$（左区：$Fe_2O_3$）及 p-d（中区：$X^{2+}Zn^{2+}$-$Fe^{3+}$）原子跃迁和非简并→三重简并轨道的两种电荷转移（右区：$XZnFe_2O_4$）。配体场表明，Fe-d 轨道将分裂成二重简并轨道（d_{z2} 和 $d_{x2\text{-}y2}$）和三重简并轨道（d_{xy}、d_{yz} 和 d_{xz}），分别对应成键轨道和反键轨道。因此，三重简并（t_{2g}）状态下的 d_{xy}-d_{xy} 电子跃迁将导致 Fe_2O_3-Fe_3O_4 界面产生荧光。

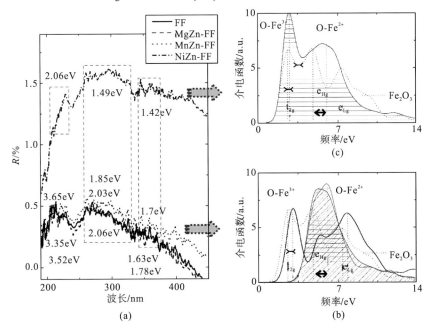

图 6.28　Fe_2O_3-$XZnFe_2O_4$ 异质结结构的电子转移机制

注：（a）DRS 曲线；（b）和（c）Fe_2O_3-$XZnFe_2O_4$ 和 Fe_2O_3-$NiZnFe_2O_4$ 介电函数

　　为了增加量子阱，将 X^{2+} 和 Zn^{2+} 作为受体占据四面体的位置。因此，X^{2+} 和 Zn^{2+} 在 Fe^{2+} 的两侧是对称的，Fe^{2+} 轨道(或 X^{2+} 轨道和 Zn^{2+} 轨道)的电子跃迁仅在近红外(<1.8eV)区域(NIR)的电荷转移起源处。如图 6.29 所示，对于 Fe_2O_3-$XZnFe_2O_4$，荧光猝灭发生在 d_{z2}-d_{z2} 界面间的电子跃迁中，$XZnFe_2O_4$ 表面的电子空穴湮灭有助于活性—SH 基团的吸附。对于 Fe-d^6 轨道，新的 t_{2g} 和 e_{hg} 状态是由 $NiZnFe_2O_4$ 中的 d_{xy}-d_{xy} 和 d_{z2}-d_{z2} 杂化轨道形成，d-d 杂化轨道诱导新的电子转移，从而产生两个带隙(实验数据：1.49eV 和 1.42eV；理论数据：1.52eV 和 1.49eV)[28]。在带隙中，多个量子阱有助于电子空穴湮灭，显示了较小有效电子质量的差异($-0.1×10^{-31}$kg)。

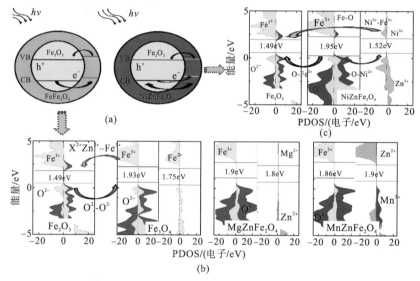

图 6.29　Fe_2O_3-$XZnFe_2O_4$ 异质结的电子转移分析

注：(a)Fe_2O_3-$XZnFe_2O_4$ 异质结的电子转移示意图；(b)Fe_2O_3-$XZnFe_2O_4$(X=Mg、Mn)异质结 Fe-d 与 O-p

轨道的投影态密度图；(c)Fe_2O_3-$NiZnFe_2O_4$ 异质结 Fe-d 与 O-p 轨道的投影态密度图

　　荧光探针可以利用—SH 基团与过渡金属的亲和力。GSH 很容易被 $X^{2+}Zn^{2+}$ 和 Fe^{3+} 表面吸附，这是由于复合 Fe—S 键具有强相互作用。考虑到 GSH 分子之间的凝聚，本节使用 $CaCl_2$ 来减少—SH 和—NH_2 基团的混合相互作用。$CaCl_2$ 含量(13.29%~20.22%)高于理论数据(~13%)，反映出—NH_2 基团均已被修饰。因此，可以忽略强异质结与—NH_2 基团的相互作用。根据图 6.30 所示的 SEM 图像，将 $CaCl_2$-GSH 涂覆在 Fe_2O_3-$XZnFe_2O_4$ 表面后，与纯异质结相比，其颗粒尺寸有所增加(20~180nm)。由于微粗糙度保持在 100~150nm，相应的表面趋于光滑，从而改善了 GSH-$CaCl_2$-Fe_2O_3-Fe_3O_4 的团聚。

　　光致发光(PL)光谱可用于揭示半导体中光生电子-空穴对的转移和复合过程，其荧光主要由激发电子和空穴的复合引起。荧光光谱峰反映了八面体中的非简并(a_{1g})、二重简并(e_g)和三重简并(t_{2g})模式，以及四面体中的 A_1、^5E 和 $^5T_2$ 模式。水溶液中 Fe_2O_3-$XZnFe_2O_4$ 的 PL 光谱如图 6.31 所示。在 250nm Xe 光激发时，主要的发射峰为 397nm、429nm 和 452nm(3.12eV、2.89eV 和 2.74eV)，这与四面体 Fe^{2+}-O^{2-} 轨道的固有带隙发射相对应。Fe_2O_3-Fe_3O_4 在 475~525nm 处的发射峰，可归因于价带和导带中空穴和电子的湮灭(八面体 Fe^{3+}-O^2 轨道：$2.36\sim2.61eV$)。当 $525nm$ Xe 光激发时，合成的复合材料还具有宽发射带 $740\sim765nm$，并显示出 $X^{2+}Zn^{2+}$-O^2 轨道($1.62\sim1.68eV$)，在 Fe_2O_3 表面和 $XZnFe_2O_4$ 四面体表面的内部区域形成量子阱[29]。因此，可以用自旋极化机制来解释荧光增强现象，并提供用于络合 $CaCl_2$ 修饰的 GSH 暴露的—SH 基团 Fe—S 键的活性位点。在 $CaCl_2$ 修饰的 GSH 中，受体(—SH)提供主要的 p 轨道缺陷位置，通过增加界面受体态的密度来增加 p 轨道缺陷。SH-Fe_3O_4 的强相互作用可以取代 Fe_3O_4 和 Fe_2O_3 的荧光能量转移，导致荧光猝灭。

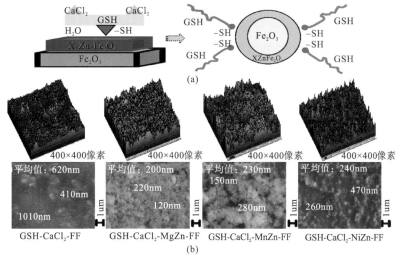

图 6.30　GSH-$CaCl_2$-Fe_2O_3-$XZnFe_2O_4$ 异质结的 SEM 图

注：(a)结构示意图；(b)SEM 图和粗糙度分析图

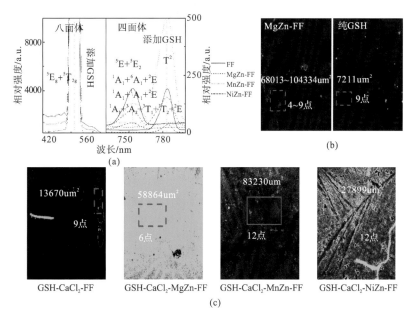

图 6.31　Fe_2O_3-$XZnFe_2O_4$ 和水溶性 GSH-$CaCl_2$-Fe_2O_3-$XZnFe_2O_4$ 异质结结构的 PL 光谱和倒置荧光光谱图

注：(a)PL 光谱图；(b)和(c)为异质结结构的倒置荧光光谱图

CaCl₂-GSH 增强 Fe_2O_3-$XZnFe_2O_4$ 界面间电子跃迁的机理可以通过电子-空穴复合和不成对自旋变化过程来阐述，如图 6.32 所示。电子-空穴复合由电子-空穴的有效质量决定，未配对的自旋变化由极化和 PDOS 结果决定。众所周知，电子只有在两种材料的不同能级之间转移，才能保持其费米能级平衡[30]。Fe_2O_3 和 Fe_2O_4 的功函数值分别为 5.35eV 和 5.52eV。通过比较 AFM 图(图 6.33)，发现 GSH 晶体表面的电位分布均匀，势垒高度降低了约 -0.36eV，反映出电子-空穴快速复合。当 CaCl₂ 修饰的 GSH 被包覆在 $FeFe_2O_4$ 壳层上时，电子空穴对湮灭，有效电子质量($\Delta=0.07\times10^{-31}$kg)降低到近 0×10^{-31}kg。这个结果表明，低荧光强度与纯 Fe_2O_3-$FeFe_2O_4$ 异质结构相似。与 Fe (4.5eV)相比，掺杂 X(Mg：3.68eV；Mn：4.1eV；Ni：4.6eV)的功函数提高了尖晶石铁氧体的功函数值。GSH 吸附前、后的还原功函数分别为 0.53eV、0.91eV 和 0.88eV，表明电子-空穴对发生快速湮灭。

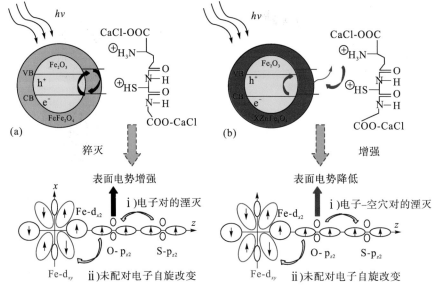

图 6.32 GSH-CaCl₂-Fe_2O_3-$XZnFe_2O_4$ 异质结构的 PL 机制图

注：(a)荧光猝灭机制；(b)荧光增强机制

为了研究 GSH 封装的 $XZnFe_2O_4$ 壳层中不成对的自旋变化，测试了极化角，如图 6.33 所示。平均极化角从 62.68°～136.7°下降至 30.22°～74.6°，表明不成对的自旋轨道转变为成对的自旋轨道。同时图 6.34 中理论计算的介电常数表明，体系中三重简并轨道的变化是由长程 SH-O 键的正负电荷不对称引起的。因此，GSH 中的—SH 基团是异质结显著增强光电压响应的原因，这将有助于表面结合的 GSH 与无机纳米粒子核在静电作用下形成自组装的复合纳米结构。

4. 结论

利用腐败希瓦氏菌 MR-1 合成荧光 Fe_2O_3-$XZnFe_2O_4$ 异质结构，其中软磁 $XZnFe_2O_4$ 外壳是 Fe_2O_3 核的有效荧光屏障。通过 DRS、AFM-KPFM、PL 和 DFT 分析，证实 0.5mmol·L^{-1}·g^{-1}GSH 封装在可见-近红外范围内可增强光电压响应强度。实验和理论结果表明，—SH 基团可以诱导四面体氧轨道中简并态的变化。同时，由 X-Zn 共掺杂修饰的

XZnFe$_2$O$_4$- Fe$_2$O$_3$核壳层结构引起的未配对自旋变化的电子转移过程，是可见-近红外激发范围中体系发生非荧光-荧光转变效应的关键。

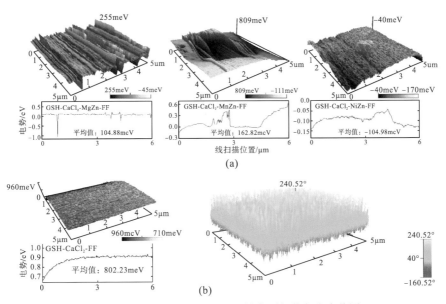

图 6.33　GSH-CaCl$_2$-XZnFe$_2$O$_4$的表面极化角和电势图

注：(a)GSH-CaCl$_2$-XZnFe$_2$O$_4$(X=Mg、Mn 和 Ni)；(b)GSH-CaCl$_2$-Fe$_3$O$_4$

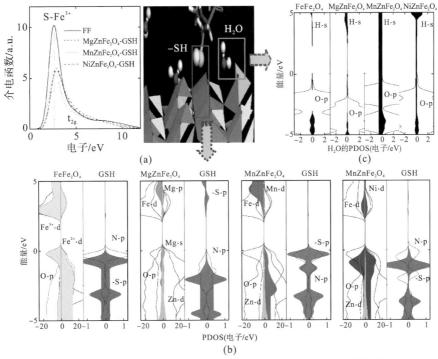

图 6.34　XZnFe$_2$O$_4$-CaCl$_2$-GSH(X=Mg、Mn 和 Ni)电子转移分析

注：(a)介电常数和相互作用示意图；(b)XZnFe$_2$O$_4$-CaCl$_2$-GSH(X=Mg、Mn 和 Ni)
的投影态密度图(PDOS)；(c)H$_2$O 的投影态密度图(PDOS)

6.5.3　矿物层间赋存小分子电子转移过程的 GCMC-MD-DFT 模拟

利用 DFT 和 2D-CA 技术分析蒙脱石表面吸附氨基酸的相互作用过程[31]。

1. 研究方法

(1) 利用 GCMC-MD 计算蒙脱石表面吸附氨基酸的吸附动力学和相互作用过程。

(2) 采用密度泛函理论和二维相关分析技术分析相互作用的转变过程和轨道杂化的转变机制。

2. 研究背景

氨基酸(AAs)与黏土矿物的界面相互作用是自然环境中一个潜在的重要过程，与土壤和沉积物矿物表面吸附氨基酸的动力学过程密切相关。在吸附动力学中反应时间作为黏土矿物吸附氨基酸中最重要的因素，不仅反映了氨基酸电性的变化(中性的两性离子)和矿物表面的电荷特性(质子化作用/去质子化)，而且反映了化学吸附作用的变化过程(边缘/表面吸附层间吸附)。例如，当蒙脱石(Ca-Mt)吸附丝氨酸、甘氨酸、精氨酸和谷氨酸时，达到吸附平衡的反应时间分别约为 4h、2h、2h 和 4h。氨基酸与矿物的相互作用在反应时间上的差别反映了反应机理的差异性，这些差异性与相互作用的转变机制有关，包括静电(或范德瓦耳斯)相互作用、阳离子交换和亲水性相互作用[32, 33]。因此，研究与接触时间相关的相互作用转变机制有助于更好地理解氨基酸与黏土矿物表面的动力学过程和吸附行为。

3. 结果与讨论

通过 GCMC-MD 计算动力学吸附过程，图 6.35 表明在蒙脱石吸附不同电性的氨基酸的过程中，其相互作用主要包括短程的范德瓦耳斯力和长程的静电相互作用。通过动力学计算吸附能的变化后发现，当吸附动力学达到初始平衡时短程的范德瓦耳斯能和长程的静电相互作用能发生了明显的变化，这是由短程的范德瓦耳斯力和长程的静电相互作用力因阳离子交换作用和水合作用而发生变化引起的[34, 35]。为了理解短程范德瓦耳斯力的变化过程(由阳离子的交换作用引起)和长程静电相互作用的变化过程(由水合作用引起)，本节分别分析了阳离子交换作用和水合作用随反应时间变化的过程。

为进一步分析相互作用的变化，本节采用二维相关分析技术分析了蒙脱石吸附氨基酸时能带结构随反应时间变化的过程，如图 6.36 所示。通过能带结构发现，在费米面附近的轨道能级主要由 Ca-d、O-2p、Ca-s、Al-p、Si-p 组成。随着反应时间变化，Ca-d、O-2p 轨道发生了明显的变化。因此，相互作用的变化主要是由 Ca-d、O-2p 轨道引起的。同时通过分析 PDOS 的变化趋势，发现 PDOS 在 10ps 发生了较明显的变化。由于这对应着相互作用的转变点，因此结合 2D-CA 技术中同步谱和异步谱的变化趋势、范围和强度，将 20ps 的反应时间分为 0~10ps 和 10~20ps 两个阶段。利用不同反应时间范围内 Ca-d、O-2p 轨道的变化，说明相互作用方式随反应时间转变的机制。

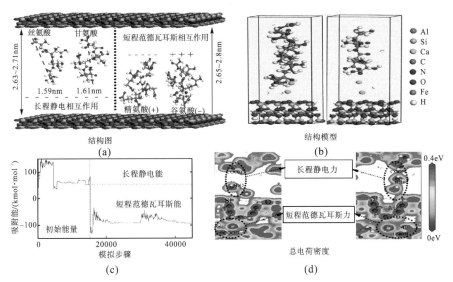

图 6.35　氨基酸团簇 AAs 与 Ca 基蒙脱石 Ca-Mt 相互作用的结构示意图

注：(a)结构图；(b)结构模型；(c)吸附能；(d)总电荷密度图

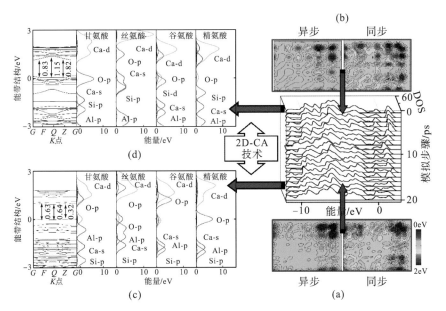

图 6.36　蒙脱石与氨基酸相互作用的能带结构的 2D-CA 分析图

注：(a)0~10ps 内的能带结构图；(b)10~20ps 内的能带结构图；(c)0~10ps 内态密度的 2D-CA 分析图；

(d)10~20ps 内态密度的 2D-CA 分析图

通过 DFT 计算能带结构，发现 Ca-d 轨道随时间发生明显的变化，进而采用 2D-CA 分析技术中的同步谱和异步谱解析 Ca-d 轨道的变化趋势、范围和强度[图 6.37(a)]，Ca-d 轨道随反应时间发生明显的劈裂。同时结合氨基酸作用后蒙脱石结构的变化，发现氨基酸的羧基和氨基基团通过层间的 Ca 离子与蒙脱石表面的 O 原子相互作用。为进一步分析层间 Ca 离子与表面 O 原子间相互作用(阳离子交换)的变化，本节分析了 Ca-d 轨道随反应时间变化的趋势和范围。图 6.37(c)表明 Ca-d 轨道由原来的 Ca-3d$_{x2+y2}$ 劈裂为 Ca-3d$_{x2+y2}$ 和 Ca-3d$_{z2}$，Ca 离子与表面 O 原子间的轨道杂化方式也由 Ca-3d$_{x2+y2}$-O-2p^4 转变为 Ca-3d$_{x2+y2}$-O-2p^4 和 Ca-3d$_{z2}$-O-2p^4。

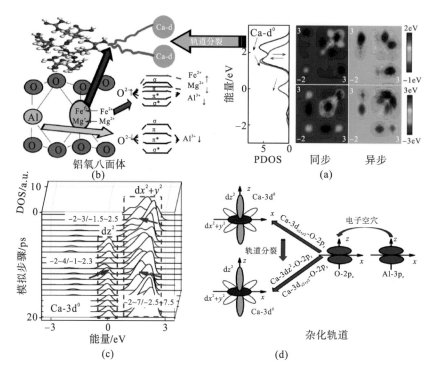

图 6.37　AAs 和 Ca-Mt 的定量电子转移过程

注：(a)Ca-d^0 轨道的 PDOS 和 2D-CA 分析；(b)AAs 和 Ca-Mt 之间的电子转移机制；
(c)0～20ps 的 Ca-d^0-PDOS；(d)AAs 和 Ca-Mt 之间的杂化轨道

通过上述量化动力学分析，发现 Ca 离子与氨基酸之间不仅有阳离子交换作用，还存在静电相互作用。通过分析 H$_2$O-1s 轨道随时间变化的趋势、范围和强度的定量图谱，发现其在费米能级附近与氨基酸分子的氨基和羧基基团有明显的重叠。H$_2$O-1s 与 COO$^-$(H) 和 NH$_3^+$ 基团的-p 轨道杂化在费米面附近有明显的 sp(H-1s-O-2p$_z$ 和 H-1s-N-2p$_z$) 杂化，H$_2$O-1s 分别与 COO$^-$(H)-p 和 NH$_3^+$-p 轨道杂化后形成 HOCO$^-$-(H$_2$O) 和 NH$_3^+$-(H$_2$O) 团簇(图 6.38)。借助 2D-CA 技术分析后得到，层间游离水在氨基酸和蒙脱石的作用过程中充当了水桥的作用，与氨基酸结合后形成水合氨基和水合羧基团簇[36]。

4. 结论

综上所述，本节采用 DFT 和 2D-CA 方法研究了 Ca-Mt 与 AAs 的界面相互作用机理。计算结果表明，吸附作用主要包含静电(或范德瓦耳斯)相互作用(AlOH+AAs)、阳离子交换作用(AlOH-Ca+AAs)和亲水性相互作用(AlOH-H$_2$O+AAs)。—NH$_3^+$ 基团的 N 原子和—COO(H)$^-$基团的 C=O 键主要通过短程的范德瓦耳斯力和长程的静电相互作用力与表面的 O 原子相互作用。随着反应时间增加，Ca-d^0 轨道分裂并增强 Ca-d^0-O-2p^{4}p-d 轨道杂化，以及 Ca$^+$—COO(H)$^-$ p-p σ(甘氨酸和丝氨酸)和 Ca$^+$–NH$_3^+$ p-p π(谷氨酸和精氨酸)轨道杂化，进而增强由于层间 Ca 离子与原子间阳离子交换而改变的短程范德瓦耳斯相互作用。此外，H$_2$O-1s 轨道的耦合状态随着反应时间的增加，与—HOCO 和 NH$_3^+$ 形成新的 sp 轨道杂化并构成水合团簇：NH$_3^+$·(H$_2$O)$^+$ 和—HOCO·(H$_2$O)$^-$。亲水作用提高 Ca-Mt 对 AAs 的吸附性能，并影响长程静电相互作用。因此，Ca-Mt+AAs 界面相互作用的转化依赖于由阳离子交换作用(AlOH-Ca+AAs)引起的短程范德瓦耳斯力和由亲水性相互作用(AlOH-H$_2$O+ AAs)影响的长程静电相互作用的变化。

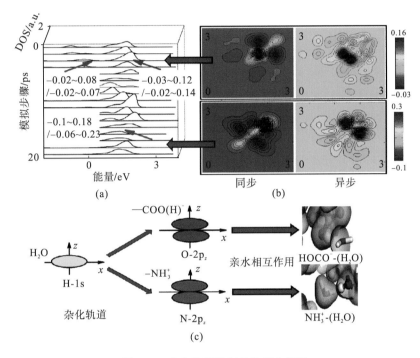

图 6.38　水合作用的定量数据分析图

注：(a)H$_2$O-1s 轨道在 0~20ps 内的投影态密度图(PDOS)；(b)H$_2$O-1s 轨道在 0~10ps 和 10~20ps 内的 2D-CA
分析的同步异步谱图；(c)H$_2$O-1s 轨道与 COO(H)$^-$ 和 NH$_3^+$ 基团的 p 轨道间杂化方式示意图

参 考 文 献

[1] 颜肖慈, 罗明道. 界面化学. 北京: 化学工业出版社, 2005.

[2] 连宾. 硅酸盐细菌的解钾作用研究. 贵阳: 贵州科技出版社, 1998.

[3] Shi L, Dong H, Reguera G, et al. Extracellular electron transfer mechanisms between microorganisms and minerals. Nature Reviews Microbiology, 2016, 14: 651-662.

[4] Dong H, Jaisi D P, Kim J, et al. Microbe-clay mineral interactions. American Mineralogist, 2009, 94: 1505-1519.

[5] Churakov S V. Mobility of Na and Cs on montmorillonite surface under partially saturated conditions. Environmental Science & Technology, 2013, 47: 9816-9823.

[6] Suter J L, Sprik M, Boek E S. Free energies of absorption of alkali ions onto beidellite and montmorillonite surfaces from

constrained molecular dynamics simulations. Geochimica et Cosmochimica Acta, 2012, 91: 109-119.

[7] Li H, Bian L, Hou W, et al. Computational study of the RGD-peptide interactions with perovskite-type BFO-(111) membranes under aqueous conditions. Chemical Physics Letters, 2016, 655-656: 1-5.

[8] Xie X, Wang Q, Fang W, et al. DFT study on reaction mechanism of nitric oxide to ammonia and water on a hydroxylated rutile TiO_2 (110) surface. Journal of Physical Chemistry C, 2017, 121(30): 16373-16380.

[9] Bian L, Xu J, Song M, et al. Designing perovskite BFO (111) membrane as an electrochemical sensor for detection of amino acids: a simulation study. Journal of Molecular Structure, 2015, 1099: 1-9.

[10] Zhang H, Luo X, Lin X, et al. Biodegradable carboxymethyl inulin as a scale inhibitor for calcite crystal growth: molecular level understanding. Desalination, 2016, 381: 1-7.

[11] Bian L, Dong F, Song M, et al. Computational study of the cation-modified GSH peptide interactions with perovskite-type BFO-(111) membranes under aqueous conditions. Nanoscale Research Letters, 2015, 10: 261-267.

[12] Wang L, Bahnemann D W, Bian L, et al. Novel 2D layered zinc silicate nanosheets with excellent photocatalytic performance for organic pollutant degradation and CO_2 conversion. Angewandte Chemie-International Edition, 2019, S8: 8103-8108.

[13] Bian L, Li Y, Li J, et al. Photovoltage response of (XZn) Fe_2O_4-$BiFeO_3$ (X=Mg, Mn or Ni) interfaces for highly selective Cr^{3+}, Cd^{2+}, Co^{2+} and Pb^{2+} ions detection. Journal of Hazardous Materials, 2017, 336: 174-187.

[14] Bian L, Li H, Dong H, et al. Fluorescent enhancement of bio-synthesized X-Zn-ferrite-bismuth ferrite (X=Mg, Mn or Ni) membranes: experiment and theory. Applied Surface Science, 2017, 396: 1177-1186.

[15] Bian L, Li H, Song M, et al. Detection mechanism of perovskite BFO (111) membrane for FOX-7 and TATB gases: molecular-scale insight into sensing ultratrace explosives. Journal of Physics D: Applied Physics, 2017, 50(10): 105601-105610.

[16] McDonald K J, Choi K S. Synthesis and photoelectrochemical properties of Fe_2O_3/$ZnFe_2O_4$ composite photoanodes for use in solar water oxidation. Chemistry of Materials, 2011, 23: 4863-4869.

[17] Song Z, Wang B, Yu J, et al. Effect of Ti doping on heterogeneous oxidation of NO over Fe_3O_4 (111) surface by H_2O_2: a density functional study. Chemical Engineering Journal, 2018, 354: 517-524.

[18] Gao H. CO oxidation mechanism on the γ-Al_2O_3 supported single Pt atom: firstprinciple study. Applied Surface Science, 2016, 379: 347-357.

[19] Gao H. Theoretical analysis of CO + NO reaction mechanism on the single Pd atomembedded in γ-Al_2O_3 (110) surface. Applied Catalysis A: General, 2017, 529: 156-166.

[20] Ren Y, Wang J, Huang X, et al. Enhanced lithium-ion storage performance by structural phase transition from two-dimensional rhombohedral Fe_2O_3 to cubic Fe_3O_4. Electrochim Acta, 2016, 198: 22-31.

[21] Bamoniri A, Moshtael-Arani N. Nano-Fe_3O_4 encapsulated-silica supported boron trifluoride as a novel heterogeneous solid acid for solvent-free synthesis of arylazo-1-naphthol derivatives. RSC Advances, 2015, 5: 16911-16920.

[22] Bian L, Dong H, Dong F, et al. Mechanism of fluorescence enhancement of bio-synthesized XFe_2O_4-$BiFeO_3$ (X = Cr, Mn, Co or Ni) membranes. Nanoscale Research Letters, 2016, 11: 543-550.

[23] Bian L, Li H, Li Y, et al. Enhanced photovoltage response of hematite-X-ferrite interfaces (X=Cr, Mn, Co or Ni). Nanoscale Research Letters, 2017, 12: 136-142.

[24] Mi W B, Jiang E Y, Bai H L. Current-perpendicular-to-plane transport properties of polycrystalline Fe_3O_4/α-Fe_2O_3 heterostructures. Applied Physics Letters, 2009, 93: 132504-132507.

[25] Bian L, Nie J, Dong H, et al. Self-assembly of water-soluble glutathione thiol-capped n-hematite-p-XZn-ferrites (X=Mg, Mn or

Ni）: experiment and theory. Journal of Physical Chemistry C, 2017, 121 (43): 24046-24059.

[26] Capone S, Manera M G, Taurino A, et al. Fe$_3$O$_4$/γ-Fe$_2$O$_3$ nanoparticle multilayers deposited by the Langmuir-blodgett technique for gas sensors application. Langmuir, 2014, 30: 1190-1197.

[27] He L, Jing L, Luan Y, et al. Enhanced visible activities of α-Fe$_2$O$_3$ by coupling N-doped graphene and mechanism insight. ACS Catalysis, 2014, 4: 990-998.

[28] Sutka A, Strikis G, Mezinskis G, et al. Properties of Ni-Zn ferrite thin films deposited using spray pyrolysis. Thin Solid Films 2012, 526: 65-69.

[29] Lee S, Fu C, Chang F. Effects of core/shell structure on magnetic induction heating promotion in Fe$_3$O$_4$/γ-Fe$_2$O$_3$ magnetic nanoparticles for hyperthermia. Applied Physics Letters, 2013, 103: 163104-163108.

[30] Ho P H, Mihaylov T, Pierloot K, et al. Hydrolytic activity of vana-date toward serine-containing peptides studied by kinetic experiments and DFT theory. Inorganic Chemistry, 2012, 51 (16): 8848-8859.

[31] Dong F Q, Guo Y T, Liu M X, et al. Spectroscopic evidence and molecular simulation investigation of the bonding interaction between lysine and montmorillonite: Implications for the distribution of soil organic nitrogen. Applied Clay Science, 2018, 159: 3-9.

[32] Khoury G A, Gehris T C, Tribe L, et al. Glyphosate ad-sorption on montmorillonite: an experimental and theoretical study of surface com-plexes. Applied Clay Science, 2010, 50: 167-175.

[33] Li H L, Bian L, Dong F Q, et al. DFT and 2D-CA methods unravelling the mechanism of interfacial interaction between amino acids and Ca-montmorillonite. Applied Clay Science, 2019, 183: 10536-10547.

[34] Newman S P, Cristina T D, Coveney P V. Molecular dynamics simulation of Cationic and Anionic Clays containing Amino Acids. Langmuir, 2002, 18: 2933-2939.

[35] Roa-Escamilla E, Huertas F J, Hernández L A, et al. A DFT study of the adsorption of glycine in the interlayer space of montmorillonite. Physical Chemistry Chemical Physics, 2017, 19 (23): 14961-14971.

[36] Zhao Q, Burns S E. Microstructure of single chain quaternary ammonium cations intercalated into montmorillonite: a molecular dynamics study. Langmuir, 2012, 28 (47): 16393-16400.

第7章 矿物溶解、结晶和生长过程的模拟

7.1 矿物表面溶质的分布模拟

7.1.1 矿物表面溶质的概率分布与表界面偏析

前面介绍的内容多应用于纳观尺度的模拟，而微观或介观尺度的模拟需要引入粒子或空穴浓度、活化能、取向面、能量模型等"半经验"参量，同时要将权重抽样的 MC 概念扩展到大尺度体系范围。例如，微观尺度的表面溶质(原子或分子)偏析效应能否反映晶界间裂纹的初始位置和裂纹发生路径，取决于表面取向差和表面类型。根据 MC 可计算出稳定浓度表面点的有效浓度(C_{gb})和表面溶质可逆阱的浓度(C_L)，表面溶质偏析系数(segregation coefficient, S_{gb})的表达式见式(7.1)，表面溶质有效扩散系数的表达式见式(7.2)。根据扩散活化能和表面阱结合能的关系，平衡条件下的有效扩散系数可简化为 $D_{eff}=D_L/[1+D_{gb}(1-C_{gb}/N_{gb})/D_L]$；其中，$N_{gb}$ 表示有效表面点处的陷阱浓度。

$$S_{gb} = \frac{C_{gb}}{C_L} = \exp\left(\frac{-E_B}{RT}\right) \tag{7.1}$$

式中，C_{gb} 表示溶质偏析浓度；E_B 表示溶质在平均表面位置的结合能。

$$D_{eff} = \left[\gamma \cdot a_0^2 v \exp\left(\frac{\beta \Delta H}{RT_{mp}}\right)\right] \cdot \exp\left(\frac{-E_\alpha}{RT}\right) \tag{7.2}$$

式中，第 1 项为 D_0；$\beta = \mathrm{d}(\mu/\mu_0)/\mathrm{d}(T/T_{mp})$；$E_\alpha$ 表示扩散活化能($kJ \cdot mol^{-1}$)；μ 表示纯金属的弹性模量；μ_0 表示绝对零度的弹性模量；γ 表示几何因子；a_0 表示跳跃距离；v 表示溶质原子在扩散方向上的振动频率；ΔH 表示扩散的活化焓；T_{mp} 表示纯金属的熔点。

在实际模型中，往往更加关注多个晶格结构的晶界间溶质的表面偏析作用。在两个晶格界面结构的某个取向面上，晶界间的部分晶格点完全重合，即"重合位点晶格"，其偏析系数的 Maxwell 修正公式见式(7.3)[1]。因此，多晶格的有效晶界阱浓度为 $N_{gb}=S_{gb}C_L/[1+(1/S_{gb})(\gamma-D_L/D_{eff})]$。可以看出，此方法需要结合分子动力学计算中的扩散系数和活化能以及密度泛函理论计算中的弹性模量等参数。例如，Jothi 等采用蒙特卡罗法模拟了 10000 个晶界样品内氢原子的有效偏析扩散系数，通过分析晶界粒子误差取向结果区分了低角度和高角度晶界区域，并借助偏析系数(S)解释了晶界间的氢脆性和晶界偏析现象。

$$D_{eff} = \frac{S_{gb}D_{gb}(3-2f_{gb})D_L + 2S_{gb}D_{gb}}{(1-D_{gb}+S_{gb}f_{gb})[f_{gb}D_L + (3-f_{gb})S_{gb}D_{gb}]} \tag{7.3}$$

7.1.2　矿物表面溶质的动态概率分布

在介观尺度范围，可以将事件发生的基本单元看作反应的基本"粒子"形式，通过采用权重抽样的 MC 并结合分子动力学扩散概念模拟介观模型的动态分布概率。例如，利用动力学蒙特卡罗法(kinetic Monte Carlo，KMC)反映可发生事件反应过程的离散概率时，需要满足原子分离、原子附着和表面扩散三个条件。虚拟晶格的离散概率可根据单个事件的发生速率(给定时间间隔内事件的发生频率)推导出位置概率，该概率通过 Arrhenius 方程$(k = v \cdot \mathrm{e}^{-\frac{E}{k_{\mathrm{B}}T}})$计算。其中，$k_{\mathrm{B}}$ 和 T 分别表示玻尔兹曼常量和绝对温度；E 表示频率因子，即一种状态转换到另一种状态时所需的激活能。相应的分离/附着和表面扩散方程见式(7.4)和式(7.5)。在动态概率分析过程中，要注意一个动态参量——分离活化能，其在绝对和相对意义上影响模型的反应速率。则一个模拟事件经过时间 Δt 可被表示为所有系统速率的倒数和 $k_{\mathrm{tot}}(\Delta t = l/k_{\mathrm{tot}})$，即一个状态到另一个状态的变化过程中所有跳转尝试的总和。需要注意的是，这里的模拟时间并不是实际反应时间或绝对时间，而是去除原子绝对数量的参量$[t* = t/(t/N_{\mathrm{RA}}) = N_{\mathrm{RA}}]$。

$$k^{\pm} = v \cdot \mathrm{e}^{-n\frac{E_{\alpha}^{\pm}}{k_{\mathrm{B}}T}} \tag{7.4}$$

式中，k^+ 和 k^- 分别表示分离和附着扩散，每个分子的分离活化能反映了键合和悬空态之间的差异。

$$k^{\mathrm{dif}} = v \cdot \mathrm{e}^{\frac{[n-1]E_{\alpha}+E_{\alpha}^{\mathrm{dif}}}{k_{\mathrm{B}}T}} \tag{7.5}$$

式中，表面扩散能是除基底表面键$[n-1]E_{\alpha}$和扩散本身E^{dif}外所有键断裂时所需能量的指数和。

此方法主要应用于对矿物表/界面原子或空穴分布的研究，可通过解析表面或晶界间溶质的最可几位点来预测矿物表面的位错生长过程[2]。例如，Stübner 等采用 MC 研究了云母表面成核、阶梯成核、扭转移除等动态过程，证实理想规则晶格(001)表面的蚀刻演化经历四个阶段：①倒金字塔蚀刻坑在水平和垂直方向上以恒定的速率生长；②金字塔顶点被截断，生长单元被膨胀的底平面和缩小的侧壁包围，水平生长速率降低，垂直生长速率降低到负值；③蚀刻坑由单个凹陷的底部平面组成，水平和垂直生长速率的降低放缓；④推断第四阶段中的水平生长速率降低到 0，蚀刻坑缩小。但应注意此方法未充分考虑表面生长的外环境条件和单元势能，常需要添加分子动力学参数和密度泛函理论中的环境因素、单元间相互作用势、单元间结构畸变等参数。

7.1.3　矿物赋存溶质的概率分布模拟实例

关于斜发沸石对核素(Sr)离子吸附能力的研究[3]如下。

1. 研究方法

(1)利用 MC 计算(Sr)离子的随机分布过程。
(2)对等温吸附曲线、吸附容量进行计算。

2. 研究背景

在我国，针对核素处理方面的研究主要集中在具有特殊吸附能力的非金属材料上，如沸石、银云母、凹凸棒石黏土、海泡石等。其中沸石分子筛不仅具有独特的离子交换能力和吸附能力，而且天然沸石资源具有分布广、储量大、价格低廉等优点。因此，沸石作为缓冲/回填材料具有良好的应用前景。锶作为核燃料的重要裂变产物，其半衰期为 27.7 a。^{90}Sr 和裂变产物的生成速率非常大，^{90}Sr 为离子型，在水中具有很强的迁移能力。因此，选取 ^{87}Sr 作为 ^{90}Sr 同位素，并采用蒙特卡罗方法对沸石的吸附能力和吸附过程进行研究。

3. 结果与讨论

本节采用 MC 研究了 Sr 的运动随机性和沸石吸附 Sr 的参数，其中沸石的结构模型如图 7.1 所示。沸石吸附 Sr 后，其晶体参数和晶体能量没有变化。因此，沸石对 Sr 的吸附方式属于物理吸附。被吸附的 Sr 存在于通道或笼内部，其吸附过程具有明显的物理吸附特性。MC 的计算结果表明，Sr 的最大吸附量为 10、最小吸附量为 0。晶格内 Sr 的平均吸附比为 5.06，平衡吸附量为 44.52mg·g^{-1}。尽管利用 MC 可以计算出 Sr 的吸附量，但对于 Sr 吸附浓度、等温吸附方程等内容，常需要通过实验法加以验证。

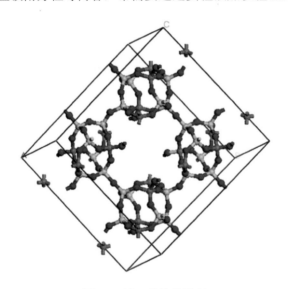

图 7.1　沸石的结构模型

如图 7.2 所示，活化沸石在 2θ= 9.83°、22.43°、27.68°、28.55°、30.02°和 45.62°时，其 d 值与 No.00-47-1870 斜发沸石的一致；同时，在天然黏土的底部有少量的衍射杂峰对应少量天然黏土杂质，其主要的晶体相没有改变。利用质谱反射模块可测定斜发沸石的晶体结构，其参数见表 7.1。由于原料是天然沸石，所以反射结果有误差。确定系数的值为 R_p(有图形 R 因子)= 15.46%、R_{wp}(加权图形 R 因子)= 21.60%和 R_{wp}(w/o) (去除背景因子)= 35.57%，反射结构参数符合 No. 00-47-1870 斜发沸石。天然沸石的主要成分为 SiO_2=77.99%、Al_2O_3=11.93%、Na_2O=0.54%、CaO=1.23%、MgO=0.6%、Fe_2O_3=1.03%、K_2O=3.37%、Ti=0.12%、沸石的阳离子类型为 K-Ca，阳离子交换容量为 144.8meq·100g^{-1}，SiO$_2$/Al$_2$O$_3$=11，为 II 级沸石。

表 7.1　斜发沸石的晶体结构参数

结构参数	$a/10^{-10}$nm	$b/10^{-10}$nm	$c/10^{-10}$nm	$\alpha/(°)$	$\beta/(°)$	$\gamma/(°)$	空间群
斜发沸石	17.11	17.95	7.44	90.00	116.46	90.00	$C2/m$

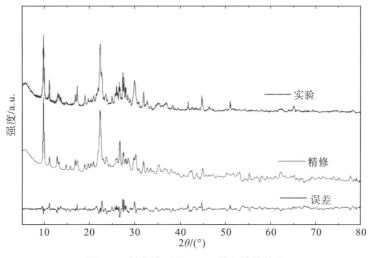

图 7.2　斜发沸石的 XRD 谱和精修结果

如图 7.3 所示，在第 3 天时达到吸附平衡，低浓度 Sr 的平衡吸附浓度趋于稳定，而高浓度 Sr 有小波动。沸石的表面积较大，吸附低浓度 Sr 的反应面积也较大。因此，Sr 浓度越低，吸附时间越短，反应速度越快。在吸附点上，易于产生吸附 Sr 和发生吸附 Sr 的一级和二级交换反应，它们属于动态反应。此外，作为缓冲/回填材料的沸石，其有效时间与 Sr 浓度有关。由沸石吸附 Sr 的热力学拟合方程（表 7.2）可知，Sr 浓度与吸附反应有关。根据交换反应，随着 Sr 浓度增加，吸附量增加，吸附速率、吸附比和阻滞因子先增加、后降低；其中，Sr 的最优吸附浓度为 0.0250mol·L^{-1}，此时它的阻滞能力最好。

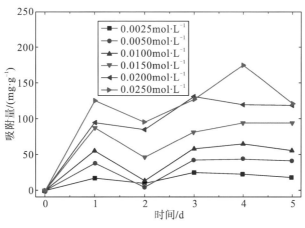

图 7.3　吸附时间与吸附量的关系

表 7.2   斜发沸石吸附 Sr 的热力学方程

吸附方式	参数			吸附方程
Freundlich	n 1.2	K 0.2209	R 0.9874	$Q=0.2209C^{0.8336}$
Langmuir	Q_m 310	K 0.004	R 0.8397	$C/Q=0.0032C+8.9482$

通过计算 Freundlich 方程和 Langmuir 方程的参数(Freundlich: $R=0.9874$, $K=0.2209$; Langmuir: $R=0.8379$, $K=0.004$),可以得出天然沸石的吸附反应符合 Freundlich 方程的结论。当吸附指数 $1/n<0.5$ 时,容易发生吸附反应;当 $1/n$ 在 0.5~1 时,吸附反应次之;当 $1/n>2$ 时,不易发生吸附反应。因此,活化沸石分子筛易吸附 Sr 且易阻止 Sr 的转移,这与计算结果一致;但吸附 Sr 反应不符合 Langmuir 方程。吸附 Sr 反应属于单分子层吸附反应。

4. 结论

本节介绍了天然沸石吸附 Sr 的理论和实验研究。MC 的计算结果表明,斜发沸石对 Sr 的吸附有效。在斜发沸石的孔道和笼状结构中,Sr 的平衡吸附量为 $44.52mg \cdot g^{-1}$。实验结果表明,Sr 的最佳浓度为 $0.0050mol \cdot L^{-1}$,这与计算结果一致。因此,可以选择斜发沸石作为缓冲回填材料,以阻止 Sr 的迁移。

7.2   矿物溶解与有机小分子诱导相变作用的模拟

7.2.1   有机小分子溶解矿物过程的模拟

在自然条件下,有机物或微生物代谢产物中的活性基团会与矿物表面一定浓度的微量元素发生络合作用,从而使微量元素从矿物表面迁移到溶液环境,该过程常被应用于生物浸矿、矿物的生物风化、生物合成新材料等研究领域。在此过程中,元素迁移会留下空位缺陷,引起矿物表面出现分子键断裂和相应的表面结构损伤和相变,即矿物溶解。同时,矿物表面部分区域的溶解将严重影响整个矿物的结构和表面电荷,产生新的物化反应过程。

这里首先根据能量最低原则判定出有机酸主要被吸附在绿脱石的边缘位置;然后采用 GCMC 模拟绿脱石边缘吸附有机酸的最优位置,并进行 2ns 的分子动力学 MD-NPT-NVT 结构弛豫;最后采用 CASTEP 模块计算绿脱石吸附有机酸的电子转移过程。图 7.4 表示绿脱石吸附有机酸时,有机酸被主要络合到绿脱石边缘区域的铁氧四面体位置,进而引起该位置产生结构畸变。随着有机酸络合铁氧四面体后键长的增长,O—Fe—O 键角发生扭转。这主要是因为铁氧四面体的 O-2p^4 轨道与有机酸的 O-2p^4 轨道发生了 p-p 轨道杂化反应,在对应的有机酸—COOH 基团的羟基(—OH)上,O-2p^4 的 SPDOS 峰在费米点以上的峰值消失,绿脱石铁氧四面体 O-2p^4 的 SPDOS 峰在费米点附近发生轨道简并,即绿脱石边缘位置发生表面溶解。在迈阿密大学董海良教授发现有机酸诱导绿脱石形成"夹子结构"以赋存铀酰电子束的电镜结论启发下,本节从理论上证实了有机酸能够诱导绿脱石形成新颖的"夹子"构型,同时蒙脱石内层表面的负电性增强,有利于附着环境内正电荷的阳离子。这也证实了绿脱石吸附铀酰时由边缘吸附转变为层内吸附,推翻了传统实验认为绿脱石及蒙皂石族矿物以单一方式(边缘吸附或层内吸附)附着铀酰或重金属络合物的猜想。

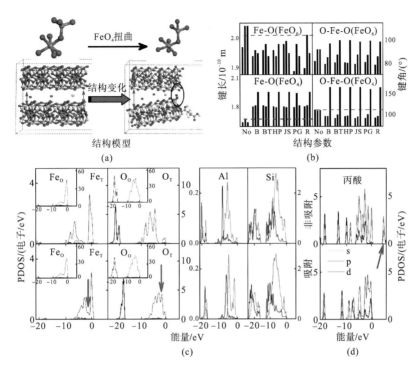

图 7.4 绿脱石吸附有机酸的结构参数与投影态密度图

注:(a)绿脱石吸附有机酸(丙酸-B、丙酮酸-BT、琥珀酸-HP、酒石酸-JS、苹果酸-PG、乳酸-R)的结构模型;(b)绿脱石吸附有机酸吸附前后键长和键角的转变;(c)和(d)为绿脱石和有机酸的对应元素的投影态密度图(PDOS)

7.2.2 有机小分子团簇表面矿物分子的 GCMC-MD-DFT 模拟实例

氨基酸团簇在蒙脱石表面的电子传递计算模拟研究[4]如下。

1. 研究方法

(1)利用 GCMC-MD 计算氨基酸表面吸附蒙脱石的过程以及它们之间相互作用的变化过程。

(2)利用 DFT 计算相互作用的变化机制和电子转移机制。

2. 研究背景

蒙脱石作为大气矿物颗粒物的一种重要成分,具有较高的比表面积(800m²·g⁻¹),可作为大气中化学反应的场所之一。大气微纳米矿物颗粒物被吸入人体后会刺激巨噬细胞、呼吸道上皮细胞等并产生自由基,使得细胞膜的不饱和脂肪酸发生脂质过氧化,从而引起细胞的氧化损伤。在自然条件下，由于蒙脱石呈负电性且有可交换的层间阳离子，因此易于与生物分子如氨基酸、蛋白质、脂多糖等相互作用。氨基酸、蛋白质是细胞主要的构成成分，研究蒙脱石与氨基酸的相互作用对于了解蒙脱石致病机理具有重要意义。

3. 结果与讨论

本节利用 GCMC 计算了蒙脱石对四种氨基酸团簇(谷氨酸、甘氨酸、丝氨酸、精氨酸)的吸附行为。同时，根据四种重金属离子在中性水溶液中的存在形式[$Cd(OH)^+$、CrO_2^-、CrO_4^-、$Pb(OH)^+$]，采用同样的方法将它们加入蒙脱石和氨基酸团簇的层间，如图 7.5 所示。在完成分子动力学优化后，蒙脱石在氨基酸团簇表面发生了较强的相互作用，其作用位置以及距离如图 7.6 所示。磷脂分子的主要作用基团为磷酸甘油酯基(—COO—)以及亲水端磷酸上的羟基(—OH)，四种氨基酸团簇的氨基(—NH_2)和羧基(—COOH)与蒙脱石硅氧四面体和铝氧八面体上共用的 O 原子之间具有较强的相互作用。通过对相互作用能的计算发现，长程静电相互作用强于短程范德瓦耳斯相互作用，即在相互作用过程中，静电相互作用起主导作用。

为进一步分析静电相互作用，采用 DFT 对相互作用前、后分子体系的电子结构进行计算。分子的表面电势图如图 7.7 所示，其中侧面边缘硅氧四面体的 Si 原子区域具有较低的电势，通过边缘 O 原子的外层电子与氨基和羧基基团成键。由电荷密度变化可发现蒙脱石易失去电子，而氨基酸团簇易得到电子。电荷密度和蒙脱石主要为电子供体，而氨基酸团簇为电子受体；其中蒙脱石最大的电子供体为表面 O 原子，这主要是因为孤对电子只在蒙脱石表面的 O 原子中存在，而且 Al 原子的电子吸引能力比 Si 原子弱。Al、Si 原子的电子经表面共用的 O 原子传递给氨基酸团簇的作用基团，故蒙脱石表面 O 原子的电子密度有所增高。通过对磷脂作用基团—H_2PO_4 的单个原子进行布局分析后发现，P 原子为主要的电子供体。重金属离子作为外环境，其本身不存在电子得失，但加强了蒙脱石及氨基酸团簇的极化，在蒙脱石和氨基酸团簇间的电子传递过程中具有重要的作用。

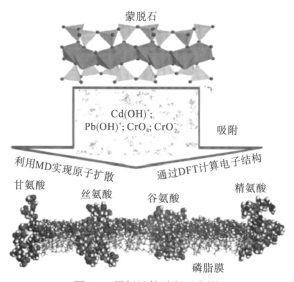

图 7.5 模拟计算过程示意图

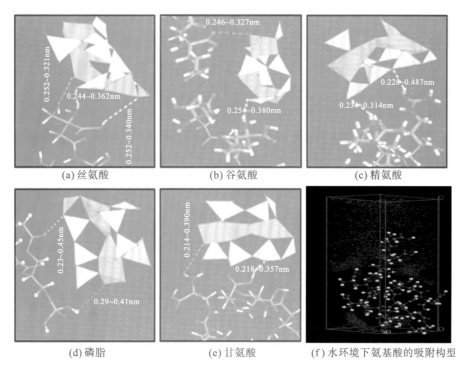

(a) 丝氨酸　　　　(b) 谷氨酸　　　　(c) 精氨酸

(d) 磷脂　　　　(e) 甘氨酸　　　(f) 水环境下氨基酸的吸附构型

图 7.6　分子动力学弛豫后的蒙脱石与氨基酸团簇相对位置图

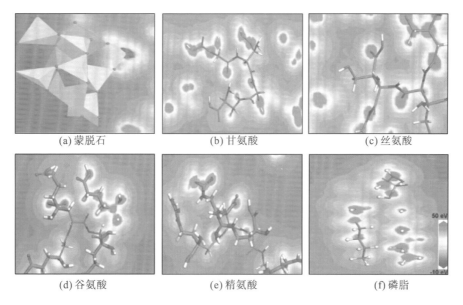

(a) 蒙脱石　　　　(b) 甘氨酸　　　　(c) 丝氨酸

(d) 谷氨酸　　　　(e) 精氨酸　　　　(f) 磷脂

图 7.7　蒙脱石与氨基酸团簇的表面电势图

　　同时，为了计算氨基酸和磷脂对蒙脱石的分解作用，我们利用分子动力学和密度泛函理论计算了吸附能和结构参数。结果表明，蒙脱石及其分解产物与四种氨基酸分子之间的吸附能皆为负值，说明蒙脱石及其分解产物与这四种氨基酸之间均存在较强的相互作用。通过对吸附能的计算发现，氨基酸分子极易被吸附在蒙脱石表面，且与石英层、Al—O 层、

Si—O 层的吸附能依次升高。同时该结果也表明氨基酸对蒙脱石的分解作用主要体现在氨基酸与 Al—O 基团的相互作用中。然而，不同的氨基酸团簇因结构不同而导致分子的柔性不同，其变形能力呈现出不同的变化。较强的相互作用导致氨基酸团簇发生较大的形变，其在数值上表现为形变能的绝对值较大和晶胞体积变大。如图 7.8 所示，晶胞体积随甘氨酸、丝氨酸、谷氨酸和精氨酸的分子量依次增大，这是由于较大分子量的氨基酸团簇与蒙脱石发生强相互作用而引发了较大的形变。

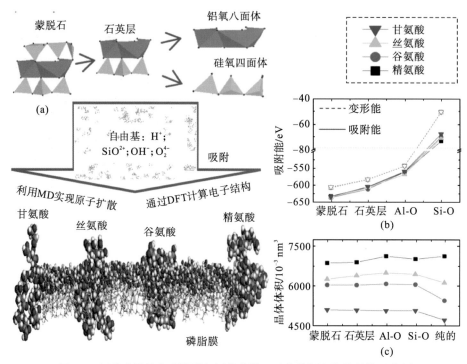

图 7.8   氨基酸团簇和磷脂膜与钙基蒙脱石及其分解产物的结构示意图

注：(a)氨基酸团簇、磷脂膜和钙基蒙脱石结构图；(b)平均吸附能和形变能；(c)晶胞体积

前面的研究表明，在一定自由基存在的条件下氨基酸团簇和磷脂膜在蒙脱石表面的吸附作用会诱导矿物结构分解。如图 7.9 所示，钙基蒙脱石及其分解产物被活性基团吸附，这些活性基团包括氨基($—NH_2$)、羧基($—COOH$)和磷脂($—COO—$)基团。从氨基酸与蒙脱石相互作用的距离来看，大部分的作用距离都在 2.5～3.5Å，属于中-强氢键范围。进一步地，磷脂分子主要作用在极性亲水端，其作用基团为磷脂羧基($—COO—$)以及亲水端磷酸上的羟基($—OH$)。四种氨基酸团簇的氨基($—NH_2$)和羧基($—COOH$)与蒙脱石均有较强的相互作用，不同的是丝氨酸非羧基上的羟基、精氨酸上的 $=NH$ 基基团及主链上的亚甲基($—CH_2—$)等分别还和蒙脱石有较强的相互作用。同时，发现蒙脱石中硅氧四面体和铝氧八面体上的 O 原子参与作用，侧面裸露的 Al 和 Si 原子部分参与作用，结构内部的 Al 和 Si 原子不直接参与作用。

为描述不同的自由基对氨基酸与钙基蒙脱石相互作用的影响，计算相互作用体系的成键能和扭转能，发现对应的成键能随自由基的存在呈现逐渐减小的趋势，表明自由基的存在对相互作用具有较大的影响。同时发现氨基酸与 Al—O 基团的成键能比与 Si—O 基团的相互作用能高，这与前面计算出的吸附能结果一致。此外，扭转能的计算结果表明，自由基对体系的扭转能也有较大的影响。这是由于自由基对相互作用具有较大的影响，引起了氨基酸分子的扭转。为进一步描述相互作用能的变化，本节通过体系中范德瓦耳斯作用能和静电作用能的变化来解析体系中相互作用力的变化。如图 7.10 所示，氨基酸与蒙脱石及其分解产物的相互作用以静电相互作用为主，在自由基存在的情况下静电相互作用的影响明显。由于蒙脱石-氨基酸团簇界面存在原子作用，从而使得氨基酸团簇和蒙脱石表面通

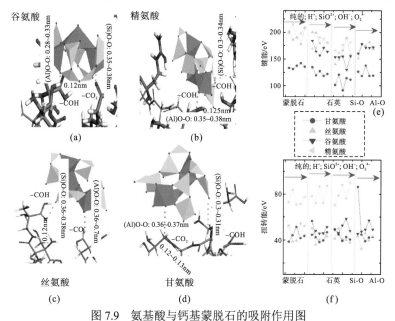

图 7.9　氨基酸与钙基蒙脱石的吸附作用图

注：（a）钙基蒙脱石吸附谷氨酸；（b）钙基蒙脱石吸附精氨酸；（c）钙基蒙脱石吸附丝氨酸；（d）钙基蒙脱石吸附甘氨酸；（e）钙基蒙脱石吸附氨基酸团簇的成键能；（f）钙基蒙脱石吸附氨基酸团簇的扭转能

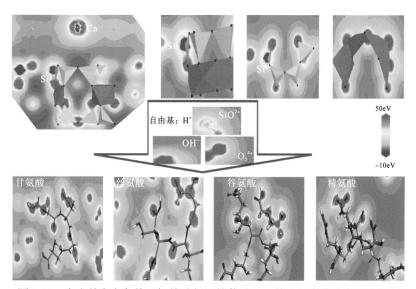

图 7.10　自由基存在条件下氨基酸与钙基蒙脱石及其分解产物的表面电势图

过改变氨基酸与蒙脱石表面的相互作用距离以及氨基酸分子的形变来加强对表层原子的束缚，键的伸缩范围相应变短，键的伸缩变得比之前困难，键能相应变大。同理，由于蒙脱石的作用，紧缚的氨基酸分子柔性减弱，键角旋转、扭转能力变弱，扭转能升高。

4. 结论

通过分子动力学计算发现，蒙脱石与氨基酸团簇之间的相互作用以静电相互作用为主，与氨基酸团簇和磷脂分子通过—NH_2、—$COOH$、—H_2PO_4、—COO—基团进行相互作用。在蒙脱石与氨基酸团簇相互作用的过程中，重金属离子的存在增强了氨基酸团簇的形变。通过对相互作用后体系电子结构的计算发现蒙脱石与氨基酸团簇的活性基团之间，蒙脱石的 Al 原子为主要的电子供体，它通过硅氧四面体和铝氧八面体上共用的 O 原子传递给作为受体的氨基酸团簇。同时，氨基酸与 Al—O 基团间的相互作用明显强于与 Si—O 基团间的相互作用，由此也证明氨基酸可诱导蒙脱石分解。自由基的存在对氨基酸与蒙脱石间的相互作用能具有较大的影响，自由基主要通过改变与蒙脱石间的相互作用距离和氨基酸团簇的形变来影响氨基酸与蒙脱石及其分解产物间的静电相互作用。

7.2.3 细菌代谢有机小分子浸出矿物内稀土元素的模拟与实验实例

利用放线菌生物浸出氟碳铈矿中稀土元素的研究[5]如下。

1. 研究方法

(1)采用 GGA-BLYP-DFT 优化和计算去铁胺吸附稀土离子的总能量、结合能、最高占据分子轨道(HOMO)和最低未占据分子轨道(LUMO)。

(2)研究不同种类的放线菌对稀土的生物浸出率及其机理。

2. 研究背景

近年来，绿色有效的生物浸出技术获得广泛关注，该技术特别适用于提取低丰度的元素。毫无疑问，微生物从不同环境中提取和浸出金属元素是最经济、有效的方法。例如，自养细菌(acidithiobacillus ferrooxidans)已被成功用于含铀三水铝石矿石中稀土元素的生物浸出，在最优条件下，其稀土元素浸出率最高可达 67.658%；厌氧硫酸盐还原菌(desulfovibrio desulfuricans)对磷石膏中稀土钇的回收率接近 80%。同时，发现自养细菌和 3 种真菌菌株(A.niger、ML3-1 和 WE3-F)能够从天然矿物独居石中浸出稀土元素。因此，为研究不同种类的放线菌对稀土的生物浸出率及其机理，利用从不同环境中分离出的 4 株放线菌，对四川茅庐坪稀土矿床的稀土矿物和典型的富稀土岩石进行生物浸出实验。

3. 结果和讨论

FXJ1.172 生物浸出过程显示出良好的浸出率(图 7.11)，这是因为微生物细胞中发生了稀土元素生物吸附。SEM-EDX 分析和混合镧系元素实验也证实，链霉菌属 FXJ1.172 可以选择性地吸附细胞表面不同的 REE。Tsuruta 得出链霉菌对稀土元素具有高积累能力，尤其是对 Lu 和 Sm；但是，链霉菌吸附稀土元素后变异的根本原因尚不清楚。可以用几种不同的方式解释变异：①当菌株在不同的培养基中生长时，细胞产生多种分子，如多糖和脂质等，功能基团会影响其吸附稀土元素；②各种稀土元素的浓度在 GYM 和 OM 培养基中与在氟碳铈矿和混合镧系元素溶液实验中不一致，可能导致链霉菌属的不同作用。然而，FXJ1.532 是例外，因为分别在①和②中观察到了浓度相差较大的稀土析出。当使用SEM-EDX 分析氟碳铈矿上生长的两个测试菌株时，在细胞表面未观察到吸附现象，这可能是由于在氟碳铈矿表面有再沉淀或二次矿物形成。然而，由于存在氟碳铈矿颗粒，因此所采用的技术无法提供数据来验证二级矿物对稀土元素浓度差异的影响。生物量和稀土元素的释放之间没有相关性，表明细胞吸附稀土元素对稀土元素的释放起到了弱负作用。细胞的主要贡献是产生配体或 pH，以从氟碳铈矿中释放稀土元素（图 7.12）。

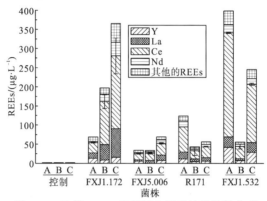

图 7.11　比较 GYM 培养基中氟碳铈矿的稀土率

注：一步生物浸出（A）：将放线菌菌株与氟碳铈矿置于 GYM 和 OM 培养基中培养 20 天；两步生物浸出（B）：将菌株置于 GYM 培养基中预培养 10 天，然后加入高压灭菌的氟碳铈矿培养 10 天；废介质生物浸出（C）：将菌株置于 GYM 培养基中培养 10 天，然后通过 0.22μm 过滤器除去细胞培养物后放到新的无菌烧瓶中以获得无细胞滤液，最后将氟碳铈矿加入滤液中培养 10 天

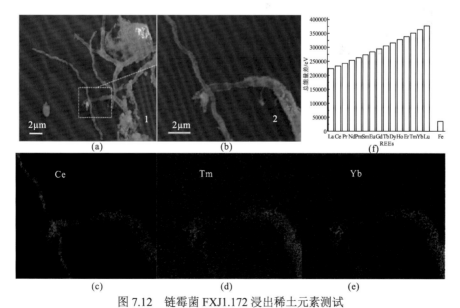

图 7.12　链霉菌 FXJ1.172 浸出稀土元素测试

注：（a）～（b）在 OM 培养基和氟碳铈矿存在的情况下，链霉菌 FXJ1.172 的扫描电镜图；

（c）～（e）Ce、Tm 和 Yb 元素分布图；（f）去铁氧胺吸附稀土元素和 Fe 的总能量差的绝对值为了测试铁载体是否优先吸附 Fe 或 REE 离子,在该研究中进行了模拟试验,如图 7.13 所示。在铁载体的—C═O—N—OH—基团中, 由于 N—OH sp³ 轨道偶联产生表面有效电子和空穴,因此相邻的—C═O—N—OH—基团有助于吸附位点吸附 Fe 或 REE 离子。当 Fe 离子被吸附在—N—OH—基团上时, sp³ 轨道耦合转变为 sp³d 轨道。因此, 铁载体的—C═O—N—OH—基团优先吸附 Fe 离子, 因为相对总能量差为-34355.75eV, 远低于吸附 REE 离子时的-376947.55~-223809.96eV, 如图 7.14 所示。其中, Fe-3d 轨道增强—C═O—基团的有效电子(差值:-3.62eV), 并削弱—N—OH—基团的有效空穴(差值:0.46eV)。当 REE 离子被吸附在—N—OH—基团上时, REE 4f 电子占据 H-s 轨道, sp³ 耦合轨道变为 (f)p³d 态。例如, Ce 离子倾向于在—N—O—(H)位置取代 H 离子[将整个—N—O—Ce(H)系统拆分成单独的—N—O—和 Ce 部分], 所需的能量(结合能差值:13.88eV)低于—N—OH—Fe 体系的结合能差值(33.74eV)。因此, 与 Fe-铁载体相比, 更容易发生 Ce-铁载体解吸反应。

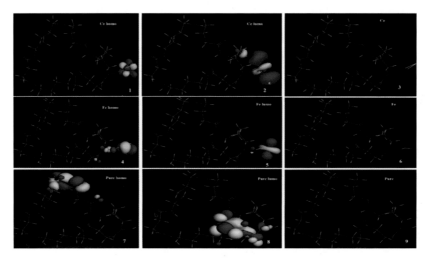

图 7.13　纯铁载体及其吸附 Fe 和 Ce 离子的最高占据分子轨道(HOMO)和最低未占据分子轨道(LUMO)

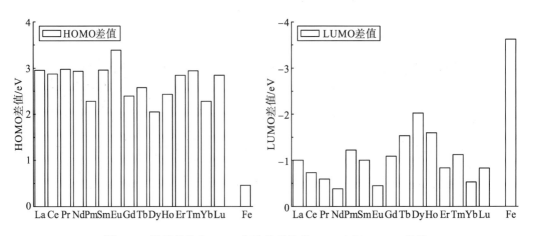

图 7.14　铁载体络合 REEs 和纯铁载体的 HOMO 和 LUMO 差值

4. 结论

由微生物产生的有机酸和铁载体被证明可以与稀土元素形成稳定复合物。当测试菌株用氟碳铈矿培养时，铁载体负责增强浸出稀土元素，DFAM 实验间接证实铁载体增强了稀土从氟碳铈矿到溶液的释放。微球菌 FXJ5.006 以及链霉菌 FXJ1.172 和 FXJ1.532 在没有氟碳铈矿的 GYM 培养基中会产生铁载体。因此，未来的研究需要分析和测试菌株的基因组，特别是需要通过基因工程来优化链霉菌 FXJ1.172 产生铁载体的效率。

7.3 矿物溶解与微量元素诱导相变作用的模拟

7.3.1 能态密度的定量分析方法：二维相关数据分析法

通常，矿物表/界面区域赋存离子或小分子的数量属于微量或低浓度，在根据整数原子数建立理论模型时超晶胞的尺寸大于实际值，且超晶胞的计算时间较长、适用范围有限、不适合任意或小浓度数据分析。虚拟晶格近似(VCA)引入了低掺杂浓度范围的原子占位处理方法，它通过采用赝势法忽略任何可能的短距离键和周期表中邻近元素电子结构的误差，并假设在每个潜在的无序位点上存在虚拟原子，见式(7.6)；但忽略了虚拟原子周围不同键长和局域扭曲的影响，不能准确地再现更为细微的结构。因此，需要借助分子动力学-量化法进行结构精细化：利用分子动力学弛豫晶格结构内原子的空间占位，在每一帧进行二次量化弛豫，优化原子间距和结合键伸缩/扭转等。

$$V_{\text{ext}(r,r')} = \sum_I \sum_\alpha w_\alpha^I V_{\text{loc}(r-RI\alpha,r'-RI\alpha)}^\alpha \tag{7.6}$$

式中，外部电势 $V_{\text{ext}(r,r')}$ 被表示为每个原子的非局域电势之和 α；权重 w 对应于虚拟混合物原子中各组分原子的相对含量；V_{loc} 表示每个组分的局域超软电势；I 表示原子位置；r（或 r'）和 R 分别表示混合前、后的原子间距。

然而，VCA-MD-DFT 不能处理矿物结构内微量元素的积累性转变问题，需要进一步定量地分析原子表面电子能级的轨道简并/劈裂方式、某一轨道上电子的转移情况等。因此，本节选择二维相关分析(two-dimensional correlation analysis，2D-CA)技术定量地分析 PDOS 数据。其原理是通过同步谱和异步谱的变化强度和范围，确定 PDOS 的变化趋势和波动范围，如图 7.15 所示。2D-CA 技术将 PDOS 定义为与外部扰动的应用相关联的系统的动态频谱 $\tilde{y}(e,c)$，见式(7.7)。2D 相关光谱 $X_{(e1,e2)}$ 的强度［式(7.8)］表示在固定浓度间隔内测量的两个不同的 PDOS 变量 e_1 和 e_2 的 PDOS 强度变化相对相似度。一般由方程式定义的相关函数分析两个独立选择的 PDOS 变量与测定的 PDOS 强度变化之间的关系。同步项 $\Phi_{(e1,e2)}$ 表示从 $C_{\min}$ 到 $C_{\max}$ 测量的两个分开的强度变化之间的总体相似性或巧合趋势，见式(7.9)，这两个强度反映了两种不同 PDOS 变量的定量轨道简并或劈裂。另外，在式(7.10)中定义的异步项 $\Psi_{(e1,e2)}$ 表示轨道波动的形状，可以直接根据动态频谱和正交频谱计算。若 $\Psi_{(e1,e2)} \cdot \Phi_{(e1,e2)} > 0$，则 e_1 观察到的 PDOS 强度变化主要发生在 e_2 观察到之前，这意味着局域简并轨道增强。

$$\tilde{y}_{(e,c)} = \begin{cases} y_{(e,c)} - \tilde{y}_{(e)} & C_{\min} \subseteq c \subseteq C_{\max} \\ 0 & 其他 \end{cases} \tag{7.7}$$

式中，$\tilde{y}_{(e,c)}$ 由固定间隔内的电子密度决定；c 在 $C_{\min} \sim C_{\max}$；e 表示电子密度的 PDOS 强度；$\tilde{y}_{(e)}$ 表示系统的参考光谱。

$$X_{(e1,e2)} = \varPhi_{(e1,e2)} + i\varPsi_{(e1,e2)} \tag{7.8}$$

$$\varPhi_{(e1,e2)} = \frac{1}{m-1}\sum_{j=1}^{m} \tilde{y}_{j(e1)} \cdot \tilde{y}_{j(e2)} \qquad (j=1,2,\cdots,m) \tag{7.9}$$

$$\varPsi_{(e1,e2)} = \frac{1}{m-1}\sum_{j=1}^{m} \tilde{y}_{j(e1)} \cdot \tilde{A}_{j(e2)} \tag{7.10}$$

式中，离散正交频谱 $\tilde{A}_{j(e2)}$ 被认为是动态频谱 $\tilde{y}_{k(e2)}$ 通过线性变换而得到的 PDOS 强度变化不相似度的度量：

$$\tilde{A}_{j(e2)} = \sum_{k=1}^{m} N_{jk} \cdot \tilde{y}_{k(e2)} \tag{7.11}$$

式中，N_{jk} 表示不均匀间隔数据的希尔伯特-诺达变换矩阵常量，其中 $N_{jk}=0(j=k)$ 或 $1/\pi(k-j)$。

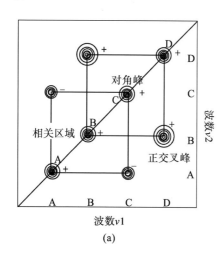
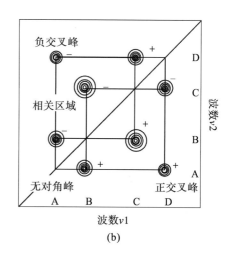

图 7.15　二维相关分析技术

注：(a)同步谱；(b)异步谱[6]

如图 7.16 所示，根据直观的态密度移动方式与同步谱、态密度移动强度与异步谱的关系，可以统计出分子动力学中每一帧的电子能级在某一能量位置的移动和劈裂方式。能级移动意味着原子外壳层的活性电子发生转移现象，如电荷变价；能级劈裂表示原子外壳层的活性电子在不同的能级轨道间发生跃迁现象，如氧缺陷。同时，移动和劈裂的强度反映积累性电子转移引起的结合键增强或减弱过程，相应的矿物结构和分子键出现原子络合键、原子迁移、结构畸变或损伤现象。

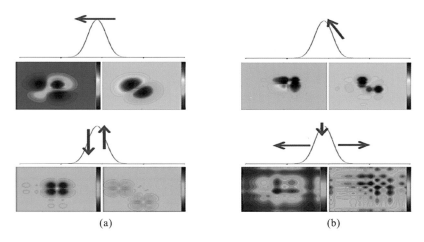

图 7.16　电子能级移动与劈裂的同步谱和异步谱判定图

注：(a)同步谱判定图；(b)异步谱判定图

利用 2D-CA 技术定量地分析蒙脱石赋存 5f 或 4f 原子的技术路线如图 7.17 所示。它将各原子轨道(Ca-4s^2、Ca-3p^6、O-2p^4 等)的一系列 SPDOS 进行二维数据叠加，并分析叠加后数据的同步谱和异步谱。图 7.18 反映了 Ca-4s^2 和 Ca-3p^6 轨道的微观轨道波动方式和波动强度，由此可直接给出表面电荷转变过程和电子转移过程。

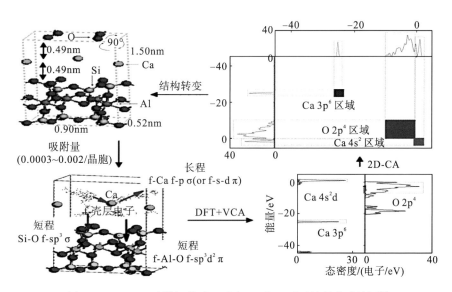

图 7.17　2D-CA 法模拟蒙脱石赋存 5f 或 4f 原子的技术路线图[7]

注：VCA 表示虚拟晶格近似

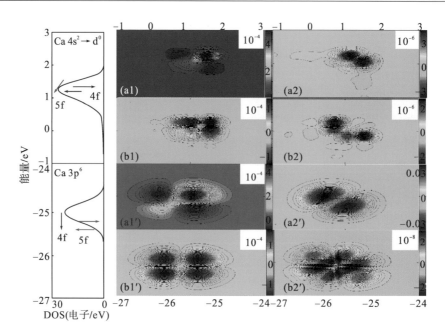

图 7.18　5f 或 4f 原子诱导蒙脱石内钙原子表面轨道波动图

7.3.2　微量元素诱导矿物相变过程实例

DFT 和二维相关分析法评价锆石内 Pu^{3+}-Pu^{4+} 电子跃迁的理论研究[8]如下。

1. 研究方法

(1)通过 GCMC、VCA 和 MD 联合技术建立和优化锆石赋存微量钚的晶格模型。

(2)利用二维相关分析技术(2D-CA)定量地分析积累性 PDOS 的微观数据转变过程。

2. 研究背景

随着核武器和核能源应用的高速发展,高放废物钚(Pu)的稳定化回归地质系统成为国际社会的研究热点,其浓度(质量分数 20%以下)与固化处置的稳定性相关。参照天然锆石($ZrSiO_4$)赋存核素微量元素的环境友好化思想,选取锆石作为钚固化体是当前一个较好的处置技术。为了更好地了解钚如何引起锆石的结构损伤和电子跃迁过程,研究人员从分子角度研究锆石内的 Pu^{3+}-Pu^{4+} 转变现象。例如,在物质的量浓度为 8%的 Pu^{3+}(或 Pu^{4+})掺杂锆石结构中,六重配位的 Pu^{3+} 与八重配位的 Zr^{4+} 的离子半径之间明显不匹配,最低能量构型取决于氧空位是否补偿了 Pu^{3+}-Zr^{3+} 取代电荷组成缺陷簇时的反应最低能(1.02eV)和被 Pu^{4+}-Zr^{4+} 取代时的最低能量(0.26eV)。然而,低掺杂量的 Pu 与锆石的定量电子转变过程仍然是不确定的。本节将定量地分析锆石中固定的 Pu-$5f^6$-壳层电子可能的电子转移过程,以更好地了解废物固化处理和稳定性问题。

3. 结果与讨论

锆石赋存 Pu 时发生的电荷歧化导致锆石的非晶化转变。为了研究 Pu 如何诱导锆石的晶格畸变，本节采用 VCA 将 Pu^{3+} 按物质的量浓度比(c=0～10%)加入锆石内八重配位的 Zr^{4+} 位点，并借助 DFT 计算 $Zr_{1-c}Pu_cSiO_4$ 的晶格能转变，如图 7.19 所示。降低 $Zr_{1-c}Pu_cSiO_4$ 晶体的总晶格能(-8779.46eV→-9046.57eV)有助于 Pu 和锆石之间发生自发反应。显然，低浓度 Pu(物质的量浓度 c<2.8%)掺杂的锆石表现出非常高的晶相稳定性，即仍保留锆石的纯相；但 Zr—O 键长度(0.39～0.4nm)、Zr—O—Si 键合角(～60°)、晶格角(～107°和～114°)和晶格长度(0.7～0.71nm)等已发生微弱的波动，因此此阶段已出现积累性结构损伤。在第一个相变点附近(物质的量浓度 c=2.8%～2.85%)，Pu 与锆石间的电子转移过程首先引起 Zr-$4d^2$-$O2p^4$ 结合键的位移损伤(Zr—O 键畸变物质的量浓度 $4.37\%^{-1}$ 和 $\alpha_{Zr\text{-}O\text{-}Si}$ 畸变物质的量浓度 $2.15\%^{-1}$)，则 Zr-O 结构产生转变为更稳定的 ZrO_2 结构的趋势。此位置上积累性的空位型氧空位增加了 Si 电子缺陷(Si^{4+}-Si^{2+})，形成的离域 Si—O ppσ 轨道加速了 O—Si—O 键角畸变(77°～83°和 102°～97°)。因此，结构出现重排转变过程——Zr^{4+}-Si^{4+}-O^{2-}→Zr^{4+}-O^{2-} 和 Zr^{4+}-Si^{2+}，发生相对晶格畸变。锆石结构趋于转变为 ZrO_2+SiO_2 非晶相形式，与 Burakov 和 Geisler 等的实验结论相同。当物质的量浓度 c=2.85%～7.5% 时，Pu-5f 与 Si-$3p^2$ 态沿 z 方向发生弱自发反应，Si—O 键的畸变率仅为物质的量浓度 $0.05\%^{-1}$；当物质的量浓度 c=7.5%～10%时，持续积累的 Pu-$5f_z$ 诱导 Si—O 键产生氧缺陷和高能(Si^{4+}-Si^{2+})态，导致晶格角失真(α=100.6°～98.3°; γ=129.1°～135.4°)，这种高晶格膨胀已不能再固化 Pu。因此，锆石晶格赋存 Pu 的最佳值不能超过物质的量浓度 7.5%。

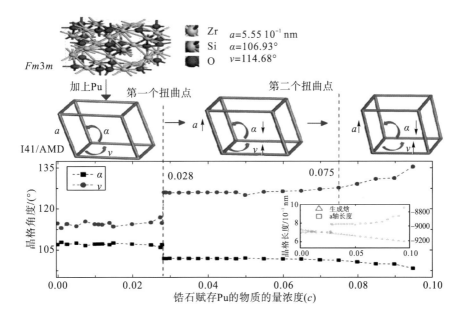

图 7.19　$Zr_{1-c}Pu_cSiO_4$ 晶体的晶格畸变、角扭转和晶格能

通常，$V_{O\text{-}p}$ 缺陷捕获两个 Si-$3p^2$ 电子，使得残余电子能量穿过 O—Si 键(50%离子键)并转移到 Si-$3p^2$ 轨道(吸收的 O-$2p^4$ 能量约 1%)。首先，随着 Mulliken 电荷减少(-0.88e→-0.9e)，O-$2p^4$ 轨道在-3.5eV 附近发生劈裂。图 7.20 表明离域型 Si—O p-p σ 混合轨道明显弱化，两个 Si 表面电子被氧空位型缺陷抵消，直到 Si—O p-p σ 共价轨道在第

一结构相转变点(物质的量浓度为 2.85%)上发生异质劈裂为止。这降低了 50% Si—O 共价键内的电子云密度,表面电位也减弱(0.1eV→0eV)。然后,两个 Si-3p^2 电子转移到 Si-3s^2 轨道上,此时表明形成了完整的 Si^{4+}→Si^{2+} 歧化型 V$_n$-O$_i$ 混合缺陷。通过 Si^{4+}→Si^{2+} 歧化分析(Mulliken 电荷:0.98e→0.85e),发现存在足够的缺陷产生表面紊乱以削弱硅氧键间电子-空穴的湮灭概率。新的 Si^{4+}-O^{2-}-Si^{2+} 网络有可能形成有效的稳定剂,促进体系从 Zr^{4+}-Si^{4+}-O^{2-} 转变为 Zr^{4+}-O^{2-} 和 Zr^{4+}-Si^{2+} 的复合构型(激发能:Si—O——0.53~0.55eV; Zr—O——0.05~0.15eV)。此外,当物质的量浓度 $c > 7.5$ %时,离域的轨道劈裂开始削弱 Zr^{4+} 和 Si^{2+} 态的 π 轨道(0eV→−2.5eV)。这个混沌轨道将导致离域型 π 轨道变成局域型 σ 轨道,直到表面势强度变为正值为止,最终的电荷状态改变为 Zr^{4+}-O^{2-} 和 Zr^{4+}-Si^{2+} 富集型。因此,Pu-5f^6-壳层电子明显地损伤了离域 Si—O p-p σ 轨道,并形成了 V$_n$ 缺陷;同时,这种劈裂的轨道增强了 Zr—O d-p σ 轨道简并度。该系统能够形成富 ZrO$_8$ 和富 SiO$_4$ 构型,这与实验观察结果一致。

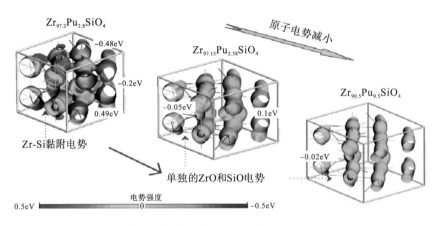

图 7.20　结构相转变点附近 Zr$_{1-c}$Pu$_c$SiO$_4$ 晶体的表面势强度

　　尽管 Pu-f-壳层电子态(5f$_{xy}$ 和 5f$_z$ 态)的轨道强度比锆石内的原子轨道强度低约 3~4 个数量级,但锆石的投影态密度表现出明显的能级位移,如图 7.21 所示。根据晶体场理论可知,Pu-5f 分裂为 j = 5/2 和 j = 7/2 的低角动量 Pu-f$_{xy}$ 态和高角动量 Pu-f$_z$ 态。锆石赋存 Pu 的轨道损伤作用主要包括低角动量 Pu-f$_{xy}$ 态作用和高角动量 Pu-f$_z$ 态作用。①低角动量 Pu-f$_{xy}$ 态作用:O-2s 轨道和 Zr-4p$_{xy}$(或 Zr-5s)轨道的电子被激发后跃迁到更高的能级。其中,Pu^{3+}-Pu^{4+} 电荷歧化过程产生的活性电子(e$^-$)富集在小于−16eV 的能量区域,导致 O-2s 轨道出现带负电荷的氧缺陷区域,其投影态密度强度显著增强。②高角动量 Pu-f$_z$ 态作用:在费米点附近(−2~2eV),Pu-f$_z$ 与 O-p$_z$(Zr-d$_z$)的 f-p(f-d)σ 简并轨道有助于增强 ZrO$_8$ 的 d$_z$-p$_z$ 轨道强度,形成的氧缺陷(O-p$_z$)与 Si-p$_z$(或 s)态同时在−7eV、−5eV 和−4eV 区域产生晶体场耦合作用,即 SiO$_4$p$_z$-p$_z$σ 简并轨道增强。因此,根据低/高角动量 Pu-f 态作用的强度,将总能态密度划分为物质的量浓度 c=0~2.8%、2.8%~7.5%和 7.5%~10%三个区域。

　　为了充分地了解电子传递过程,本节采用 DFT-2D-CA 技术计算了同步谱 [$\Phi_{(v1,v2)}$] 和异步谱 [$\Psi_{(v1,v2)}$],如图 7.22 所示。当物质的量浓度 c <2.8%时,Pu-5f$_{xy}$ 轨道优先与两个 O-2s 轨道简并,并产生两个新的 σ 杂化轨道,Pu-O f-s 和 Pu-Zr f-s/p 包含更多弱结合电

子(低角动量 Zr-5s 和 Zr-4p_{xy} 轨道)的键合轨道。Pu^{3+}原子被牢固地固定在该体系中，随着 Pu 浓度增加(物质的量浓度 $c>2.8\%$)，Pu 电子从 Pu-5f_{xy}(y：$-20\sim-17eV$；x：$-8\sim3eV$)轨道跃迁到 5f_z(z：$-7\sim-4eV$)轨道。半饱和的 5$f^{5/2}$ 态分为两个横向的 π 键轨道，在$-2.5eV$下形成 f_z-d_z(Pu-Zr)和 f_z-p_z(Pu-O)混合轨道。Pu^{3+}轨道上的部分电子(1.05e)湮灭在 O-2p_z轨道，即 Pu^{3+}电荷统计性增强为 Pu^{4+}(1.11e)。当物质的量浓度 $c=7.5\%\sim10\%$时，退化的 Pu-5f_z能级积累在$-4eV$，Pu-5f_z电子与高角度动量 Si-p_z电子结合以保持 Zr^{4+}位置处 Pu^{4+}电荷的稳定性，表明局域八面体混合轨道的形成可能会切断离域的 Zr—Si 键。

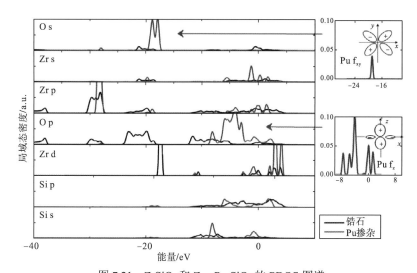

图 7.21　ZrSiO₄ 和 Zr$_{1-c}$Pu$_c$SiO₄ 的 PDOS 图谱

注：物质的量浓度 $c=3.0\%$，y 轴的坐标范围为 0~5(态/ eV)

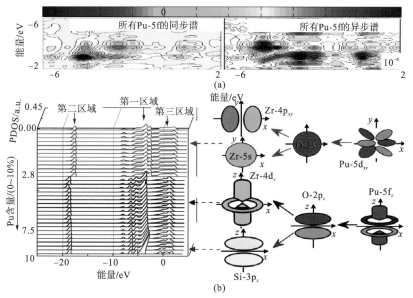

图 7.22　Pu 轨道诱导 Zr$_{1-c}$Pu$_c$SiO₄ 投影态密度定量转变的二维相关分析图

注：(a)同步谱和异步谱；(b)轨道简并/劈裂机制图

电子的电离效应归因于 Pu 电荷随电子累积函数而变化。附加损耗在 Si 和 Zr 能级下产生间隙缺陷(V)和空位型缺陷(V_n),以形成 V—O 间隙(O_i)和 V_n-O_i 结合。如图 7.23 所示,Pu-$5f^6$- 壳层电子引起锆石晶体轨道上电子跃迁的强弱顺序为:Si-$3s^2$<Si-$3p^2$<Zr-$4d^2$<(O-$2p^4$)< Zr-$5s^2$<Zr-$4p^6$<(O-$2s^2$)。电子密度的差异主要归因于与 ZrO_8 和 SiO_4 间的氧缺陷。在物质的量浓度 c=2.8%以下的第一电子跃迁区域,局域 Pu-$5f^{5/2}$-壳层电子激发低角动量 O-$2s^2$ 态(轨道波动范围:−19.5~−17eV),以产生氧缺陷,其费米能量从−0.81eV 变化到−0.45eV。同时,在低角动量的 Zr-$4p^6 5s^2$ 轨道上,Pu^{3+}-Pu^{4+}电荷歧化后提供电子(e^-)以产生离子化。进而,Zr—O 键的 p-s 和 s-sσ 轨道强度减弱(0.41eV→0.4~0.32eV),表明高度敏感的 Pu—Zr f-d 轴对称型(π)混合轨道切断一定的电子转移路径(O-$2p^4$→Zr-$4p^6 5s^2$ 轨道)。在高角动量 Pu-$f^{7/2}$(物质的量浓度 c>2.8%)积累的情况下,高角动量 O-$2p_z$ 轨道(轨道波动范围:−8~0eV→−9.5~ −3.5eV)产生氧空位型缺陷(V_{O-p}),这种缺陷可以捕获两个高角动量 Zr-$4d_z$ 和 Si-$3p_z$ 电子,形成两个具有表面电位(0.06~0.17eV)的杂化轨道。

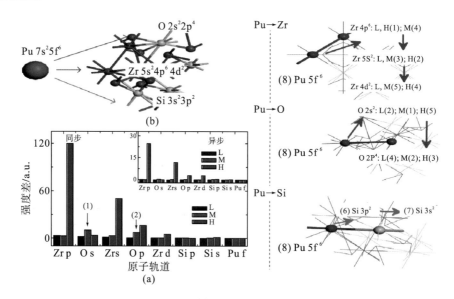

图 7.23 $Zr_{1-c}Pu_cSiO_4$ 内电子转移的同步-异步模式

注:(a)轨道波动;(b)强度,"( )"内数字表示轨道波动强度的顺序,"L、M 和 H"代表 Pu 物质的量浓度;

(c)Pu 物质的量浓度范围:c=0~2.8%、2.8%~7.5%和7%~10%

4. 结论

总之,使用 DFT 和 2D-CA 技术定量地计算 $Zr_{1-c}Pu_cSiO_4$(物质的量浓度 c=0~10%)的结构相变和电子性质。研究表明,Pu-$5f_z$ 态产生的 O-p_z 空位型缺陷激发高角动量 Zr-$4d^2$ 态分裂为 Zr-O d-p π 混合轨道(物质的量浓度 c=2.8%~2.85%)。这使得当物质的量浓度 c=2.8%~7.5%时,锆石沿着取向(101)从单一构型到无定形 ZrO_8 和 SiO_4 的结构相变。由于 Pu-$5f_z$ 态(物质的量浓度 c>7.5%)的积累,V_O-p_z 缺陷捕获两个 Si 表面电子以产生 V_n-O_i 缺陷,导致 Si^{4+}→Si^{2+}电荷歧化,分解成富 ZrO_2 和富 SiO_2 相。因此,锆石晶体中 Pu 的最佳物质的量浓度为 2.8% 以下,且不应超过 7.5%。

7.3.3 微量元素迁移诱导矿物相变过程实例

α 粒子和 Kr$^+$对钙钛锆石辐照损伤的 MC 模拟研究[9]如下。

1. 研究方法

(1) 在 100~300keV 入射能量范围内,利用 MC 模拟入射 α 粒子和 Kr$^+$对钙钛锆石的辐照损伤。

(2) 通过能量损耗、投影射程、空位分布以及临界非晶注入剂量 dpa 值说明钙钛锆石对电子的阻止本领。

2. 研究背景

钙钛锆石 (CaZrTi$_2$O$_7$) 作为高放废物固化备选基材之一,被广泛应用于固化稀土元素、裂片元素和锕系元素。放射性核素在衰变过程中会释放出 α 粒子、β 粒子、γ 射线和中子,这些高能的粒子或射线会对固化体基材造成损伤,导致内部产生缺陷和蜕晶质化。由于高放射性、短寿命超铀核素固化体掺杂和快中子辐照试验的实验条件限制,高能重离子辐照技术是较为理想的耐辐照损伤性能试验方法,并可借助分子动力学和 MC 解释晶体结构微观损伤机理。对于钙钛锆石的 α-反冲核辐照损伤,当注入的剂量为 4.4×10^{24} alphas·m^{-3} 时,钙钛锆石仍然保持单斜晶体结构;当注入的剂量为 3×10^{25} alphas·m^{-3} 时,基材以晶态、非晶态形式混合存在;当注入的剂量为 10^{26} alphas·m^{-3} 时,基材内部出现高度无序化,晶体结构周期性消失。同时利用不同能量的 Kr$^+$离子轰击钙钛锆石,1000keV 和 1500keV 能量下的临界非晶剂量(基材内部出现高度无序,晶体结构周期性消失时的入射剂量)分别为 10×10^{18} ions·m^{-2} 和 5.5×10^{18} ions·m^{-2}。通过计算入射深度和空位分布,分析能量损失过程,解释微观损伤机制。

3. 结果与讨论

当一个载能粒子在固体中穿行时,其能量损失可以分为两部分:一部分用于靶原子核做反冲运动,可以用核阻止本领 $(dE/dx)_n$ 表示;另一部分用于激发或电离靶原子核外的电子,可以用电子阻止本领 $(-dE/dx)_n$ 表示。图 7.24 表示能量为 100~3000keV 的 α 粒子和 Kr$^+$在钙钛锆石中的电子阻止本领和核阻止本领。α 粒子在钙钛锆石中的电子阻止本领远大于核阻止本领,即 α 粒子的能量损失以电子能损为主,辐照损伤效应以电离效应为主。随着入射能量增加,α 粒子的核阻止本领逐渐减小,电子阻止本领呈现出先增加、后减小的趋势。当入射 α 粒子的能量达到 700keV 时,其电子阻止本领达到最大值,为 552.8eV·nm^{-1}。能量为 100~3000keV 的 Kr$^+$在钙钛锆石中的核阻止本领随入射能量的增加而逐渐减小,其电子阻止本领总体上呈现出逐渐增加的趋势,在 100~200keV 入射能量下,其电子阻止本领先增加、后减小。当入射能量为 100~1200keV 时,Kr$^+$的核阻止本领大于电子阻止本领;当入射能量为 1300~3000keV 时,Kr$^+$的电子阻止本领大于核阻止本领。

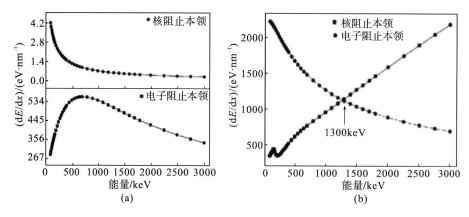

图 7.24 α粒子和 Kr⁺ 的阻止本领与入射能量变化关系图

注：(a)α粒子；(b)Kr⁺

随着入射能量增加，α粒子和 Kr⁺ 在钙钛锆石中的平均投影射程均增加，但在整个能量范围内 α粒子的射程大于 Kr⁺。α粒子的射程范围在 437～6960nm，Kr⁺ 的射程范围在 39～1130nm。入射离子在基材中的能量损失有 3 种方式：位移能损、电离能损和声子能损。对于不同种类、不同能量的入射离子，这 3 种能量损失所占的比例是不同的。入射离子打入靶材后会产生 6 种能量损失：入射离子电离能损、反冲离子电离能损、入射离子位移能损、反冲离子位移能损、入射离子声子能损、反冲离子声子能损。图 7.25 给出了 α粒子在 100～3000keV 入射能量下各种能量损失所占的比例。结果显示，其能量损失以入射离子电离能损为主，在入射能量为 100～1000keV 时，电离能损的增加较为明显(92%～99%)；在入射能量为 1100～3000keV 时，电离能损的增加量不大(<99%)。

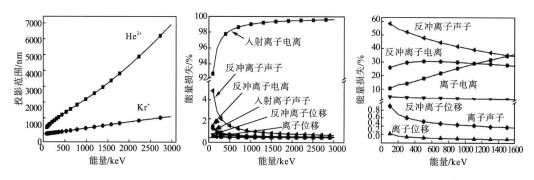

图 7.25 α粒子和 Kr⁺ 的平均投影范围、能量损失与入射能量变化的关系

注：(a)α粒子和 Kr⁺ 的平均投影射程与入射能量变化的关系图；(b)α粒子的能量损失与入射能量变化关系图；

(c)Kr⁺ 离子的能量损失与入射能量变化关系图

如 Kr⁺ 在 100～3000keV 入射能量下能量损失所占的比例结果所示，其能量损失以入射离子电离能损、反冲离子电离能损和反冲离子声子能损为主。随着入射能量增加，反冲离子的声子能损逐渐减少，入射离子的电离能损逐渐增加，反冲离子的电离能损先增加、后减少，在入射能量为 500keV 时达到最大值(30.41%)。当入射能量较低时(100～1500keV)，以反冲离子声子能损为主；当入射能量较高时(1600～3000keV)，以入射离子电离能损为主。图 7.26 表示不同能量(100keV、1000keV、2000keV 和 3000keV)的 α 粒子和 Kr$^+$垂直照射时空位分布与深度的关系。100～3000keV 的 α 粒子在 CaZrTi$_2$O$_7$中的损伤区为 440～7020nm，平均一个入射 α 粒子产生空位总数为 12～20 个，基材中的 Zr、Ti 和 O 原子空位数量较接近，其中 Ti 原子空位最多，Ca 原子空位最少。随着能量增加，损伤区深度明显增加，而空位总数的增加并不明显。其主要原因是 α 粒子(He^{2+})的质量较轻，与质量相对较大的离子发生碰撞时晶格中离子发生位移的概率较小，并以核外电子的电离作用为主，靶中的电子从快速运动的离子和反冲原子中获得能量，92%～99%的能量都以电离能损的方式被消耗，原子位移产生的位移能损不足 5%。

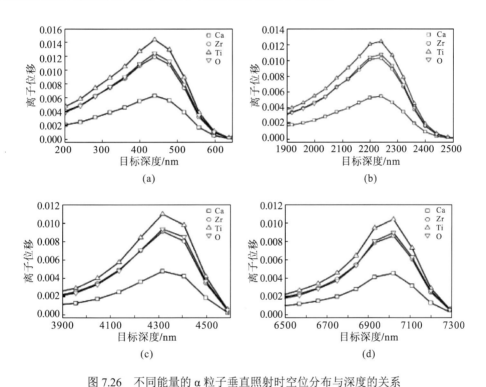

图 7.26　不同能量的 α 粒子垂直照射时空位分布与深度的关系

注：(a)入射能量 100keV；(b)入射能量 1000keV；(c)入射能量 2000keV；(d)入射能量 3000keV

　　原子平均离位(dpa)是材料辐照损伤的单位，其定义为在给定注量下每个原子的平均离位次数。它是衡量材料辐照损伤程度的一种方法，表示晶格上的原子被粒子轰击后离开原始位置的次数与晶格上原子数量的比。图 7.27 表示临界非晶剂量时的 dpa 值与深度变化的关系。当能量为 1000keV 和 1500keV 的 Kr$^+$入射时，随着入射深度增加，dpa 值呈现出先增加、后减小的趋势。当深度为 290nm 时，1000keV 产生的 dpa 值大于 1500keV 产生的 dpa 值，而在 470～1000nm 深度，1500keV 产生的 dpa 值大于 1000keV 产生的 dpa 值，说明随着入射 Kr$^+$能量的增加，基材中的损伤区深度也随之增加。

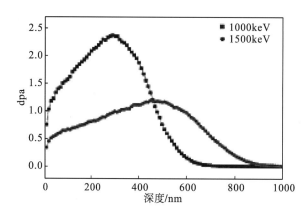

图 7.27　临界非晶剂量下 dpa 值与深度变化的关系

4. 结论

本节利用 MC 模拟了入射能量为 100～3000keV 的 α 粒子和 Kr+对钙钛锆石基材的辐照损伤,利用位移阈能实验值扩展了入射能量和入射深度的范围,计算了临界非晶剂量下的 dpa 值。研究结果表明:α 粒子入射时形成的空位总数为 12～20 个,入射离子射程为 437～6960nm,能量损失以电离能损为主,α 粒子轰击生成的空位数少,对基材造成的损伤小,钙钛锆石以电子阻止本领为主;Kr+入射时,形成的空位总数为 138～1097 个,入射离子射程为 39～1130nm,Kr+轰击生成的空位数多,对基材造成的损伤大,低能量轰击时钙钛锆石以核阻止本领为主,高能量轰击时以电子阻止本领为主,能量损失以入射离子电离能损、反冲离子电离能损和反冲离子声子能损为主。在临界非晶剂量入射条件下,Kr+的入射能量增加,dpa 峰值和损伤区深度也随之增加。

7.4　矿物溶解的动力学和静力学

7.4.1　矿物颗粒聚集和流动过程的耗散粒子动力学模拟

利用 DPD 模拟可以得到每个粒子之间的相互作用力、位置和速度,通过分析这些数据可以研究目标系统的构型、演变情况和受力情况[10-12]。例如,根据二元参数组变化的相变相图、介观形态-分布-扩散导致的混合物流变性等。张红平等计算了聚乙烯醇-壳聚糖(质量比设置从 9/1 到 1/9)的 2×10^5 步 DPD 演化过程,如图 7.28 所示。随着壳聚糖浓度增加,混合物中聚乙烯醇的球形结构经塌陷和扩散流动过程后逐步形成圆柱形结构和层压模型,这与实验 SEM 图的结论一致,且理论无序-均匀有序演变过程与实验 XRD 结果对应。这一研究证实了 DPD 模拟与实验研究的可靠性。

基于这种具有有机物混合体系流变特性的 DPD 研究,矿物学家和工程设计者把上述体系内的某一聚合物单元替换为矿物颗粒的聚集型单元,并将 DPD 应用到地质体系内有机物诱导矿物质流变的研究中。例如,在地下水修复、石油勘探、水净化等领域必不可少的纳米矿物孔结构流体输运过程中,Wang 等采用 DPD 计算了各种油组分和纳米氧化硅颗粒组成全原子模型的流体位移,证实氧化硅位移产生的压力差可调节流体-液体弯月面,解释了砂岩存储层中的水-油驱替现象。此方法也应用于黏土悬浮液老化过程[13]、矿物复合材料设计[14]、矿物降解空气污染物模型[15]等矿物学模拟研究领域。

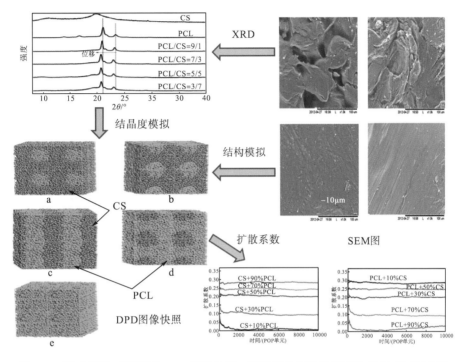

图 7.28 聚乙烯醇-壳聚糖的 DPD 图像快照、理论扩散系数以及实验 XRD 和 SEM 图

7.4.2 矿物孔隙内的小分子流动和矿物溶解模拟

有限元和有限差分法模拟已广泛应用于结构形变、力学、扩散、凝固、热传导等矿物学领域,本节重点关注与流体相关的物理化学过程对矿物结构和性能的影响。本节通过选择介观尺度下三维矿物(方解石)孔隙内溶液流动和酸流体溶解反应的相关过程,介绍有限差分法的应用实例。

对于孔隙内的物理流动过程,经实验结果校准的半经验方程可以预测方解石孔隙尺度修正值对渗透率的影响,孔隙内流体输运过程的计算机模拟可以用于解析孔隙空间-反应流动模式的 CT 实验图。Lamy-Chappuis 等[16]通过在入口和出口面添加恒定的压力边界条件、在剩余的 4 个面添加壁面条件,利用有限离散化方法直接求解单相层流模式的 Stokes 方程,同时评估质量扩散速率的平均值和差值(<0.1%)。其中,流速大小对应色流动路径,收缩和孔中心处的流速最高;红色区域对应入口处的孤立孔,这里可能导致溶液聚集。

伴随着物理流体流动过程,孔隙内的饱和酸将同时发生溶解方解石的化学过程,导致孔隙流体的通道和流动的物理模式显著变化,这种物理和化学过程可细化为质量扩散以及孔隙流体流动引起的平流和酸溶解反应三个过程。Zhao 等[17]使用时间和长度标尺将酸溶解方解石的数据控制方程变换为无量纲形式,并将动态相互作用的数据控制方程转化为无量纲数，以用于表示酸溶解系统的动态特征。同时用有限元法计算离散化空间，用有限差分法计算离散化时间。结果表明，在酸溶解量足够小的亚临界酸溶解系统中，平面酸溶解前沿的传播速度与酸溶解能力数呈线性关系。酸溶解量越小，平面酸溶解前沿的传播速度越慢，反应越不稳定。因此，有限元和有限差分法相结合的技术可同时应用于计算介观尺度的矿物扩散和化学反应过程。

7.4.3 矿物静力学和动力学模拟

矿物静力学模型应根据实际矿物的结构特性和环境因素进行设定，且物理设定空间内的弹性模量等受矿物粒子的密度影响。例如，Imseeh 和 Alshibli[18]以 F-75 渥太华砂的一维压缩试验为基础，利用三维有限元模型构建了一维压缩试验的物理紧密堆积，模拟证实了力链内的砂颗粒能够抵抗大部分施加的载荷，相邻的砂颗粒提供侧向支撑以防止砂颗粒弯曲。同时，他们评估了该模拟结果与 SMT 测试获得的三维物理密堆、力链断裂模式和应力-应变演化过程等结论的一致性。因此，此方法可用于解释具有一定弹性颗粒的土壤、砂石等的应力-应变过程。

有限元法的动力学技术可解析矿物表/界面的反应速率等。例如，Levenson 和 Emmanuel[19]将 CT 扫描测量形貌作为模板生成模拟孔表面上方非均匀扩散边界层的三维模型，并采用有限元法求解石灰石表面溶解的耦合偏微分方程，计算了不同边界层厚度的溶解反应速率。此技术已广泛应用于酸驱动重金属污染土壤动力学、矿物溶解过程的耦合质量传递-表面动力学、浮选槽内矿物加工的连续多尺度模拟、冲击后陨石中矿物的退火动力学等研究领域[20-21]。

为了直观地观察三维模型的热学过程，可在某一方向上简化出二维热传导模型。例如，Gerya 和 Yuen[22]使用 Lagrange 技术标记了初始温度方程，且将温度解在每个时间步内插回 Euler 网格，由此标定了精细的热结构。同时，他们采用保守的有限差分法捕捉了黏度和导热系数变化过程中应力和热梯度的变化，并利用 Rayleigh-Taylor 不稳定性降低了介质的黏度，最终描述了剪切和绝热加热下温度依赖性黏度和热导率的转变过程。此技术可用于热驱动矿物相变、熔融、热流变、导热率转变等领域。

7.5 矿物结晶-生长过程和宏观数据模拟

7.5.1 矿物结晶过程的粗粒化模拟

粗粒化分子动力学技术可以将微观尺度的研究扩展到介观尺度，以模拟原子水平上真实的矿物结构和演化行为。2009 年，Suter 等[23]发表了黏土矿物的粗粒化分子动力学研究进展，阐述了复合失效模式和嵌入模型的可靠性，证实黏土等无序层状结构和力学性质的演化模拟与实验结论一致。

目前，主要通过将粗粒化分子动力学与实验结合来阐述矿物学中晶体的成核和结晶过程。例如，为了描述成核前和成核后的不同尺度和非经典成核途径，King 等[24]采用粗粒化概念构建了符合电镜实验的纳米-微米-毫米尺度的方解石($CaCO_3$)结构模型，并利用粗粒化分子动力学阐述了不同的稳定中间体对结晶转变的影响。此技术还被成功应用于黏土矿物膨胀性、黏土-凝胶间应力和应变关系、有机黏土剥离和分散过程等领域[25]。

7.5.2　矿物生长的元胞自动机模拟

许多天然矿物的化学成分会随着晶核到边缘轮廓的变化呈现出韵律环带现象，这反映了地质环境（如沉积、变质、热液等）的驱动作用，并提供了矿物形成环境的信息。以重晶石-天青石固溶体为例，L'Heureux 和 Katsev[26]考虑了韵律环带的三类模型，即自催化晶体生长机制的宏观确定性方程模型、随机波动对体积浓度影响模型和元胞自动机模型。其中，元胞自动机模型考虑了$(Ba,Sr)SO_4$内 Ba 和 Sr 分子单元简单运动和附着在表面生长的规则，将自催化生长概念应用于韵律环带的形成过程中。具体过程：将液相和固相按浓度比例构建到矩阵网格中，紧密堆积的晶体位于网格节点中的固定液相和固相单元。其中，液相单元允许单元移动，晶体和溶液间存在包含两种相单元的界面区域，且晶体-溶液界面的平行方向符合周期性边界条件。每移动一个时间步，单元以相等的概率进入溶液 4 个相邻网格节点中的任意一个位置。与固相接触的单元可以附着到晶体表面，其附着过程取决于局部液相浓度、相变能和溶解能垒。进而，将单元附着率与晶体组成（平均场法）、表面能（局部限定法）植入元胞自动机，获得二维晶核距离函数和单元分布图，最终证实了$(Ba,Sr)SO_4$内局域晶体非连续性和整个晶体连续性的韵律环带现象。

7.5.3　宏观数据的人工神经网络技术模拟

人工神经网络技术不受单一理论参数限制，可以通过经验参数的训练获得权重、能量、熵、同质性、浓度等相关参数，其横跨矿物勘探、选矿、矿物鉴定、浸矿、矿物材料设计等一系列矿物学及交叉学科领域。本节通过选取矿物开发过程中的"生物浸矿-选矿/鉴定-勘探"三个阶段，介绍人工神经网络技术的应用实例。

在确定矿物成分的基础上，矿物开发从业者重点关注如何将有价值的元素从矿物原矿中提取出来，即浸矿技术。浸矿技术主要分为物理浸矿、化学浸矿和生物浸矿三类。目前，为了响应全球环境保护领域中降低化学试剂使用的需求，研究者越来越多地关注生物浸矿技术的研究和开发。例如，Abdollahi 等[27]基于嗜酸菌溶解辉钼矿的生物浸矿试验，利用人工神经网络技术训练了初始 pH、固体浓度和微生物接种百分比，建立了溶解和回收辉钼矿中 Cu-Mo-Re 元素量的 105 组数据和介观-宏观尺度的神经网络架构模型。模型的线性相关回归系数近似 1，遗传算法用于搜寻人工神经网络的最佳模型和最高精度参数，这证实人工神经网络技术可准确地预测生物浸矿的相关模型和参数。

在介观-宏观尺度的矿石分选和矿物鉴定研究过程中，矿物薄片的偏光显微镜光学颜色图像和相关数据是识别矿物质具体成分的基本条件，可用于矿物分类模拟研究。2001年，Thompson 等[28]在人工神经网络三层架构内输入了 10 种矿物的 27 类参数，其预测不可视矿物样品的成功率高达 93%。根据人工神经网络比色数据的训练可靠性，Singh 等[29]基于径向基神经网络的可视化纹理特征，提出了一种新的锰铁冶金选矿法。借助该选矿法，

3 种矿石颗粒视觉纹理的灰度值可以很容易地被识别和分类，并能够通过纹理颗粒的 4 个夹角和生成共生矩阵及平均距离值分析能量（无序度量）、熵（复杂性度量）、同质性（单调性参数）和对比度（局部变化度量）的高分辨精度。这显示出人工神经网络技术可有效地应用于独立矿物分区评估，此类选矿和矿物鉴定的准确性已在对石英-白云母-黑云母-绿泥石型矿物等的研究中得到了证实。

在宏观尺度的矿床数据相对稀缺时，所有的计算机学习算法都可以用于矿物勘探。Rodriguez-Galiano 等[30]对比了通过人工神经网络、随机森林算法、决策树算法和支持向量机技术预测矿物分布模型，其中随机森林算法显示出更高的稳定性和成功率且操作简单，而人工神经网络技术在预测最大、最复杂的网络时更为有效、精度更高。随着网格复杂化，相对地映射精度增大，由此可获得最小的误差、最高的灵敏度、区域分布的高精度概率等。因此，在矿物勘探研究中，应根据实际地区的实测参数值和计算设备条件来选择学习算法。

尽管目前人工神经网络技术尚不完善，但我们相信随着计算机运算速度和人工智能（AI）技术的飞速发展，传统依靠大量研究者进行数据筛选和比对分析的时代会随之结束，矿物学从业者终将建立一套完整的关于矿物结构和性能的理论模拟与实验测试结果数据库，为人类研究地球物理与化学科学提供最为基础、翔实、可靠的数据。同时，研究者已针对不同尺度的模型开发出了密度泛函理论-分子动力学（CPMD）、蒙特卡罗法-密度泛函理论-分子动力学、分子动力学-强场理论等联用技术。因此，我们大胆地猜测人工神经网络技术具有将矿物样本分尺度、层次进行"密度泛函理论—分子动力学（蒙特卡罗法）—过渡态理论—介观尺度动力学—有限元理论"跨尺度串联型数据学习的潜力。不同尺度的模拟结果相互关联和学习训练，可根据环境因素的作用感知和比对实验结果，进而通过相互训练和学习修正理论参数，并最终构建起"矿物样本—模拟和实验数据比对—环境因素作用—地球物理与化学宏观体系"的理论数据模式。在这个过程中，不仅可以将繁重的数据交付计算机处理，还可以详细关联每个数据细节，以探索和挖掘未知领域的数据信息。

参 考 文 献

[1] 李伟民,董发勤,李文周,等. α粒子和 Kr⁺离子对钙钛锆石辐照损伤的 Monte Carlo 模拟. 功能材料,2018,3(49):3001-3006.

[2] 周青,董发勤,边亮,等. 氨基酸团簇及磷脂在蒙脱石表面的电子传递计算模拟研究. 功能材料,2016,4:4129-4133.

[3] Abdollahi H, Noaparast M, Shafaei S Z, et al. Prediction and optimization studies for bioleaching of molybdenite concentrate using artificial neural networks and genetic algorithm. Minerals Engineering, 2019, 130:24-35.

[4] Bian L, Song M, Dong F, et al. DFT and two-dimensional correlation analysis for evaluating the oxygen defect mechanism of low-density 4f (or 5f) elements interacting with Ca-Mt. RSC Advances, 2015, 5:28601-28610.

[5] Bian L, Dong F, Song M, et al. DFT and two-dimensional correlation analysis methods for evaluating the Pu^{3+}-Pu^{4+} electronic transition of plutonium-doped zircon. Journal of Hazardous Materials, 2015, 294:47-56.

[6] Carpenter M A, Salje E. Time-dependent Landau theory for order/disorder processes in minerals. Mineralogical Magazine, 1989, 53:483-504.

[7] Carpenter M A, Domeneghetti M C, Tazzoli V. Application of Landau theory to cation ordering in omphacite II: kinetic behavior.

European Journal of Mineralogy, 1990, 2:19-28.

[8] Hagita K, Shudo Y, Shibayama M. Two-dimensional scattering patterns and stress-strain relation of elongated clay nano composite gels: Molecular dynamics simulation analysis. Polymer, 2018, 154:62-79.

[9] Heureux I L, Katsev S. Oscillatory zoning in a (Ba,Sr)SO$_4$ solid solution: macroscopic and cellular automata models. Chemical Geology, 2006, 225:230-243.

[10] Imseeh W H, Alshibli K A. 3D finite element modelling of force transmission and particle fracture of sand. Computers and Geotechnics, 2018, 94:184-195.

[11] Gerya T V, Yuen D A. Characteristics-based marker-in-cell method with conservative finite-differences schemes for modeling geological flows with strongly variable transport properties. Physics of the Earth and Planetary Interiors, 2003, 140:293-318.

[12] Kibanova D, Cervini-Silva J, Destaillats H. Efficiency of Clay-TiO$_2$ nanocomposites on the photocatalytic elimination of a model hydrophobic air pollutant. Environmental Science Technology, 2009, 43:1500-1506.

[13] King M, Pasler S, Peter C. Coarse-grained simulation of CaCO$_3$ aggregation and crystallization made possible by nonbonded three-body interactions. The Journal of Physical Chemistry C, 2019, 123:3152-3160.

[14] Lamy-Chappuis B, Yardley B W D, He S, et al. A test of the effectiveness of pore scale fluid flow simulations and constitutive equations for modelling the effects of mineral dissolution on rock permeability. Chemical Geology, 2018, 483:501-510.

[15] Landau D P , Binder P. A guide to Monte Carlo simulations in statistical physics. Cambridge：Cambridge University Press, 2005.

[16] Levenson Y, Emmanuel S. Pore-scale heterogeneous reaction rates on a dissolving limestone surface. Geochimicaet Cosmochimica Acta, 2013, 119:188-197.

[17] Liang C, Sun W, Wang T, et al. Rheological inversion of the universal aging dynamics of hectorite clay suspensions. Colloids and Surfaces A: Physicochemical and Engineering Aspects, 2016, 490:300-306.

[18] Noda I, Ozaki Y. Two-dimensional correlation spectroscopy-applicationsin vibrational and optical spectroscopy. New Jersey：John Wiley & Sons Ltd, 2004.

[19] Peruffo M, Mbogoro M M, Adobes-Vidal M, et al. Importance of mass transport and spatially heterogeneous flux processes for in situ atomic force microscopy measurements of crystal growth and dissolution kinetics. The Journal of Physical Chemistry C, 2016, 120:12100-12112.

[20] Rodriguez-Galiano V, Sanchez-Castillo M, Chica-Olmo M, et al. Machine learning predictive models for mineral prospectivity: an evaluation of neural networks, random forest, regression trees and support vector machines. Ore Geology Reviews, 2015, 71:804-818.

[21] Robert C P, Casella G. Monte Carlo statistical methods. New York:Springer, 1999.

[22] Scocchi G, Posocco P, Fermeglia M,et al. Polymer-clay nanocomposites: a multiscale molecular modeling approach. The Journal of Physical Chemistry B, 2007, 111:2143-2151.

[23] Schwarz M P, Koh P T L, Verrelli D I, et al. Sequential multi-scale modelling of mineral processing operations, with application to flotation cells. Minerals Engineering, 2016, 90:2-16.

[24] Singh V, Rao S M. Application of image processing and radial basis neural network techniques for ore sorting and ore classification. Minerals Engineering, 2005, 18:1412-1420.

[25] Song M, Bian L, Zhou T, et al. The Adsorption capacity of clinoptilolite for nuclide strontium ions. Journal of Scientific Conference Proceedings, 2009, 1:163-166.

[26] Suter J L, Groen D, Coveney P V. Mechanism of exfoliation and prediction of materials properties of clay-polymer

nanocomposites from multiscale modeling. Nano Letters, 2015, 15:8108-8113.

[27] Thompson S, Fueten F, Bockus D. Mineral identification using artificial neural networks and the rotating polarizer stage. Computers & Geosciences, 2001, 27: 1081-1089.

[28] Warren P B. Dissipative particle dynamics. Current Opinion in Colloid & Interface Science, 1998, 3:620-624.

[29] Zhang L, Dong H, Liu Y, et al. Bioleaching of rare earth elements from bastnaesite by actinobacteria. Chemical Geology, 2018, 483:544-557.

[30] Zhao C, Hobbs B E, Ord A. Effects of acid dissolution capacity on the propagation of an acid-dissolution front in carbonate rocks. Computers & Geosciences, 2017, 102:109-115.

附　　录

附录 I　符号简写与全称

中文全称	英文全称	简写
密度泛函理论	density functional theory	DFT
玻恩-奥本海默近似(定核近似或绝热近似)	Born-Oppenheimer approximation	
Hartree-Fock 近似	Hartree-Fock approximation	
微扰法	perturbation method	
变分法	variational method	
Hohenberg-Kohn 定理	Hohenberg-Kohn theory	
Kohn-Sham 方程	Kohn-Sham equation	
局域密度近似	local density approximation	LDA
广义梯度近似	generalized gradient approximation	GGA
局域自旋密度近似	local spin-density approximation	LSDA
紧束缚近似	tight-binding	TB
分子动力学	molecular dynamics	MD
初值问题	initial value problem	
边界条件	boundary conditions	
非键截断	non-bond cutoff	
Atom 截断	atom based cutoff	
电荷组和组群截断	charge and group based cutoff	
晶胞多极法	multi-pole method	
周期性 Ewald 加和法	periodic Ewald sum method	
Verlet 速度算法	Verlet-velocity algorithm	
ABM4 算法	Adams-Bashforth-Moulton-4	ABM4
Runge-Kutta-4 算法	Runge-Kutta-4	
系综	ensemble	
微正则系综	micro-canonical ensemble	NVE
正则系综	canonical ensemble	NVT
等压等焓系综	contant-pressure, constant-enthalpy ensemble	NPH
等温等压系综	constant-pressure,constant-temperature ensemble	NPT

续表

中文全称	英文全称	简写
从头算分子动力学	car-parrinello molecular dynamics	CPMD
蒙特卡罗法	Monte Carlo	MC
Metropolis 系综	Metropolis ensemble	
正则系综	canonical ensemble	
巨正则系综	grand canonical ensemble	
均匀系综	unifor ensemble	
伊辛模型(Ising 模型)	Ising mode	
Heisenberg 模型	Heisenberg mode	
晶格气模型	mean-field lattice-gas model	
q 态 Potts 模型	q-state Potts	
过渡态理论(活化络合物理论)	transition state theory	TST
变分过渡态理论	variational transition state theory/canonical variational theory	VTST/CVT
微正则变分过渡态理论	microcanonical variational theory	μVT
Ginzburg-Landau 相场动力学	phase dynamics of Ginzburg-Landau equations	
拓扑模型	topology	
粗粒化分子动力学	coarse-grained molecular dynamics	CGMD
Langevin 动力学方程	Langevin dynamic equation	
耗散粒子动力学	dissipative particle dynamics	DPD
位力定理	virial theorem	
元胞自动机	cellular automata	CA
有限元	finite element	FE
平衡方程和形状函数	balance equation and shape function	
劲度矩阵体系	stiffness matrix system	
运动学	kinematics	
应力-应变	stress-strain	
有限差分法	finite difference method	FDM
静力学	statics	
动力学	dynamics	
热学	thermal physics	
人工神经网络	artificial neural networks	ANNs
多层前馈网络	multilayer feed-forward network	BP
自组织网络	self-organized network	
学习矢量量化网络	learning vector quantization	

附录 II 主要模拟涉及的应用型公式

应用	理论	公式标号
矿物晶格模拟	理论合成能	3.5
	拟合合成时间	3.6
	径向分布函数	3.7
	静态结构因子	3.8
	附着位置和附着能	3.9
	温度和压力影响平均附着量	3.10, 3.11
矿物晶格的光电特性模拟	电子能级和有效电子/空穴	4.1, 4.2
	能隙和吸收波长拟合公式	4.3, 4.4
矿物晶格内物质传输模拟	自由体积	5.1
	经典爱因斯坦扩散	5.2
	非爱因斯坦扩散	5.3~5.5
	跳跃扩散	5.6~5.7
	扩散率与渗透率的拟合法	5.8~5.11
矿物溶解	表面点的溶质有效浓度和表面溶质可逆阱的浓度	7.1, 7.2
	平衡条件下的溶质有效扩散系数	7.3
	矿物表面溶质的动态概率分布	7.4, 7.5
	虚拟晶格近似(VCA)方法	7.6
微量元素诱导相变作用	动态频谱	7.7
	2D 相关光谱强度	7.8
	同步项	7.9
	异步项	7.10